从零学起
开关电源
设计入门

马洪涛　周芬萍　郭晓剑　编著

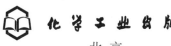
化学工业出版社
· 北 京 ·

图书在版编目（CIP）数据

从零学起：开关电源设计入门/马洪涛，周芬萍，郭晓剑编
著. —北京：化学工业出版社，2018.5（2025.1重印）
ISBN 978-7-122-31856-5

Ⅰ.①从… Ⅱ.①马…②周…③郭… Ⅲ.①开关电源-设
计 Ⅳ.①TN86

中国版本图书馆 CIP 数据核字（2018）第 061725 号

责任编辑：宋　辉　　　　　　　　　文字编辑：云　雷
责任校对：吴　静　　　　　　　　　装帧设计：王晓宇

出版发行：化学工业出版社（北京市东城区青年湖南街 13 号　邮政编码 100011）
印　　装：北京天宇星印刷厂
787mm×1092mm　1/16　印张 16　字数 394 千字　　2025 年 1 月北京第 1 版第 8 次印刷

购书咨询：010-64518888　　　　　　售后服务：010-64518899
网　　址：http://www.cip.com.cn
凡购买本书，如有缺损质量问题，本社销售中心负责调换。

定　　价：59.00 元

前言
FOREWORD

　　开关电源简称 SMPS（Switch Mode Power Supply），它是基于电感储能的基本原理，从而实现高效节能的电源变换。开关电源代表了稳压电源的发展方向，现已成为稳压电源的主流产品。通常所说的开关电源，一般是指 AC/DC 电源变换器，以 220V、50Hz 的交流电压转换为一种或多种直流电压最为常见。利用开关电源的基本原理，也可将一种直流电压转换成另一种或几种直流电压，这类电源被称作开关稳压器（Switching Regulator）。本书将开关电源与开关稳压器一并讨论。

　　开关电源具有高效率、低功耗、体积小、重量轻等显著优点，其电源效率可达 80% 以上，比传统的线性稳压电源提高近一倍。开关电源的应用领域十分广泛，不仅包括仪器仪表、测控系统和计算机内部的供电系统，还适用于各种消费类电子产品。目前，开关电源正朝集成化、智能化、模块化的方向发展。

　　半个多世纪以来，开关电源集成化大致经历了四个发展阶段：由分立元件构成的开关电源→由脉宽调制器集成电路构成的开关电源→单片开关式稳压器→单片开关电源集成电路（简称单片开关电源）。单片开关电源自 20 世纪 90 年代中期问世以来便显示出强大的生命力，为新型开关电源的普及创造了更好条件。

　　为了推广开关电源的实用技术，现将作者近年来在教学与科研工作中积累的经验加以系统总结，并参考国内外厂家提供的最新资料后撰写成此书，以满足广大读者的需要。

　　本书融科学性、技术性、实用性于一体，主要有以下特点。

　　第一，详细阐述开关电源的基本工作原理与设计流程。详细介绍了组成开关电源的各种元器件特性及选择方法，可满足电子技术人员和电子爱好者的需要。

　　第二，重点介绍开关电源的常见结构、相关的控制技术及控制原理、调试与测试方法等，可帮助读者解决在分析、设计及维修中遇到的一些技术问题。

　　第三，内容精炼，具有科学性、先进性及很高的实用价值，可供电子技术人员、高校师生和电子爱好者参考。

　　第四，结构严谨，深入浅出，图文并茂，通俗易懂，非常适合初学者阅读。

　　马洪涛撰写了第 1 章～第 6 章、第 9 章，并完成了全书的审阅和统稿工作。周芬萍和郭晓剑撰写了第 7 章和第 8 章，并绘制了本书的全部插图，睢辰萌和睢丙东撰写了第 10 章。在本书撰写工作中还得到于国庆、安国臣、孟志永、刘金龙等同志的帮助，在此一并致谢。

　　由于作者水平有限，书中难免存在不足之处，欢迎广大读者指正。

编著者

目 录
CONTENTS

第1章

开关电源的基础知识

　　一般来说，稳压电源可以分为线性稳压电源和开关稳压电源两大类，简称线性电源和开关电源。本章简单介绍线性稳压电源的工作原理，重点介绍开关电源的工作原理与相关基础知识。

1.1　线性电源的组成与工作原理

1.1.1　线性稳压电源的组成

　　线性稳压电源一般由电源变压器、整流电路、滤波电路和稳压电路四部分组成，其结构如图 1-1-1 所示。

图 1-1-1　线性稳压电源的组成框图

　　电源变压器将来自电网的交流输入电压（例如 220V，50Hz）变换为较低的交流电压（例如 9V、12V、15V 等）。电源变压器通常有两个或两个以上的绕组，其中接交流电源的绕组叫初级绕组，其余的绕组叫次级绕组。初级绕组和次级绕组在电气上是绝缘的，因此，电源变压器在电压幅度变换的同时，实现了与电网电气隔离的作用。电源变压器也称为工频变压器，其工作频率为 50Hz 或 60Hz，体积较大，比较笨重。

　　整流电路是通过具有单向导电性能的半导体二极管，将正负交替的正弦交流电压变换为单向的脉动直流电压。整流电路通常选用由 4 只二极管组成的桥式整流器件，简称整流桥。整流电路输出的脉动直流电压含有很大的交流成分，不能直接供电子电路使用。需要在整流电路之后连接滤波电路。

　　在中小功率线性电源中通常采用电容滤波电路，将滤波电容直接并联在整流电路的输出端即可组成电容滤波电路。滤波电路能够滤除脉动直流电压中大部分的交流成分，使其变成比较平滑的直流电压。虽然滤波后的直流电压比较平滑，但还是有一定的纹波电压。并且，当电网的交流电压或者电源的负载电流变化时，滤波后的直流电压也将发生变化。要想得到恒定的输出电压，还需要加入稳压电路。

　　稳压电路能够在电网电压、负载电流、环境温度等发生变化时，自动调节电路参数，使电源的输出电压保持恒定。并且可以将输出电压的纹波降低到很小的数值。

1.1.2 线性稳压电源的工作原理

线性稳压电源的稳压电路结构与等效电路如图 1-1-2 所示，其中图（a）为结构框图，图（b）为等效电路。图中，VT 被称为调整管，其作用可等效为可变电阻 R。VD_Z 为稳压二极管，用于产生基准电压（也称参考电压）U_{REF}。R_2 和 R_3 被称为取样电阻，它们用来检测输出电压 U_O，并分压产生反馈电压 U_F。EA 为误差放大器，它可将反馈电压 U_F 与基准电压 U_{REF} 进行比较放大，从而控制调整管的导通情况。R_L 为负载电阻。

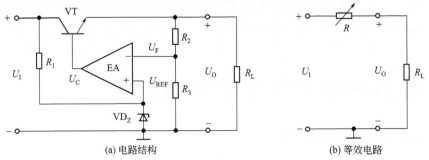

(a) 电路结构 (b) 等效电路

图 1-1-2 线性电源的稳压电路结构框图与等效电路

当某种原因（例如负载电流增加）造成输出电压 U_O 降低时，反馈电压 U_F 也随之降低。误差放大器 EA 将反馈电压 U_F 与基准电压 U_{REF} 进行比较放大，其输出电压 U_C 将升高，这将使调整管 VT 的基极电流增大，等效电阻 R 减小，引起输出电压 U_O 回升，最终使输出电压 U_O 保持稳定值。

通过图（b）的等效电路，也可以换一种方法来解释稳压原理。例如某种原因造成输入电压 U_I 升高时，由于 R 与 R_L 串联，如果 R 为固定电阻，必然使输出电压 U_O 也跟着升高。但是，这里的 R 是由调整管 VT 等效的可变电阻，当电路检测到 U_O 升高时，会自动控制调整管 VT 的导通情况，使等效的电阻 R 变大，从而使输出电压 U_O 保持不变。

线性稳压电源的输出电压 U_O 低于输入电压 U_I，属于降压式稳压电源。线性稳压电源具有响应速度快、输出纹波小、噪声低的特点，广泛应用于各种电子线路中。但是，由于线性电源的体积较大，效率较低，不利于节能环保，在众多应用领域正在被开关电源取代。

1.2 开关电源的组成与工作原理

1.2.1 开关稳压电源的组成

开关稳压电源通常由电磁干扰（EMI）滤波器、整流电路、滤波电路和 DC/DC 变换器电路组成。其典型结构如图 1-2-1 所示。

图 1-2-1　开关稳压电源的组成框图

交流输入电压（通常是 220V，50Hz）经过 EMI 滤波器进入整流电路。EMI 滤波器用于减小开关电源的噪声干扰，阻止开关电源产生的噪声传输到电网中，避免干扰电网中的其他电器设备（例如通信设备）。

整流电路直接将交流输入电压整流，然后通过滤波电路产生较高的直流电压（通常是 300V 左右），称为直流高压。该直流电压为 DC/DC 变换器的 DC 输入电压。

DC/DC 变换器也称功率变换电路，是开关电源的核心部分，通常由功率开关管、高频变压器和 PWM 控制器等组成。DC/DC 变换器先将 DC 输入电压变为高频交流电压，施加到高频变压器的初级绕组。高频变压器次级绕组感应出的交流电压再经过高频整流与滤波电路，最终转换为 DC 电压输出。因为变压器的初级绕组和次级绕组相互绝缘，所以通过高频变压器实现了 AC 输入和 DC 输出之间的电气隔离。

DC/DC 变换器是开关稳压电源的核心电路。

1.2.2　开关稳压电源的工作原理

开关稳压电源的核心电路是 DC/DC 变换器，为了和线性稳压电源对比，下面以降压式 DC/DC 变换器为例，介绍开关稳压电源的基本工作原理。降压式 DC/DC 变换器的电路结构与等效电路如图 1-2-2 所示。其中图（a）为电路结构，图（b）为等效电路。

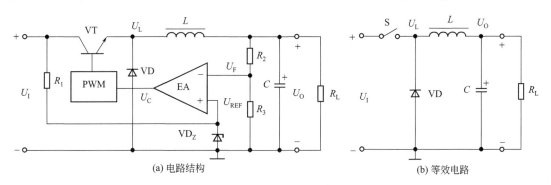

(a) 电路结构　　　　　　　　　　　　　　(b) 等效电路

图 1-2-2　降压式 DC/DC 变换器的电路结构与等效电路

图中，VT 被称为功率开关管，其作用可等效为能够高速动作的开关 S。VD_Z 为稳压二极管，用于产生基准电压（也称参考电压）U_{REF}。R_2 和 R_3 被称为取样电阻，它们用来检测输出电压 U_O，并分压产生反馈电压 U_F。EA 为误差放大器，它可将反馈电压 U_F 与基准电压 U_{REF} 进行比较放大，从而产生控制电压 U_C。其中，误差放大器的工作原理与线性稳压电源完全相同。VD 为续流二极管，用于延续电感 L 中的电流。L 为滤波电感，因为流过较大的负载电流，也称功率电感。C 为输出滤波电容。R_L 为负载电阻。

与线性稳压电源不同的是，开关稳压电源具有 PWM 控制器。PWM 控制器将控制电压

$U_{\rm C}$ 的变化转换为控制信号占空比 D 的变化，使功率开关管 VT 按照不同的占空比导通与关断，从而实现输出电压的改变。

DC/DC 变换器的工作原理可以结合图 1-2-2（b）中的等效电路和图 1-2-3 中波形的占空比变化来解释。当 PWM 控制器使功率开关管 VT 导通时，相当于开关 S 闭合。此时，输入电压 $U_{\rm I}$ 加到了滤波电感 L 左端，电压 $U_{\rm L} = U_{\rm I}$；经过一段时间 $t_{\rm ON}$（$t_{\rm ON}$ 称为导通时间）以后，PWM 控制器使功率开关管 VT 关断，相当于开关 S 断开。此时，续流二极管 VD 导通，使滤波电感 L 左端电压为 0V，即 $U_{\rm L} = 0$V。经过一段时间 $t_{\rm OFF}$（$t_{\rm OFF}$ 称为关断时间）以后，PWM 控制器再次使 VT 导通，进入下一个开关周期，并一直重复下去。

导通时间 $t_{\rm ON}$ 与关断时间 $t_{\rm OFF}$ 之和为开关周期 T，即 $T = t_{\rm ON} + t_{\rm OFF}$。通常开关周期 T 是固定不变的，当导通时间 $t_{\rm ON}$ 变长的时候，关断时间 $t_{\rm OFF}$ 就相应的变短。导通时间 $t_{\rm ON}$ 与开关周期 T 的比值叫做占空比，用 D 来表示，即 $D = t_{\rm ON}/T$。

图 1-2-3 中给出了 3 种不同占空比时 $U_{\rm L}$ 点的电压波形，其中图（a）是 $D=0.25$ 时的电压波形，图（b）和图（c）分别是 $D=0.5$ 和 $D=0.75$ 时的电压波形。由于电感 L 和电容 C 的滤波作用，$U_{\rm L}$ 点的电压波形经过 LC 滤波之后，将变为平滑的直流输出电压 $U_{\rm O}$。

输出电压 $U_{\rm O}$ 为输入电压 $U_{\rm I}$ 与占空比 D 的乘积，即 $U_{\rm O} = U_{\rm I} \times D$。改变占空比 D，就能改变导通时间 $t_{\rm ON}$，进而改变输出电压 $U_{\rm O}$。在相同的输入电压下，占空比越大，对应的输出电压就越高。在 DC/DC 变换器中，PWM 控制器就是用来改变占空比 D 的。

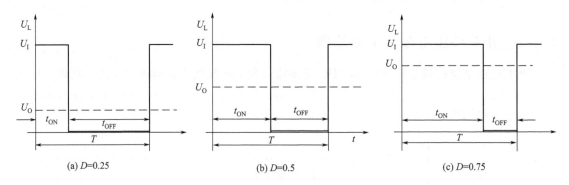

(a) $D=0.25$　　　　　　　　(b) $D=0.5$　　　　　　　　(c) $D=0.75$

图 1-2-3　降压式 DC/DC 变换器的占空比与输出电压的关系

在图 1-2-2 所示的开关电源中，当电路检测到 $U_{\rm O}$ 升高时，误差放大器 EA 输出电压 $U_{\rm C}$ 将降低，通过 PWM 控制器使占空比 D 下降，从而使输出电压 $U_{\rm O}$ 保持不变。

小贴示

PWM 控制器是开关稳压电源的控制核心。

与线性稳压电源相比，开关电源的功率开关管 VT 等效为开关 S 而不是可变电阻 R，当 VT 导通时，其压降通常仅为 1V 左右，VT 的导通损耗比线性稳压电源小得多。线性电源调整管 VT 的功率损耗为输入/输出压差与负载电流的乘积，即 $P_{\rm D} = (U_{\rm I} - U_{\rm O}) \times I_{\rm L}$，通常 $(U_{\rm I} - U_{\rm O})$ 需要 3V 以上。开关电源功率开关管 VT 的导通损耗为 $P_{\rm D} = 1 \times I_{\rm L}$，而与 $(U_{\rm I} - U_{\rm O})$ 的大小几乎无关。

例如在 12V 输入，5V 输出的线性电源中，如果负载电流为 1A，则电源调整管 VT 的功率损耗为 $P_{\rm D} = (12-5) \times 1 = 7$W；如果是相同参数的开关电源，功率开关管 VT 的功率损耗仅为 $P_{\rm D} =$

1×1=1W，比线性电源损耗小得多，这就是开关电源能够获得高效率的根本原因。

当然，开关电源除了功率开关管 VT 的导通损耗以外，还有 VT 的开关损耗以及续流二极管 VD 的损耗等。尽管如此，开关电源的总体损耗也比线性电源小很多。

1.3　开关电源的分类与特点

1.3.1　开关电源的分类

随着开关电源的普及，开关电源开始广泛应用于各个领域，开关电源的分类也是五花八门。根据应用领域和侧重的点不同，同一个开关电源也可以划分到几个不同的类别。下面对开关电源常见的几种分类做简单的介绍。

（1）AC/DC 电源

AC/DC 开关电源是将交流电压变换为直流电压的开关电源。这类电源通常是将 220V、50Hz 或 60Hz 的交流电网电压转换为较低的直流电压，同时实现交流电网与直流输出之间的电气隔离。AC/DC 开关电源的种类很多，其功率范围可以从几瓦一直覆盖到几千瓦，属于开关电源的第一大类别。

（2）DC/DC 电源

DC/DC 开关电源是将一种直流电压变换为另一种直流电压的开关电源。同时实现直流输入电源与直流输出电压之间的电气隔离。其功率范围通常在几瓦到几百瓦，属于开关电源的另一大类别。

（3）开关稳压器

开关稳压器（Switching Regulator）是一种简易的 DC/DC 开关电源，这种电源的输入电压与输出电压没有电气隔离，但电源效率可达 95% 以上，多用在电气设备内部的电压变换。例如笔记本电脑主板上的各种电压变换器等。

（4）模块电源

这类开关电源通常做成模块形式，既有 AC/DC 模块，也有 DC/DC 模块，其输入电压和输出电压都有很多规格，以便用户选择使用。模块电源的功率范围较小，一般只有几瓦到几十瓦。

（5）电源适配器

电源适配器是目前最常见的开关电源之一，广泛用于我们的日常生活中。例如手机、数码相机和平板电脑充电适配器，路由器电源适配器等。

（6）特种电源

特种电源是具有特定用途的开关电源。电动自行车充电器就是其中的一种，这类开关电源是针对特定负载设计的，通常具有恒压、恒流输出特性，以及电池反接保护等功能。

1.3.2　开关电源的特点

同线性电源对比，开关电源有以下优点。

① 功耗小，效率高，节能效果显著。开关电源的功率损耗较低，其效率通常在 80% 以上，而线性电源一般只有 40% 左右。开关电源具有显著的节能效果。

② 体积小，重量轻。开关电源没有笨重的工频变压器，又不需要很大的散热片。从而

减小了电源的体积和重量。其体积和重量通常只有线性电源的 30% 左右。

③ 输入电压范围宽。开关电源的输入电压范围可以做得很宽，例如 90～260V，称为通用输入电压，可以在全球任何国家的民用电网中使用，不必考虑电压匹配的问题。

任何事情都具有两面性，同线性电源对比，开关电源也有以下缺点。

① 电磁干扰较大。开关电源中的功率开关管在开关过程中产生的尖峰电压和尖峰电流会造成较大的电磁干扰和电磁辐射。这些干扰会传入工频电网，对其附近的其他电子设备（例如通信设备）产生较为严重的干扰。

② 输出纹波较大。开关电源中的电压/电流多为矩形波，滤波难度较大，使输出电压/电流中含有较大的纹波及噪声成分。

③ 生产工艺复杂，故障率高，维修麻烦。开关电源中的元器件较多，对电路板的布局与布线也有更高的要求，任何元器件的损坏都可能造成电源故障，给生产、调试和维修带来很多的不便。

1.4 开关电源的主要技术指标

开关电源的技术指标多达几十种，其主要技术指标体现在以下几个方面。

（1）额定输入电压

额定输入电压是开关电源正常工作的输入电压范围，一般分为固定电压和通用电压两种情况。固定电压是针对特定电网电压设计的，允许电压变化范围较小，例如 220V±20%。有些电源设有选择开关，可以适用于两种不同的电网电压，例如 110V/220V。通用电压是针对全球各种电网电压设计的，允许电压变化范围很大，能够覆盖所有国家的电压规范。在全球范围内，日本的电网电压最低，为 100V、50/60Hz；印度和科威特等国的电网电压最高，为 240V、50Hz。通用电压范围需要覆盖 100～240V，为了留有安全余量，通常选择为 90～260V 或者 85～265V。

（2）额定输入电流

额定输入电流是开关电源满载工作时的输入电流，通常给出的是额定输入电压范围内可能出现的输入电流最大值。

（3）额定输出电压

额定输出电压是开关电源正常工作时输出电压的标称值，有些开关电源可能有两组及两组以上的输出端，可以有不同的输出电压标称值。例如 24V、12V、5V 等。

（4）额定输出电流

额定输出电流是开关电源满载工作时输出电流的标称值，有些开关电源可能有两组及两组以上的输出端，可以有不同的输出电流标称值。例如 12V/3A、5V/1A 等。

（5）电压调整率（线路调整率）

电压调整率（Line Regulation）也称线路调整率，是指输入电压变化时，输出电压变化量与额定输出电压的比值，通常用百分数表示，例如 0.2%。该数值越小，表明输出电压的稳定度越高。

（6）电流调整率（负载调整率）

电流调整率（Load Regulation）也称负载调整率，是指在额定输入电压时，由于负载电流变化引起的输出电压变化量与额定输出电压的比值，通常用百分数表示，例如 1.0%。

该数值越小，表明输出电压的稳定度越高。

（7）输出纹波（噪声）电压

输出纹波电压是指开关电源输出端子间的电压纹波，纹波频率成分主要由输入电网频率和电源开关频率组成，通常用峰-峰值（Vp-p）表示。

此外，电源开关频率的高次谐波叠加到开关电源输出端子间形成纹波电压以外的另一种高频噪声成分，称为噪声电压，也用峰-峰值（Vp-p）表示。

纹波电压和噪声电压一般不能明显区分，大多数电源产品将其统一按纹波（或噪声）电压来对待。该电压值多在几十至几百 mVp-p。

（8）电源效率

开关电源的效率是指输出功率与输入有功功率的比值，通常用百分数表示，例如 80%。该数值越大，表明输出电源的效率越高。现代开关电源的效率已经可以做到 90% 以上了。

（9）功率因数（PF）

开关电源的功率因数（Power Factor，PF）是指输出功率与输入视在功率的比值。输入视在功率为输入电压有效值与输入电流有效值的乘积。传统的 AC/DC 开关电源输入部分采用桥式整流加电容滤波的方式，因此输入电流的波形为窄脉冲而不是正弦波，其功率因数只有 0.6 左右，会造成电网资源的浪费。现代开关电源通常采用功率因数补偿（也称校正）技术，功率因数可达 0.95 以上。美国和欧盟等国家对开关电源的功率因数有强制性要求。例如，大于 75W 的开关电源，功率因数必须达到 0.90 以上。

1.5 开关电源的相关术语

开关电源相关的术语很多，用来描述开关电源的工作原理、技术参数与相关技术等，下面介绍一些最基本的术语，供读者参考。

（1）拓扑结构

开关电源的拓扑结构（Topology）是指功率变换器的电路结构，也就是 DC/DC 变换器的结构。拓扑结构不同，与之配套的 PWM 控制器类型和输出整流/滤波电路也有差异。拓扑结构也基本决定了开关电源的工作原理及输出特性。常见的拓扑结构有降压式、升压式、正激式、反激式、推挽式、半桥式和全桥式等十几种。

（2）正激型/反激型

从能量传输的角度来说，凡是在功率开关管导通期间向负载传输能量的 DC/DC 变换器统称为正激型变换器。除了典型的单端正激式变换器以外，降压式、推挽式、半桥式和全桥式 DC/DC 变换器也属于正激型变换器。

反激式 DC/DC 变换器（Flyback Converter），也称回扫式变换器。这类 DC/DC 变换器是在功率开关管截止期间向负载传输能量的。除了典型的单端反激式变换器以外，升压式 DC/DC 变换器和极性反转式 DC/DC 变换器也属于反激型变换器。

（3）连续模式/不连续模式

连续模式（Continuous Conducting Mode，CCM）也称连续导电模式。这种模式下，在一个开关周期（T）内，电感电流（或电感存储的磁场能量）始终大于零，其电感的电流波形如图 1-5-1(a) 所示。由图可见，在开关管导通（t_{ON}）期间，电感电流 I_L 是沿斜坡上升的；在开关管关断（t_{OFF}）期间，电感电流沿斜坡下降。如果在开关管关断期间电感的电流没有下降到零，下个周期开关管导通时，电感电流就会重新上升，电感中的电流是连续的，不会中断，因此称之为连续模式。

不连续模式（Discontinuous Conducting Mode，DCM）也称不连续导电模式或断续模式。这种模式下，在一个开关周期（T）内，电感电流（或电感存储的磁场能量）会下降到零，其电感的电流波形如图 1-5-1(b) 所示。由图可见，在开关管关断（t_{OFF}）期间电感电流已经下降到零，在下一个开关周期开关管再次导通（t_{ON}）时，电感电流就会从零开始上升，电感中的电流是断断续续的，因此称之为不连续模式或者断续模式。

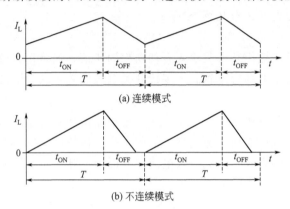

图 1-5-1　连续模式/不连续模式电感电流波形对比

（4）PWM（脉宽调制）

脉冲宽度调制（Pulse Width Modulation，PWM），简称脉宽调制，是开关电源中常用的一种调制控制方式。其特点是开关频率 f 固定（即开关周期 T 不变），通过改变脉冲宽度，使开关电源的输出电压发生变化。

（5）占空比

占空比（Duty Cycle Ratio，符号为"D"）是描述脉冲宽度的一项参数，通常用百分数表示。在开关电源中，如果开关周期为 T，功率开关管导通时间为 t_{ON}，其占空比则为 $D = t_{ON}/T$。根据开关电源的拓扑结构，占空比 D 的变化范围通常为 $0 \sim 50\%$ 或者 $0 \sim 100\%$。

（6）基准电压

基准电压也称参考电压（Reference Voltage），是由基准电压源产生的稳定不变的电压，通常用 U_{REF} 表示。开关电源的输出电压是基准电压的固定倍数，因为基准电压是稳定的，所以输出电压也是稳定不变的。

（7）取样/反馈电路

取样电路是开关电源输出电压的检测电路。取样电路的作用是将输出电压的变化检测出来，生成反馈电压，送到误差放大器，以便稳定输出电压。因此取样电路也称反馈电路。

（8）误差放大器

误差放大器（Error Amplifier）通常由运算放大器组成。误差放大器将反馈电压和基准电压进行比较放大，最终通过 PWM 控制器改变功率开关管的占空比，使输出电压保持稳定不变。

（9）电压模式/电流模式

电压模式和电流模式是两种 PWM 的控制模式。电压模式只有一个控制环路，仅能通过输出电压的变化来控制 PWM 的占空比；电流模式除了电压控制环路以外，还增加了一个电流控制环路，通过检测功率开关管的电流变化来控制 PWM 的占空比。电流模式响应速度快，具有逐个脉冲电流限制功能，在中小功率开关电源中广泛使用。

（10）吸收（缓冲）电路

开关电源在工作过程中，会产生很高的尖峰电压，为了降低尖峰电压造成的危害，需要加入阻容元件及超快恢复二极管组成的保护电路，以便将尖峰电压的能量吸收掉。这类电路被称为吸收电路，也称缓冲电路。

（11）EMI 滤波器

EMI 是英文 Electro Magnetic Interference（电磁干扰）的缩写。EMI 滤波电路由电感和电容组成，主要是对开关电源的电磁噪声进行抑制，防止电源本身产生的高频噪声干扰电网中的其他电气设备，同时也防止电网中的高频杂波干扰电源本身。因此称之为电磁干扰滤波器，即 EMI 滤波器。

（12）安全（安规）电容

安全电容（也称安规电容）是指电容器失效后，不会导致短路，不危及人身安全的电容，主要包括 X 电容和 Y 电容两种类型，在 EMI 滤波器中应用最多。安全电容一般选用金属薄膜电容，其中 X 电容是跨接在电力线（火线 L 和零线 N）之间的电容；Y 电容是分别跨接在电力线和保护地（火线 L 和保护地 E，零线 N 和保护地 E）之间的电容，一般是成对出现的。X 电容用于抑制差模干扰，Y 电容用于抑制共模干扰。

（13）通用输入电压

通用输入电压是指开关电源的输入电压能够覆盖全球最低 100V、最高 240V 的民用电源电压范围。为了留有安全余量，通常规定为 90～260V 或者 85～265V。

（14）功率因数校正

功率因数校正（Power Factor Correction，PFC），是指通过附加电路元器件的方法，将开关电源输入电流的窄脉冲波形转化为与输入电压同频、同相位的正弦波波形的技术，以便减小电网中的电流有效值，提高相关电力设备的利用率。其中包括无源 PFC 电路和有源 PFC 电路。无源 PFC 电路一般只能将功率因数提高到 0.8 左右，有源 PFC 电路可将功率因数提高到 0.99。

1.6 开关电源的发展趋势

开关电源因具有体积小、重量轻、效率高等优点，逐渐取代传统技术制造的线性电源，并广泛应用于各种电子设备中。开关电源技术因应用需求不断向前发展，新技术的出现又使许多产品更新换代。开关电源的发展趋势可以概括为以下几个方面。

（1）体积减小，效率提高

开关电源的体积、重量主要由磁性元件和电容决定，工作频率和效率与半导体器件的发展休戚相关。随着高频低损磁性材料的发展，功率 MOSFET 等器件的性能提高，加上软开关以及同步整流技术应用，开关电源的体积不断减小，效率不断提高，功率密度越来越大。例如某公司的 DC/DC 变换器模块，效率高达 90%，功率密度为 100W/立方英寸❶。即一立方英寸体积大小的电源模块，可以输出 100W 的功率。

---

❶ 1立方英寸＝2.54cm×2.54cm×2.54cm。

（2）可靠性提高

开关电源比线性电源使用的元器件要多几倍以上，因此降低了整机的可靠性。随着控制电路集成度的提高、多种保护功能的加入和各种元器件性能的改善，开关电源的外围电路简化了很多，可靠性差的问题也得到了改善，使其平均无故障时间不断提高。

（3）噪声降低

开关电源纹波和噪声使其应用领域受到了限制。随着开关电源控制技术的发展和软开关技术的应用，开关电源的纹波和噪声都有明显的降低。有些厂家生产的开关电源噪声水平已经可以和线性电源相媲美，只是价格还比较昂贵。

（4）单芯片集成化

随着半导体器件制造工艺的发展，许多厂家将开关电源的控制芯片、功率开关管、电流检测电路等集成到一个单一芯片中，只要外接很少的元件就可组成开关电源，减少了开关电源的元件数量和制作成本。例如 PI（Power Integrations）公司的 TOPSwitch、TinySwitch和 LinkSwitch 系列，ST（STMicroelectronics）公司的 VIPer22A，安森美（ON Semiconductor）公司的 NCP1014、NCP1050、NCP1070 等。

（5）控制技术数字化

随着计算机技术的发展和 DSP（数字信号处理器）的性能提高，纯数字化 PWM 技术开始应用。这种控制方式摆脱了模拟电路组成的 PWM 控制器，利用软件编程来实现 PWM 和PID 控制，便于实现复杂控制算法和自适应控制能力。控制技术数字化是现代开关电源的发展趋势之一。

（6）电源设计自动化

开关电源的设计与计算是复杂和繁琐的工作，随着计算机的应用和互联网的普及，众多半导体器件厂商推出了开关电源的在线设计与仿真软件、设计工具包以及 Excel 计算工作表等。这些软件简化了开关电源的设计过程，并可推荐所需元器件的型号和参数，为用户设计开关电源提供了很多方便。

（7）常用电源模块化

针对用户常用电源的需要，例如 12V、5V、3.3V 等，很多厂家将这些电源做成标准的模块，有不同输入电压、不同输出电压和不同输出功率的电源模块，很多厂家的产品系列引脚兼容，可以相互替换，给用户选择带来很多方便。这种电源模块以小功率的 DC/DC 模块居多。例如 12V/5V，1W；24V/5V，3W 等。

第2章

开关电源的拓扑结构与工作原理

开关电源的拓扑结构是指功率变换器的主电路结构。拓扑结构也决定了开关电源的工作原理及输出特性。本章对开关电源常用的拓扑结构及工作原理进行详细介绍，以便读者在设计、制作开关电源时选用。

2.1 降压式变换器的工作原理

降压式 DC/DC 变换器，简称降压式变换器，英文为 BuckConverter，也称 Buck 变换器，是最常用的 DC/DC 变换器之一。降压式变换器能将较高的直流电压变换成较低的直流电压，例如将 24V 电压变换成 12V 或 5V 电压。降压式变换器的损耗很小，效率很高，应用领域十分广泛。

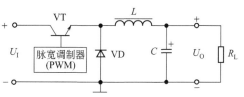

图 2-1-1 降压式 DC/DC 变换器的拓扑结构

2.1.1 降压式 DC/DC 变换器的拓扑结构

降压式 DC/DC 变换器的拓扑结构如图 2-1-1 所示。图中 U_I 为直流输入电压，VT 为功率开关管，VD 为续流二极管，L 为输出滤波电感（也称储能电感），C 为输出滤波电容，U_O 为直流输出电压，R_L 为外部负载电阻。脉宽调制器（PWM）用来控制功率开关管 VT 的导通与关断，是变换器的控制核心。

2.1.2 降压式 DC/DC 变换器的工作原理

降压式 DC/DC 变换器的功率开关管 VT 在脉宽调制（PWM）信号的控制下，交替地导通与关断（也称截止），相当于一个机械开关高速地闭合与断开，其工作原理如图 2-1-2 所示。图 2-1-2(a) 和图 2-1-2(b) 分别示出了 VT 导通和关断时的电流路径，为了便于电路分析，图中用开关 S 的闭合与断开来代替 VT 的导通和关断。

当 VT 导通（即 S 闭合）时，如图 2-1-2(a) 所示，续流二极管 VD 截止，输入电压 U_I 加到储能电感 L 的左端，因此 L 上施加了 (U_I-U_O) 的电压，使通过 L 的电流 I_L 线性地增加，电感储存的能量也在增加，电感的感应电动势为左"＋"右"－"。在此期间，输入电流（即电感电流 I_L）除向负载供电之外，还有一部分给滤波电容 C 充电，电感电流 I_L 为电容充电电流 I_1 和负载 R_L 电流 I_O 的总和。

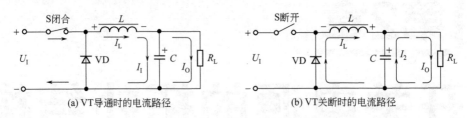

(a) VT 导通时的电流路径 　　　　　　　(b) VT 关断时的电流路径

图 2-1-2　降压式 DC/DC 变换器的工作原理

当 VT 关断（即 S 断开）时，如图 2-1-2(b) 所示，电感 L 与 U_I 断开。由于电感电流不能发生突变，因此在 L 上就产生左"－"右"＋"的感应电压，以维持通过电感的电流 I_L 不变。此时续流二极管 VD 导通，储存在 L 中的磁场能量就转化为电能，经过由 VD 构成的回路继续向负载供电，电感电流 I_L 线性地减小。此时，滤波电容 C 产生放电电流 I_2 与电感电流 I_L 叠加，为负载 R_L 供电，负载电流 I_O 为电感电流 I_L 和电容放电电流 I_2 的总和。

 小贴示

降压式变换器是在功率开关管导通时向负载传输能量的，属于正激型变换器。

降压式 DC/DC 变换器的电压及电流波形如图 2-1-3 所示。PWM 表示脉宽调制波形，

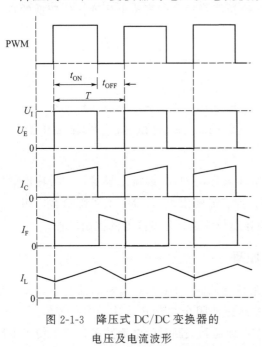

图 2-1-3　降压式 DC/DC 变换器的
电压及电流波形

t_{ON} 为功率开关管 VT 的导通时间，t_{OFF} 为功率开关管 VT 的关断时间。T 为开关周期，其数值为 t_{ON} 与 t_{OFF} 之和，即 $T = t_{ON} + t_{OFF}$。其中 t_{ON} 与 T 的比值称为占空比，用"D"表示，即 $D = t_{ON}/T$。

U_E 为功率开关管 VT 的发射极电压波形，I_C 为 VT 的集电极电流波形。I_F 为续流二极管 VD 的电流波形。I_L 为滤波电感的电流波形。可以看出，功率开关管 VT 导通时，其发射极电压 U_E 等于输入电压 U_I；在 VT 关断时，其发射极电压 U_E 为零。在功率开关管 VT 导通期间，电感电流线性增加；在 VT 关断期间，电感电流线性减小。电感电流 I_L 是由 VT 的集电极电流 I_C 和续流二极管 VD 的电流 I_F 叠加形成的。

DC/DC 变换器的输出电流 I_O 为滤波电感电流 I_L 的平均值。电感电流波形中峰值与谷值之间的差值就是电感纹波电流。为减小输出电流的纹波，L 应选得足够大，使 DC/DC 变换器工作在连续模式。通常纹波电流应为额定输出电流的 20% 左右。

降压式 DC/DC 变换器具有以下特点。

① 输出电压 $U_O < U_I$，故称之为降压式变换器。U_O 与 U_I 的关系为 $U_O = DU_I$，通过控制占空比 D 的大小就能改变输出电压。

② 输出电压 U_O 与输入电压 U_I 的极性相同。

③ 功率开关管 VT 承受的最大电压 $U_{CE} = U_I$。

④ 功率开关管 VT 集电极的最大电流 $I_C = I_O$。

⑤ 续流二极管 VD 的平均电流 $I_F = (1 - D)I_O$。

⑥ 续流二极管 VD 承受的反向电压 $U_R = U_I$。

降压式 DC/DC 变换器可以由分立元件和 PWM 控制器构成，也可以选择集成电路产品。典型的集成电路产品有 LM2576、LM2596、L4960 等。其中 LM2576 的外围电路最简单。

2.2 升压式变换器的工作原理

升压式 DC/DC 变换器，简称升压式变换器，英文为 BoostConverter，也称 Boost 变换器，也是常用的 DC/DC 变换器之一。升压式变换器能将较低的直流电压变换成较高的直流电压，例如将 1.5V 或 3.7V 电压变换成 12V 或 5V 电压。升压式变换器的损耗较小，效率较高，主要应用于由电池供电的便携式设备，例如智能手机、智能水表和煤气表等。

2.2.1 升压式 DC/DC 变换器的拓扑结构

升压式 DC/DC 变换器的拓扑结构如图 2-2-1 所示。图中 U_I 为直流输入电压，VT 为功率开关管，VD 为续流二极管（也称升压二极管），L 为储能电感（也称升压电感），C 为输出滤波电容，U_O 为直流输出电压，R_L 为外部负载电阻。脉宽调制器（PWM）用来控制功率开关管 VT 的导通与关断，是变换器的控制核心。

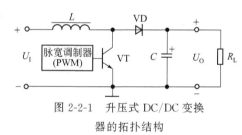

图 2-2-1　升压式 DC/DC 变换器的拓扑结构

2.2.2 升压式 DC/DC 变换器的工作原理

升压式 DC/DC 变换器的功率开关管 VT 在脉宽调制（PWM）信号的控制下，交替地导通与关断（也称截止），相当于一个机械开关高速地闭合与断开，其工作原理如图 2-2-2 所示。图 2-2-2(a) 和图 2-2-2(b) 分别示出了 VT 导通和关断时的电流路径，为了便于电路分析，图中用开关 S 的闭合与断开来代替 VT 的导通和关断。

当 VT 导通（即 S 闭合）时，如图 2-2-2(a) 所示，输入电压 U_I 直接加到储能电感 L 的两端，续流二极管 VD 截止。因为 L 上施加了 U_I 的电压，使其电流 I_L 线性地增加，电感储存的能量也在增加，电感的感应电动势为左"+"右"-"。在此期间，输入电流（即电感电流 I_L）提供的能量以磁场能量的形式存储在储能电感 L 中。同时滤波电容 C 放电为负载 R_L 提供电流 I_O，电容 C 的放电电流 I_1 与负载电流 I_O 相等。

当 VT 关断（即 S 断开）时，如图 2-2-2(b) 所示，由于电感电流不能发生突变，因此

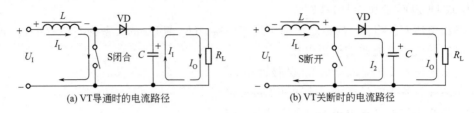

(a) VT导通时的电流路径   (b) VT关断时的电流路径

图 2-2-2   升压式 DC/DC 变换器的工作原理

在 L 上就产生左 "一" 右 "+" 的感应电压，以维持通过电感的电流 I_L 不变。此时续流二极管 VD 导通，L 上的感应电动势与 U_I 串联，储存在 L 中的磁场能量转化为电能，以超过 U_I 的电压向负载提供电流，并对输出滤波电容 C 进行充电。电感电流 I_L 为电容充电电流 I_2 和负载电流 I_O 的总和。

升压式变换器是在功率开关管关断时向负载传输能量，属于反激型变换器。

升压式 DC/DC 变换器的电压及电流波形如图 2-2-3 所示。PWM 表示脉宽调制波形，t_{ON} 为功率开关管 VT 的导通时间，t_{OFF} 为功率开关管 VT 的关断时间。T 为开关周期。U_C 为功率开关管 VT 的集电极电压波形。I_C 为 VT 的集电极电流波形。I_F 为升压二极管 VD 的电流波形，I_L 为电感电流波形。可以看出，功率开关管 VT 导通时，其集电极电压 U_C 为零；在 VT 关断时，其集电极电压 U_C 等于输出电压 U_O。在功率开关管 VT 导通期间，电感电流线性增加；在 VT 关断期间，电感电流线性减小。电感电流 I_L 是由 VT 的集电极电流 I_C 和升压二极管 VD 的电流 I_F 叠加形成的。

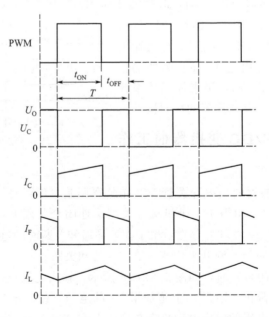

图 2-2-3   升压式 DC/DC 变换器的电压及电流波形

升压式 DC/DC 变换器具有以下特点。

① 输出电压 $U_O > U_I$，故称之为升压式变换器。U_O 与 U_I 的关系为 $U_O = U_I / (1-D)$，

通过控制占空比 D 的大小就能改变输出电压。

② 输出电压 U_O 与输入电压 U_I 的极性相同。

③ 功率开关管 VT 承受的最大电压 $U_{CE}=U_O$。

④ 功率开关管 VT 的集电极最大电流 $I_C=I_O/(1-D)$。

⑤ 升压二极管 VD 的平均电流 $I_F=I_O$。

⑥ 升压二极管 VD 承受的反向电压 $U_R=U_O$。

升压式 DC/DC 变换器的集成电路产品有 LM2577、MAX1599 和 LT3467 等。

2.3 降压/升压式变换器的工作原理

降压/升压式 DC/DC 变换器，简称降压/升压式变换器，英文为 Buck-BoostConverter，也称 Buck-Boost 变换器，也是基本的 DC/DC 变换器之一。由于这种变换器的输出电压与输入电压极性相反，因此也叫极性反转式变换器。例如将 1.5V 或 12V 电压变换成 $-12V$ 或 $-5V$ 电压。降压/升压式变换器的损耗较小，效率较高，并具有极性变换和降压/升压的作用，主要应用于需要电源极性变换及由电池供电的便携式电子设备中。

2.3.1 降压/升压式 DC/DC 变换器的拓扑结构

降压/升压式 DC/DC 变换器的拓扑结构如图 2-3-1 所示。图中 U_I 为直流输入电压，VT
为功率开关管，VD 为续流二极管，L 为储能电感，C 为输出滤波电容，U_O 为直流输出电压，R_L 为外部负载电阻。脉宽调制器（PWM）用来控制功率开关管 VT 的导通与关断，是变换器的控制核心。

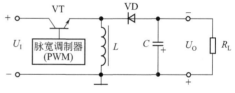

图 2-3-1　降压/升压式 DC/DC
变换器的拓扑结构

2.3.2 降压/升压式 DC/DC 变换器的工作原理

降压/升压式 DC/DC 变换器的功率开关管 VT 在脉宽调制（PWM）信号的控制下，交替地导通与关断（也称截止），相当于一个机械开关高速地闭合与断开，其工作原理如图 2-3-2 所示。图 2-3-2 给出了 VT 导通和关断时的电流路径，为了便于电路分析，图中用开关 S 的闭合与断开来代替 VT 的导通和关断。

当 VT 导通（即 S 闭合）时，如图 2-3-2(a) 所示，输入电压 U_I 直接加到储能电感 L 的两端，续流二极管 VD 截止。因为 L 上施加了 U_I 的电压，使其电流 I_L 线性地增加，电感储存的能量也在增加，电感的感应电动势为上"＋"下"－"。在此期间，输入电流（即电感电流 I_L）提供的能量以磁场能量的形式存储在储能电感 L 中。同时滤波电容 C 放电为负载 R_L 提供电流 I_O，电容 C 的放电电流 I_1 与负载电流 I_O 相等。

当 VT 关断（即 S 断开）时，如图 2-3-2(b) 所示，由于电感电流不能发生突变，因此在 L 上就产生上"－"下"＋"的感应电压，以维持通过电感的电流 I_L 不变。此时续流二极管 VD 导通，储存在 L 中的磁场能量转化为电能，对输出滤波电容 C 进行充电，并向负载 R_L 提供电流。电感电流 I_L 为电容充电电流 I_2 和负载电流 I_O 的总和。

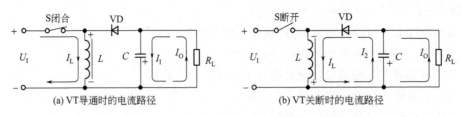

(a) VT导通时的电流路径　　　　　　　(b) VT关断时的电流路径

图 2-3-2　降压/升压式 DC/DC 变换器的工作原理

小贴示

　　降压/升压式变换器是在功率开关管关断时向负载传输能量的,属于反激型变换器。

　　降压/升压式 DC/DC 变换器的电压及电流波形如图 2-3-3 所示。PWM 表示脉宽调制波

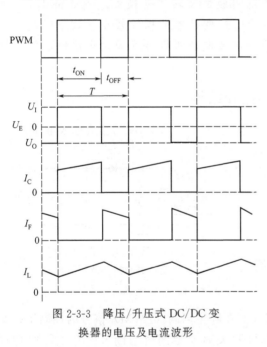

图 2-3-3　降压/升压式 DC/DC 变换器的电压及电流波形

形,t_{ON} 为功率开关管 VT 的导通时间,t_{OFF} 为功率开关管 VT 的关断时间。T 为开关周期。U_E 为功率开关管 VT 的发射极电压波形。I_C 为 VT 的集电极电流波形。I_F 为续流二极管 VD 的电流波形,I_L 为电感电流波形。可以看出,功率开关管 VT 导通时,其发射极电压 U_E 等于输入电压 U_I;在 VT 关断时,其发射极电压 U_E 等于输出电压 U_O (U_O 为负电压)。在功率开关管 VT 导通期间,电感电流线性增加;在 VT 关断期间,电感电流线性减小。电感电流 I_L 是由 VT 的集电极电流 I_C 和续流二极管 VD 的电流 I_F 叠加形成的。

　　降压/升压式 DC/DC 变换器具有以下特点。

　　① 输出电压 U_O 可以小于 U_I 也可以大于 U_I,故称之为降压/升压式变换器。U_O 与 U_I 的关系为 $U_O = -DU_I/(1-D)$,通过控制占空比 D 的大小就能改变输出电压。

　　② 输出电压 U_O 与输入电压 U_I 的极性相反,因此也称其为极性反转式变换器。

　　③ 功率开关管 VT 承受的最大电压 $U_{CE} = U_I - U_O$。因 U_O 为负电压,实际上 U_{CE} 为 U_I 与 U_O 的绝对值之和。

　　④ 功率开关管 VT 集电极的最大电流 $I_C = I_O/(1-D)$。

　　⑤ 续流二极管 VD 的平均电流 $I_F = I_O$。

　　⑥ 续流二极管 VD 承受的反向电压 $U_R = U_I - U_O$。因 U_O 为负电压,实际上 U_R 为 U_I 与 U_O 的绝对值之和。

　　降压/升压式 DC/DC 变换器的集成电路产品有 MAX764、MAX776 和 TPS6755 等。

2.4 反激式变换器的工作原理

反激式 DC/DC 变换器,简称反激式变换器,英文为 Flyback Converter,因此也称回扫式变换器。反激式变换器具有电路结构简单、成本低廉、输入/输出电器隔离的特点,是最常用的 DC/DC 变换器之一,广泛应用于小功率电子产品以及各种电器设备的待机电源中。例如手机及数码相机的充电器,笔记本电脑电源适配器,电动自行车充电器,PC 机和电视机的待机电源等。

2.4.1 反激式 DC/DC 变换器的拓扑结构

反激式 DC/DC 变换器的拓扑结构如图 2-4-1 所示。U_I 为直流输入电压,T 为高频变压器,其中 N_P 为初级绕组,N_S 为次级绕组。高频变压器的初级绕组与次级绕组的极性相反,同名端位置如图中所示。VT 为功率开关管,VD 为输出整流二极管,C 为输出滤波电容,U_O 为直流输出电压,R_L 为外部负载电阻。脉宽调制器(PWM)用来控制功率开关管 VT 的导通与关断,是变换器的控制核心。

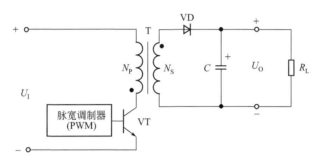

图 2-4-1 反激式 DC/DC 变换器的拓扑结构

2.4.2 反激式 DC/DC 变换器的工作原理

反激式 DC/DC 变换器的功率开关管 VT 在脉宽调制(PWM)信号的控制下,交替地导通与关断(也称截止),相当于一个机械开关高速地闭合与断开,其工作原理如图 2-4-2 所示。图 2-4-2(a) 和图 2-4-2(b)分别示出了 VT 导通和关断时的电流路径,为了便于电路分析,图中用开关 S 的闭合与断开来代替 VT 的导通和关断。

当功率开关管 VT 导通(即 S 闭合)时,如图 2-4-2(a)所示,输入电压 U_I 直接加到高频变压器初级绕组 N_P 的两端,使初级电流 I_P 线性地增加。初级绕组的感应电动势为上"+"下"−"。初级电流 I_P 提供的能量以磁场能量的形式存储在高频变压器中。在此期间,根据电磁感应原理,高频变压器次级绕组 N_S 两端的感应电压为上"−"下"+",使输出整流二极管 VD 截止。同时输出滤波电容 C 放电,为负载 R_L 提供电流 I_O,电容 C 的放电电流 I_1 与负载电流 I_O 相等。

当功率开关管 VT 关断(即 S 断开)时,如图 2-4-2(b)所示,初级侧绕组电流突然中断,根据电磁感应的原理,此时在初级绕组上会产生反极性的感应电压(也称为反射电压 U_{OR})。同时,高频变压器次级绕组 N_S 也产生感应电压 U_S,其极性是上"+"下"−",因此输出整流二极管 VD 导通,从而产生次级绕组电流 I_S(即整流二极管 VD 的正向电流

I_F）。次级绕组电流 I_S 对输出滤波电容 C 进行充电，并向负载 R_L 提供电流。次级绕组电流 I_S 为电容充电电流 I_2 和负载电流 I_O 的总和。

小贴示

反激式变换器是在功率开关管关断时向负载传输能量的，是典型的反激型变换器。

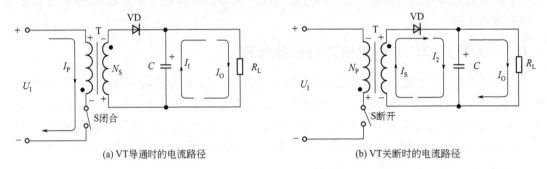

(a) VT导通时的电流路径　　　　　(b) VT关断时的电流路径

图 2-4-2　反激式 DC/DC 变换器的工作原理

反激式 DC/DC 变换器的电压及电流波形如图 2-4-3 所示。PWM 表示脉宽调制波形，

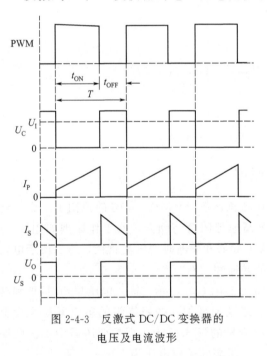

图 2-4-3　反激式 DC/DC 变换器的
电压及电流波形

t_{ON} 为功率开关管 VT 的导通时间，t_{OFF} 为功率开关管 VT 的关断时间。T 为开关周期。U_C 为功率开关管 VT 的集电极电压波形。I_P 为初级绕组的电流波形，即 VT 集电极的电流波形。I_S 为次级绕组的电流波形，即整流二极管 VD 的电流波形。U_S 为次级绕组的电压波形。可以看出，当功率开关管 VT 导通时，其集电极电压 U_C 为零；在 VT 关断时，其集电极电压 U_C 将高于输入电压 U_I。这是因为初级绕组产生了上"－"下"＋"的反射电压 U_{OR}［见图 2-4-2(b)］，该电压与 U_I 叠加，使 U_C 变的更高。

在功率开关管 VT 导通期间，初级绕组电流 I_P 线性增加，将传输的能量以磁能的形式存储在高频变压器中，此时次级绕组电压 U_S 为负值；当 VT 关断时，初级绕组电流 I_P 立刻减小到零，高频变压器存储的能量则通过次级绕组释放，次级绕组感应电压 U_S 为上"＋"下"－"［见图 2-4-2(b)］，使整流二极管 VD 导通，从而产生次级电流 I_S，即整流二极管 VD 的电流 I_F。在 VT 关断期间，随着高频变压器存储能量的释放，次级电流 I_S 线性减小。次级绕组电压 U_S 的大小与 U_O 相等，波形如图 2-4-3 中的 U_S 所示。负载电流 I_O 为次级电流 I_S 的平均值。

反激式 DC/DC 变换器主要有以下特点。

① 输出电压 U_O 与 U_I 的关系为：

$$U_O = \frac{D}{1-D} \times \frac{N_S}{N_P} U_I$$

当 N_P、N_S 和 U_I 确定之后，可以通过调整占空比 D 的大小来改变输出电压。

② 功率开关管 VT 承受的最大电压 $U_{CE} = U_I + (N_P/N_S)U_O$。

其中，$(N_P/N_S)U_O$ 就是反射电压 U_{OR}，在交流 220V 输入的开关电源中，反射电压 U_{OR} 取值应在 $100 \sim 200$V 之间。通常选取为 130V 左右。

③ 功率开关管 VT 集电极的最大电流 $I_C = (N_S/N_P)I_O$。

④ 整流二极管 VD 的平均电流 $I_F = I_O$。

⑤ 整流二极管 VD 承受的反向电压 $U_R = U_O + (N_S/N_P)U_I$。

⑥ 反激式 DC/DC 变换器设计比较灵活，只要增加次级绕组数，就可组成多路输出式 DC/DC 变换器，并且输出电压的极性可以和输入电压的极性相反。还可以通过改变初、次级绕组的匝数比，构成升压或降压式开关电源。

反激式 DC/DC 变换器不需要，也不能在输出整流二极管与滤波电容之间串联滤波电感（专门抑制高频干扰的磁珠电感除外），否则会在初级绕组上产生很高的感应电压 U_{OR}，会造成功率开关管 VT 击穿损坏。

2.5 正激式变换器的工作原理

正激式 DC/DC 变换器，简称正激式变换器，英文为 Forward Converter。正激式变换器一般用于 $100 \sim 300$W 中等功率的开关电源中，通过高频变压器实现输入/输出电器隔离，是常用的 DC/DC 变换器之一。本节以单端正激式变换器（因其只有一个功率开关管，也称为单管正激式变换器）为例，介绍正激式变换器的工作原理。

2.5.1 正激式 DC/DC 变换器的拓扑结构

正激式 DC/DC 变换器的拓扑结构如图 2-5-1 所示。U_I 为直流输入电压，T 为高频变压器，其中 N_P 为初级绕组，N_S 为次级绕组。高频变压器的初级绕组与次级绕组的极性相同，同名端位置如图中所示。N_R 为磁复位绕组，其匝数与 N_P 相同，在 VT 关断期间，泄放励磁电流，使高频变压器磁复位。VT 为功率开关管，VD_1 为整流二极管，VD_2 为续流二极管，二极管 VD_3 为励磁电流提供泄放回路。L 为输出滤波电感，C 为输出滤波电容，U_O 为直流输出电压，R_L 为外部负载电阻。脉宽调制器（PWM）用来控制功率开关管 VT 的导通与关断，是变换器的控制核心。

2.5.2 正激式 DC/DC 变换器的工作原理

正激式 DC/DC 变换器的工作原理如图 2-5-2 所示，功率开关管 VT 在脉宽调制（PWM）信号的控制下，交替地导通与关断（也称截止），相当于一个机械开关高速地闭合与断开。图 2-5-2(a) 和图 2-5-2(b) 分别示出了 VT 导通和关断时的电流路径，为了便于电路分析，图中用开关 S 的闭合与断开来代替 VT 的导通和关断。

当功率开关管 VT 导通（即 S 闭合）时，如图 2-5-2(a) 所示，输入电压 U_I 直接加到高频变压器初级绕组 N_P 的两端，使初级电流 I_P 线性地增加。初级绕组的感应电动势为上"+"下"−"。根据电磁感应原理，高频变压器磁复位绕组 N_R 和次级绕组 N_S 两端的感应

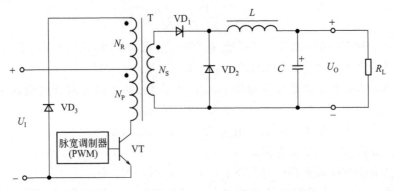

图 2-5-1　正激式 DC/DC 变换器的拓扑结构

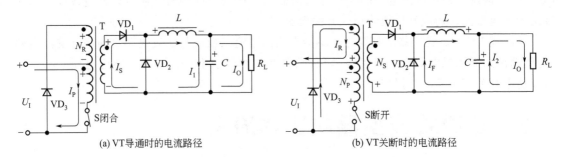

(a) VT导通时的电流路径　　　　　　　　　　　(b) VT关断时的电流路径

图 2-5-2　正激式 DC/DC 变换器的工作原理

电压也为上"+"下"−",此时二极管 VD_3 截止,整流二极管 VD_1 导通,续流二极管 VD_2 截止。次级绕组 N_S 产生的电压 U_S 施加到输出滤波电感 L 左端,形成线性增加的次级电流 I_S(即整流二极管 VD_1 的正向电流 I_{F1}),电感储存的能量也在增加,L 上的感应电动势为左"+"右"−"。I_S 为输出滤波电容 C 充电,并为负载 R_L 提供输出电流 I_O。次级绕组电流 I_S 为电容充电电流 I_1 和负载电流 I_O 的总和。

　　当功率开关管 VT 关断(即 S 断开)时,如图 2-5-2(b)所示,初级侧绕组 N_P 的电流突然中断,根据电磁感应的原理,此时在初级绕组上会产生反极性的感应电压。同时,高频变压器的磁复位绕组 N_R 和次级绕组 N_S 也同时产生极性为上"−"下"+"的感应电压。此时二极管 VD_3 导通,整流二极管 VD_1 截止。高频变压器的励磁电流 I_R 将通过二极管 VD_3 回馈到输入电源 U_I 端,并线性的逐渐减小到零。因电感 L 中的电流不能突变,整流二极管 VD_1 截止后,L 将产生左"−"右"+"的感应电压,使续流二极管 VD_2 导通,产生电流 I_F,储存在 L 中的磁能就转换为电能,经过由 VD_2 构成的回路继续向负载 R_L 供电。随着 L 中磁能的释放,I_F 逐渐减小,输出滤波电容 C 将产生放电电流 I_2,负载电流 I_O 为流过电感的电流 I_F 和电容放电电流 I_2 的总和。

小贴示

　　正激式变换器是在功率开关管导通期间向负载传输能量的,是典型的正激型变换器。

　　和反激式变换器不同,正激式变换器的初级电流 I_P 和次级电流 I_S 产生的磁场在高频变压器中相互抵消,不会引起变压器磁芯的过度磁化,高频变压器上基本不储存能量。在功率开关管关断时，高频变压器励磁电流的能量将通过磁复位绕组回馈到输入电源。

正激式 DC/DC 变换器的电压及电流波形如图 2-5-3 所示。PWM 表示脉宽调制波形，t_{ON} 为功率开关管 VT 的导通时间，t_{OFF} 为功率开关管 VT 的关断时间。T 为开关周期。U_{C} 为功率开关管 VT 的集电极电压波形。I_{P} 为初级绕组的电流波形，即 VT 集电极的电流波形。I_{S} 为次级绕组的电流波形，即整流二极管 VD1 的正向电流波形。I_{F} 为续流二极管 VD2 的电流波形。U_{S} 为次级绕组两端的电压波形。

可以看出，当功率开关管 VT 导通时，其集电极电压 U_{C} 为零；在 VT 关断时，其集电极电压 U_{C} 将高达输入电压 U_{I} 的 2 倍。这是因为磁复位期间初级绕组 N_{P} 产生了上"一"下"+"的感应电压，该电压与 U_{I} 相等并与 U_{I} 叠加，使 U_{C} 变为 $2U_{\text{I}}$。

为了保证高频变压器能够完成磁复位过程，正激式变换器的 PWM 信号占空比 D 不能超过 50%。为了留有安全余量，通常将最大占空比限制在 45% 以下。

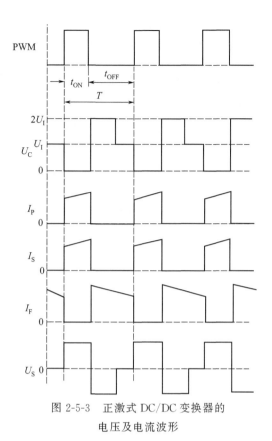

图 2-5-3　正激式 DC/DC 变换器的
电压及电流波形

正激式变换器的 PWM 信号占空比不能超过 50%。

正激式 DC/DC 变换器主要有以下特点。

① 输出电压 U_{O} 与 U_{I} 的关系为：$U_{\text{O}} = D(N_{\text{S}}/N_{\text{P}})U_{\text{I}}$。可以通过改变初、次级绕组的匝数比，构成升压或降压式开关电源。改变占空比 D 即可调节输出电压。

② 功率开关管 VT 承受的最大电压 $U_{\text{CE}} = 2U_{\text{I}}$。

③ 功率开关管 VT 的最大集电极电流 $I_{\text{C}} = (N_{\text{S}}/N_{\text{P}})I_{\text{O}}$。

④ 整流二极管的平均电流 $I_{\text{S}} = DI_{\text{O}}$。

⑤ 整流二极管的反向电压 $U_{\text{R}} = U_{\text{O}} + (N_{\text{S}}/N_{\text{P}})U_{\text{I}}$。

⑥ 续流二极管的平均电流 $I_{\text{F}} = (1-D)I_{\text{O}}$。

⑦ 正激式变换器必须在输出整流二极管与滤波电容之间串联滤波电感（也称平波电感或扼流圈），该电感还能起到储能作用，因此亦称储能电感。

2.6　推挽式变换器的工作原理

推挽式 DC/DC 变换器，简称推挽式变换器，英文为 Push-pullConverter。该变换器是利用两只功率开关管交替工作来完成 DC/DC 转换的，可以看成是两个单管正激式 DC/DC 变换器的组合，其输出整流、滤波电路也与正激式 DC/DC 变换器基本相同。

2.6.1 推挽式 DC/DC 变换器的拓扑结构

推挽式 DC/DC 变换器的拓扑结构如图 2-6-1 所示。T 为高频变压器，N_{P1} 和 N_{P2} 为初级绕组，N_{S1} 和 N_{S2} 为次级绕组。初级绕组和次级绕组均带有中心抽头，其中 N_{P1} 和 N_{P2} 匝数相同；N_{S1} 和 N_{S2} 匝数相同。初级绕组与次级绕组的极性相同，同名端位置如图中所示。VT_1 和 VT_2 为功率开关管，VD_1 和 VD_2 为输出整流二极管，L 为输出滤波电感，C 为输出滤波电容，U_O 为直流输出电压，R_L 为外部负载电阻。脉宽调制器（PWM）产生两路相位差为 $180°$ 的控制信号 U_A 和 U_B，使 VT_1 和 VT_2 交替工作，是变换器的控制核心。

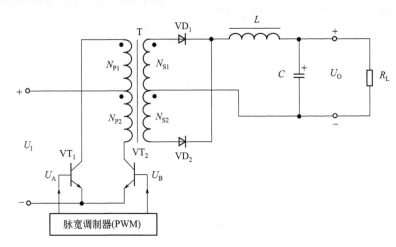

图 2-6-1 推挽式 DC/DC 变换器的拓扑结构

2.6.2 推挽式 DC/DC 变换器的工作原理

脉宽调制器（PWM）产生的两路控制信号 U_A 和 U_B 交替出现，当 U_A 为高电平时，U_B 为低电平（反之亦然）。功率开关管 VT_1 和 VT_2 在脉宽调制（PWM）信号的控制下，交替地导通与关断（也称截止），相当于一个机械开关高速的闭合与断开。为了便于电路分析，以下图中用开关 S_1 和 S_2 的闭合与断开来代替 VT_1 和 VT_2 的导通和关断。

当 U_A 为高电平时，功率开关管 VT_1 导通（此时 VT_2 截止），图 2-6-2 示出了 VT_1 导通（S_1 闭合）、VT_2 关断（S_2 断开）时的电流路径。输入电压 U_I 施加到初级绕组 N_{P1} 两端，使初级电流 I_{P1} 线性地增加。N_{P1} 的感应电动势为上 "一" 下 "+"。根据电磁感应原理，高频变压器的初级绕组 N_{P2}，次级绕组 N_{S1} 和 N_{S2} 两端的感应电压也为上 "一" 下 "+"，此时次级整流二极管 VD_1 截止，VD_2 导通。次级绕组 N_{S2} 产生的感应电压 U_{S2} 施加到输出滤波电感 L 左端，形成线性增加的次级电流 I_{S2}（即整流二极管 VD_2 的正向电流），电感储存的能量也在增加，L 上的感应电动势为左 "+" 右 "一"。I_{S2} 为输出滤波电容 C 充电，并为负载 R_L 提供输出电流 I_O。次级绕组电流 I_{S2} 为电容充电电流 I_1 和负载电流 I_O 的总和。

当 U_B 为高电平时，功率开关管 VT_2 导通（此时 VT_1 截止），图 2-6-3 示出了 VT_2 导通（S_2 闭合）、VT_1 关断（S_1 断开）时的电流路径。输入电压 U_I 施加到初级绕组 N_{P2} 两

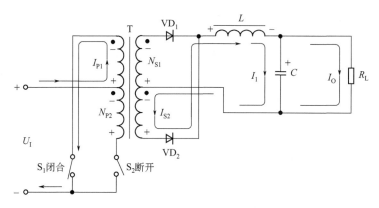

图 2-6-2 推挽式 DC/DC 变换器 VT_1 导通时的电流路径

端，使初级电流 I_{P2} 线性地增加。N_{P2} 的感应电动势为上"＋"下"－"。根据电磁感应原理，高频变压器的初级绕组 N_{P1}，次级绕组 N_{S1} 和 N_{S2} 两端的感应电压也为上"＋"下"－"，此时次级整流二极管 VD_1 导通，VD_2 截止。次级绕组 N_{S1} 产生的感应电压 U_{S1} 施加到输出滤波电感 L 左端，形成线性增加的次级电流 I_{S1}（即整流二极管 VD_1 的正向电流），电感储存的能量也在增加，L 上的感应电动势为左"＋"右"－"。I_{S1} 为输出滤波电容 C 充电，并为负载 R_L 提供输出电流 I_O。次级绕组电流 I_{S1} 为电容充电电流 I_2 和负载电流 I_O 的总和。

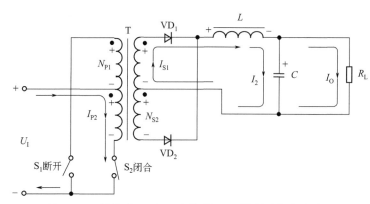

图 2-6-3 推挽式 DC/DC 变换器 VT_2 导通时的电流路径

在推挽式 DC/DC 变换器中，脉宽调制器（PWM）产生的两路控制信号 U_A 和 U_B 交替出现，当控制信号占空比 D 小于 50% 的时候，会出现 U_A 和 U_B 都为低电平时间段。而且，为了避免两只功率开关管 VT_1 和 VT_2 同时导通，也必须保证足够长的 U_A 和 U_B 都为低电平的时间，这个时间称为"死区"时间，常用"DT"来表示。"死区"时间通常为 $1 \sim 3\mu s$。当控制信号占空比 D 减小的时候，U_A 和 U_B 同时为低电平时间段就会变长。

✎ **小贴示**

　　为了避免推挽式变换器中两只功率开关管同时导通，脉宽调制器（PWM）产生的两路控制信号占空比 D 必须小于 50%。

　　当 U_A 和 U_B 都为低电平，即两只功率开关管 VT_1 和 VT_2 同时关断时，推挽式 DC/DC

变换器的电流路径如图 2-6-4 所示。因为 VT_1 和 VT_2 同时关断（即 S_1 和 S_2 同时断开），初级绕组 N_{P1} 和 N_{P2} 均没有电流通过。在高频变压器 T 的次级一侧，因电感中的电流不能突变，输出滤波电感 L 上将产生左"－"右"＋"的感应电压，使整流二极管 VD_1 和 VD_2 导通，从而产生电流 I_{F1} 和 I_{F2}，储存在 L 中的磁能就转换为电能，经过由 VD_1 和 VD_2 构成的回路继续向负载 R_L 供电。随着 L 中磁能的释放，I_L 逐渐减小，输出滤波电容 C 将产生放电电流 I_3，负载电流 I_O 为流过电感的电流 I_L 和电容放电电流 I_3 的总和。

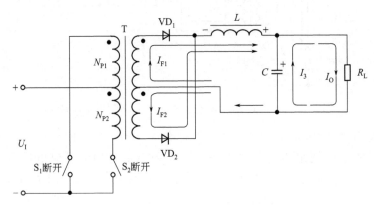

图 2-6-4　推挽式 DC/DC 变换器 VT_1、VT_2 关断时的电流路径

其中，电感电流 I_L 为 I_{F1} 和 I_{F2} 的叠加。由于电路结构对称，通常 I_{F1} 和 I_{F2} 相等，各为电感电流 I_L 的一半（即 $1/2$）。这种情况下会使高频变压器 T 的次级绕组 N_{S1} 和 N_{S2} 产生所谓的"凸台电流"，其电流波形参见图 2-6-5。由于 I_{F1} 和 I_{F2} 在次级绕组 N_{S1} 和 N_{S2} 产生磁场相互抵消，高频变压器所有的绕组都不会产生感应电压，即 N_{P1}、N_{P2}、N_{S1} 和 N_{S2} 的感应电压都为零。

　　推挽式变换器也是在功率开关管 VT_1 和 VT_2 导通期间向负载传输能量的，属于正激型变换器。

推挽式 DC/DC 变换器的电压及电流波形如图 2-6-5 所示。U_A 和 U_B 分别为功率开关管 VT_1 和 VT_2 的控制信号，控制信号为高电平（t_{ONA} 和 t_{ONB} 阶段）时，相应功率开关管导通，其他时刻相应功率开关管关断。其中，图 2-6-5（a）示出了高频变压器初级侧的电压及电流波形，U_{C1} 和 U_{C2} 分别为功率开关管 VT_1 和 VT_2 的集电极电压波形，I_{P1} 和 I_{P2} 分别为高频变压器初级绕组 N_{P1} 和 N_{P2} 的电流波形，即功率开关管 VT_1 和 VT_2 的集电极电流波形；图 2-6-5（b）示出了高频变压器次级侧的电压及电流波形，U_{D1} 和 U_{D2} 分别为输出整流二极管 VD_1 和 VD_2 正极（阳极）的电压波形，I_{S1} 和 I_{S2} 分别为高频变压器次级绕组 N_{S1} 和 N_{S2} 的电流波形，即整流二极管 VD_1 和 VD_2 的正向电流波形。

从图 2-6-5（a）可以看出，U_A 为高电平（t_{ONA} 阶段）时，功率开关管 VT_1 导通，其集电极电压 U_{C1} 为 0V，输入电压 U_I 施加到初级绕组 N_{P1} 的两端，使初级电流 I_{P1}（也是 VT_1 的集电极电流 I_{C1}）线性地增加。此时，功率开关管 VT_2 关断，其集电极电压 U_{C2} 为输入电压 U_I 的 2 倍。这是由于初级绕组 N_{P2} 的感应电压（该电压与 U_I 幅度相同）与电源电压 U_I 叠加形成的。同理，当 U_B 为高电平（t_{ONB} 阶段）时，初级电流 I_{P2}（也是 VT_2 的集电极电

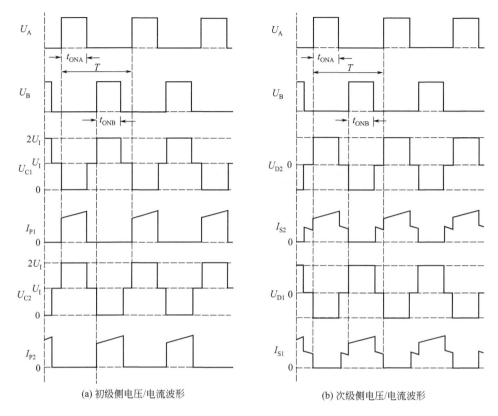

(a) 初级侧电压/电流波形   (b) 次级侧电压/电流波形

图 2-6-5　推挽式 DC/DC 变换器的电压及电流波形

流 I_{C2}）线性地增加。此时，功率开关管 VT_1 关断，其集电极电压 U_{C1} 为输入电压 U_I 的 2 倍。

在 U_A 和 U_B 均为低电平期间，功率开关管 VT_1 和 VT_2 都是关断状态，初级绕组没有感应电压，两只功率开关管集电极的电压与输入电压 U_I 相同。

从图 2-6-5（b）可以看出，U_A 为高电平（t_{ONA} 阶段）时，次级绕组 N_{S2} 的感应电压使 U_{D2} 为正，整流二极管 VD_2 导通，形成线性增加的次级电流 I_{S2}。此时，N_{S1} 的感应电压使 U_{D1} 为负，整流二极管 VD_1 截止。同理，当 U_B 为高电平（t_{ONB} 阶段）时，整流二极管 VD_1 导通，形成线性增加的次级电流 I_{S1}。此时，VD_2 截止。

在 U_A 和 U_B 均为低电平期间，两只整流二极管 VD_1 和 VD_2 会同时导通，起到续流作用，每只整流二极管流过电感电流的一半。随着输出滤波电感 L 中磁能的释放，I_L 逐渐减小，使次级电流 I_{S1} 和 I_{S2} 出现图中的凸台形状。图中的次级绕组电流 I_{S1} 和 I_{S2} 也分别是整流二极管 VD_1 和 VD_2 的正向电流。输出滤波电感 L 中的电流则由 I_{S1} 和 I_{S2} 叠加而成，为 I_{S1} 与 I_{S2} 的总和。

推挽式 DC/DC 变换器主要有以下特点。

① 输出电压 U_O 与 U_I 的关系为：$U_O = 2D(N_S/N_P)U_I$。可以通过改变初、次级绕组的匝数比，构成升压或降压式开关电源。

② 功率开关管 VT 承受的最大电压 $U_{CE} = 2U_I$。

③ 功率开关管 VT 的最大集电极电流 $I_C = (N_S/N_P)I_O$。

④ 整流二极管的平均电流 $I_F = I_O/2$。

⑤ 整流二极管的承受反向电压 $U_R = 2(N_S / N_P) U_I$。

⑥ 推挽式变换器必须在输出整流二极管与滤波电容之间串联滤波电感。

⑦ 只要增加次级绕组数，就可组成多路输出式 DC/DC 变换器，并且输出电压的极性可以和输入电压的极性相反。

推挽式 DC/DC 变换器功率开关管 VT 的最大电压 $U_{CE} = 2U_I$。当输入电压较高时，需要选用耐压较高功率开关管，这样会增加电源的成本，因此推挽式拓扑结构通常用于低输入电压的大功率 DC/DC 开关电源中。例如，+12V、+24V 或 +48V 的电池供电系统。

2.7 半桥式变换器的工作原理

半桥式 DC/DC 变换器，简称半桥式变换器，英文为 Half Bridge Converter。半桥式变换器是在推挽式变换器的基础上构成的，由两只功率开关管构成半桥，适用于输出功率为 100～500W 的隔离式开关电源。例如，PC 的主电源，大屏幕平板电视机的主电源等。

2.7.1 半桥式 DC/DC 变换器的拓扑结构

半桥式 DC/DC 变换器的拓扑结构如图 2-7-1 所示。T 为高频变压器，N_P 为初级绕组，N_{S1} 和 N_{S2} 为次级绕组，次级绕组带中心抽头，N_{S1} 和 N_{S2} 匝数相同。初级绕组与次级绕组的极性相同，同名端位置如图中所示。C_1 和 C_2 为电容量相等的输入分压电容，将输入电压 U_I 分为两半，即每只电容上的电压为 U_I 的 1/2。VT_1 和 VT_2 为功率开关管，VD_1 和 VD_2 为输出整流二极管，L 为输出滤波电感，C_3 为输出滤波电容。U_O 为直流输出电压，R_L 为外部负载电阻。脉宽调制器（PWM）产生两路相位差为 $180°$ 的控制信号 U_A 和 U_B，使 VT_1 和 VT_2 交替工作，是变换器的控制核心。

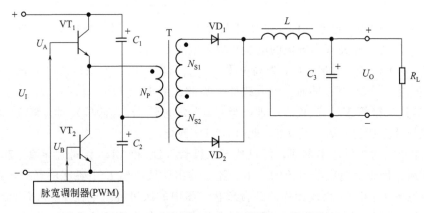

图 2-7-1 半桥式 DC/DC 变换器的拓扑结构

同推挽式变换器相比，半桥式变换器增加了两只输入分压电容，省去了高频变压器初级绕组的中心抽头，并使功率开关管承受的电压下降为电源电压 U_I。但是，半桥式变换器两只功率开关管的驱动控制信号 U_A 和 U_B 需要电气隔离，常用脉冲变压器来耦合驱动信号，其驱动电路比较复杂。

2.7.2 半桥式 DC/DC 变换器的工作原理

脉宽调制器（PWM）产生的两路控制信号 U_A 和 U_B 交替出现，当 U_A 为高电平时，

U_B 为低电平（反之亦然）。功率开关管 VT_1 和 VT_2 在脉宽调制（PWM）信号的控制下，交替地导通与关断（也称截止），相当于一个机械开关高速的闭合与断开。为了便于电路分析，以下图中用开关 S_1 和 S_2 的闭合与断开来代替 VT_1 和 VT_2 的导通和关断。

当 U_A 为高电平时，功率开关管 VT_1 导通（此时 VT_2 截止），图 2-7-2 示出了 VT_1 导通（S_1 闭合）、VT_2 关断（S_2 断开）时的电流路径。输入电压 U_I 通过初级绕组 N_P，接到分压电容 C_2 的上端，初级绕组 N_P 上施加了电源电压 U_I 的一半，使初级电流 I_{P1} 线性地增加。N_P 的感应电动势为上"+"下"−"。根据电磁感应原理，高频变压器的次级绕组 N_{S1} 和 N_{S2} 两端的感应电压也为上"+"下"−"，此时次级整流二极管 VD_1 导通，VD_2 截止。次级绕组 N_{S1} 产生的感应电压 U_{S1} 施加到输出滤波电感 L 左端，形成线性增加的次级电流 I_{S1}（即整流二极管 VD_1 的正向电流），电感储存的能量也在增加，L 上的感应电动势为左"+"右"−"。I_{S1} 为输出滤波电容 C_3 充电，并为负载 R_L 提供输出电流 I_O。次级绕组电流 I_{S1} 为电容充电电流 I_1 和负载电流 I_O 的总和。

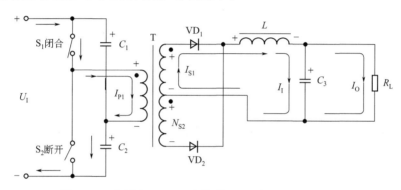

图 2-7-2　半桥式 DC/DC 变换器 VT_1 导通时的电流路径

当 U_B 为高电平时，功率开关管 VT_2 导通（此时 VT_1 截止），图 2-7-3 示出了 VT_2 导通（S_2 闭合）、VT_1 关断（S_1 断开）时的电流路径。分压电容 C_2 两端的电压直接施加到初级绕组 N_P 上，即初级绕组 N_P 上施加了反向的电压，其大小为电源电压 U_I 的一半，使反向的初级电流 I_{P2} 线性地增加。N_P 的感应电动势为上"−"下"+"。根据电磁感应原理，高频变压器的次级绕组 N_{S1} 和 N_{S2} 两端的感应电压也为上"−"下"+"，此时次级整流二极管 VD_2 导通，VD_1 截止。次级绕组 N_{S2} 产生的电压 U_{S2} 施加到输出滤波电感 L 左端，形成线性增加的次级电流 I_{S2}（即整流二极管 VD_2 的正向电流），电感储存的能量也在增加，L 上的感应电动势为左"+"右"−"。I_{S2} 为输出滤波电容 C_3 充电，并为负载 R_L 提供输

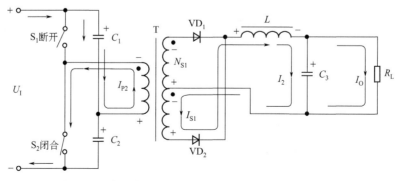

图 2-7-3　半桥式 DC/DC 变换器 VT_2 导通时的电流路径

出电流 I_O。次级绕组电流 I_{S2} 为电容充电电流 I_2 和负载电流 I_O 的总和。

和推挽式变换器相同，为了避免两只功率开关管同时导通，半桥式变换器中脉宽调制器（PWM）产生的两路控制信号占空比 D 必须小于 50%。当 U_A 和 U_B 都为低电平，即两只功率开关管 VT_1 和 VT_2 同时关断（即 S_1 和 S_2 同时断开）时，初级绕组 N_P 没有电流通过。此时，高频变压器 T 的次级一侧电流路径与推挽式变换器相同。可以参考图 2-6-4 及相关内容。

半桥式变换器是在功率开关管 VT_1 和 VT_2 导通期间向负载传输能量的，属于正激型变换器。

半桥式 DC/DC 变换器的电压及电流波形如图 2-7-4 所示。U_A 和 U_B 分别为功率开关管 VT_1 和 VT_2 的控制信号，控制信号为高电平（t_{ONA} 和 t_{ONB} 阶段）时，相应功率开关管导通，其他时刻相应功率开关管关断。其中，图 2-7-4（a）示出了高频变压器初级侧的电压及电流波形，U_{E1} 和 U_{C2} 分别为功率开关管 VT_1 发射极和 VT_2 的集电极的电压波形，I_{P1} 和 I_{P2} 分别为高频变压器初级绕组 N_P 的正向和反向电流波形，即功率开关管 VT_1 和 VT_2 的集电极电流波形；图 2-7-4（b）示出了高频变压器次级侧的电压及电流波形，U_{D1} 和 U_{D2} 分别为输出整流二极管 VD_1 和 VD_2 正极（阳极）的电压波形，I_{S1} 和 I_{S2} 分别为高频变压器次级绕组 N_{S1} 和 N_{S2} 的电流波形，即整流二极管 VD_1 和 VD_2 的正向电流波形。

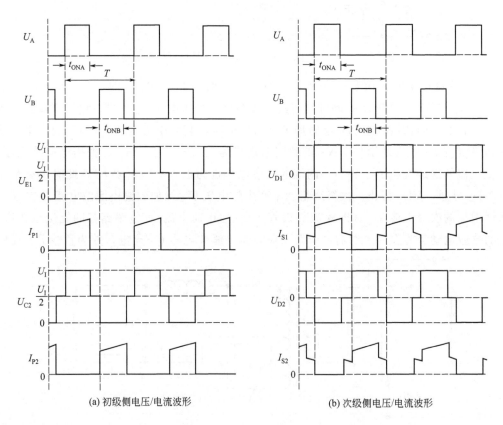

(a) 初级侧电压/电流波形　　　　(b) 次级侧电压/电流波形

图 2-7-4　半桥式 DC/DC 变换器的电压及电流波形

从图 2-7-4(a) 可以看出，U_A 为高电平（t_{ONA} 阶段）时，功率开关管 VT$_1$ 导通，其发射极电压 U_{E1} 为 U_I，输入电压 U_I 加到初级绕组 N_P 的上端，使初级电流 I_{P1}（也是 VT$_1$ 的集电极电流 I_{C1}）线性地增加。此时，功率开关管 VT$_2$ 关断，因其集电极与 VT$_1$ 的发射极连接，其集电极电压 U_{C2} 也为输入电压 U_I；当 U_B 为高电平（t_{ONB} 阶段）时，功率开关管 VT$_2$ 导通，其集电极电压 U_{C2} 为 0V，电容 C_2 上的电压加到初级绕组 N_P 的两端，使初级电流 I_{P2}（也是 VT$_2$ 的集电极电流 I_{C2}）线性地增加。此时，功率开关管 VT$_1$ 关断，因其发射极与 VT$_2$ 的集电极连接，其发射极电压 U_{E1} 也为 0V。即 VT$_1$ 的发射极电压波形与 VT$_2$ 的集电极电压波形完全相同。

在 U_A 和 U_B 均为低电平期间，功率开关管 VT$_1$ 和 VT$_2$ 都是关断状态，初级绕组没有感应电压，VT$_1$ 的发射极电压与 VT$_2$ 的集电极电压相同，均为电容 C_2 上端（正极）的电压，该电压为输入电压 U_I 的一半（即 $U_I/2$）。

从图 2-7-4(b) 可以看出，U_A 为高电平（t_{ONA} 阶段）时，次级绕组 N_{S1} 的感应电压使 U_{D1} 为正，整流二极管 VD$_1$ 导通，形成线性增加的次级电流 I_{S1}。此时，N_{S2} 的感应电压使 U_{D2} 为负，整流二极管 VD$_2$ 截止。同理，当 U_B 为高电平（t_{ONB} 阶段）时，整流二极管 VD$_2$ 导通，形成线性增加的次级电流 I_{S2}。此时，VD$_1$ 截止。

和推挽式变换器相同，在 U_A 和 U_B 均为低电平期间，两只整流二极管 VD$_1$ 和 VD$_2$ 会同时导通，起到续流作用，每只整流二极管流过电感电流的一半。次级电流 I_{S1} 和 I_{S2} 也会出现图中的凸台形状。

半桥式 DC/DC 变换器的主要特点如下。

① 输出电压 U_O 与 U_I 的关系为：$U_O = D (N_S/N_P) U_I$。

② 功率开关管 VT 承受的最大电压 $U_{CE} = U_I$。

③ 功率开关管 VT 的最大集电极电流 $I_C = (N_S/N_P) I_O$。

④ 整流二极管的平均电流 $I_F = I_O/2$。

⑤ 整流二极管的承受反向电压 $U_R = (N_S/N_P) U_I$。

⑥ 半桥式变换器必须在输出整流二极管与滤波电容之间串联滤波电感。

⑦ 只要增加次级绕组数，就可组成多路输出式 DC/DC 变换器，并且输出电压的极性可以和输入电压的极性相反。

2.8　全桥式变换器的工作原理

全桥式 DC/DC 变换器，简称全桥式变换器，英文为 Full Bridge Converter。将半桥式 DC/DC 变换器的两只分压电容更换为一对功率开关管，就构成了全桥式 DC/DC 变换器。全桥式变换器适用于输出功率 500W 以上的隔离式开关电源。例如，通信基站用电源，电动汽车充电器电源等。

2.8.1　全桥式 DC/DC 变换器的拓扑结构

全桥式 DC/DC 变换器的拓扑结构如图 2-8-1 所示。T 为高频变压器，N_P 为初级绕组，N_{S1} 和 N_{S2} 为次级绕组，次级绕组带中心抽头，N_{S1} 和 N_{S2} 匝数相同。初级绕组与次级绕组的极性相同，同名端位置如图中所示。4 只功率开关管被分成两组：VT$_1$ 和 VT$_4$，VT$_2$ 和 VT$_3$。VD$_1$ 和 VD$_2$ 为输出整流二极管，L 为输出滤波电感，C 为输出滤波电容。U_O 为直流输出电压，R_L 为外部负载电阻。脉宽调制器（PWM）产生两路相位差为 180° 的控制信号 U_A 和 U_B，其中，U_A 驱动 VT_1 和 VT_4，U_B 驱动 VT_2 和 VT_3，使两组功率开关管交替工作，是变换器的控制核心。

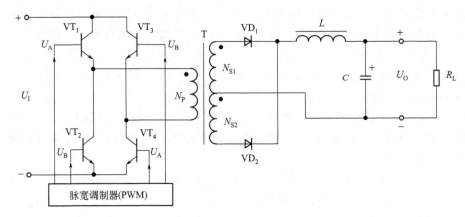

图 2-8-1　全桥式 DC/DC 变换器的拓扑结构

　　同半桥式变换器相比，全桥式变换器增加了两只功率开关管。通常需要用脉冲变压器来耦合驱动信号，使 4 只功率开关管的驱动控制信号 U_A 和 U_B 彼此电气隔离，其驱动电路更加复杂，电源成本较高。

2.8.2　全桥式 DC/DC 变换器的工作原理

　　脉宽调制器（PWM）产生的两路控制信号 U_A 和 U_B 交替出现，当 U_A 为高电平时，U_B 为低电平（反之亦然）。功率开关管 VT_1、VT_4 和 VT_2、VT_3 在脉宽调制（PWM）信号的控制下，交替地导通与关断（也称截止），相当于一个机械开关高速地闭合与断开。为了便于电路分析，以下图中用开关 $S_1 \sim S_4$ 的闭合与断开来代替 $VT_1 \sim VT_4$ 的导通和关断。

　　当 U_A 为高电平时，功率开关管 VT_1 和 VT_4 导通（此时 VT_2 和 VT_3 截止），图 2-8-2 示出了 VT_1、VT_4 导通（S_1、S_4 闭合），VT_2、VT_3 关断（S_2、S_3 断开）时的电流路径。输入电压 U_I 通过 S_1 和 S_4 施加到初级绕组 N_P 上，使初级电流 I_{P1} 线性地增加。N_P 的感应电动势为上"＋"下"－"。根据电磁感应原理，高频变压器的次级绕组 N_{S1} 和 N_{S2} 两端的感应电动势也为上"＋"下"－"，此时次级整流二极管 VD_1 导通，VD_2 截止。次级绕组 N_{S1} 产生的电压 U_{S1} 施加到输出滤波电感 L 左端，形成线性增加的次级电流 I_{S1}（即整流二极管 VD_1 的正向电流），电感储存的能量也在增加，L 上的感应电动势为左"＋"右"－"。I_{S1} 为输出滤波电容 C 充电，并为负载 R_L 提供输出电流 I_O。次级绕组电流 I_{S1} 为电容充电电流 I_1 和负载电流 I_O 的总和。

　　当 U_B 为高电平时，功率开关管 VT_2 和 VT_3 导通（此时 VT_1 和 VT_4 截止），图 2-8-3 示出了 VT_2、VT_3 导通（S_2、S_3 闭合），VT_1、VT_4 关断（S_1、S_4 断开）时的电流路径。输入电压 U_I 通过 S_2 和 S_3 反向施加到初级绕组 N_P 上，使反向的初级电流 I_{P2} 线性地增加。N_P 的感应电动势为上"－"下"＋"。根据电磁感应原理，高频变压器的次级绕组 N_{S1} 和 N_{S2} 两端的感应电压也为上"－"下"＋"，此时次级整流二极管 VD_2 导通，VD_1 截止。次级绕组 N_{S2} 产生的感应电压 U_{S2} 施加到输出滤波电感 L 左端，形成线性增加的次级电流 I_{S2}（即整流二极管 VD_2 的正向电流），电感储存的能量也在增加，L 上的感应电动势为左"＋"

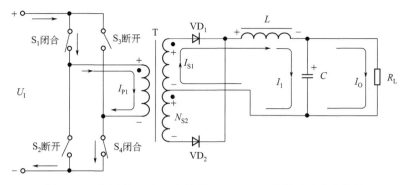

图 2-8-2　全桥式 DC/DC 变换器 VT_1、VT_4 导通时的电流路径

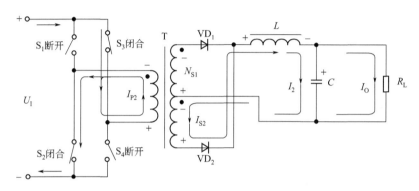

图 2-8-3　全桥式 DC/DC 变换器 VT_2、VT_3 导通时的电流路径

右"－"。I_{S2} 为输出滤波电容 C 充电，并为负载 R_L 提供输出电流 I_O。次级绕组电流 I_{S2} 为电容充电电流 I_2 和负载电流 I_O 的总和。

　　和推挽式变换器类似，为了避免两组功率开关管同时导通，全桥式变换器中脉宽调制器（PWM）产生的两路控制信号占空比 D 必须小于 50%。当 U_A 和 U_B 都为低电平，即两组功率开关管 VT_1、VT_4 和 VT_2、VT_3 同时关断（即 $S_1 \sim S_4$ 同时断开）时，初级绕组 N_P 没有电流通过。此时，高频变压器 T 的次级一侧电流路径与推挽式变换器相同。读者可以参考图 2-6-4 及相关内容。

> ### 小贴示
>
> 　　全桥式变换器是在两组功率开关管导通期间向负载传输能量的，属于正激型变换器。

　　全桥式 DC/DC 变换器的电压及电流波形如图 2-8-4 所示。U_A 和 U_B 分别为两组功率开关管 VT_1、VT_4 和 VT_2、VT_3 的控制信号，控制信号为高电平（t_{ONA} 和 t_{ONB} 阶段）时，相应功率开关管导通，其他时刻相应功率开关管关断。其中，图 2-8-4（a）示出了高频变压器初级侧的电压及电流波形，U_{E1}（U_{C2}）为功率开关管 VT_1 发射极，也是 VT_2 集电极的电压波形。U_{E3}（U_{C4}）为功率开关管 VT_3 发射极，也是 VT_4 集电极的电压波形。I_{P1} 和 I_{P2} 分别为高频变压器初级绕组 N_P 的正向和反向电流波形，也是功率开关管 VT_1、VT_4 和 VT_2、VT_3 的集电极电流波形；图 2-8-4（b）示出了高频变压器次级侧的电压及电流波形，U_{D1} 和 U_{D2} 分别为输出整流二极管 VD_1 和 VD_2 正极（阳极）的电压波形，I_{S1} 和 I_{S2} 分别为

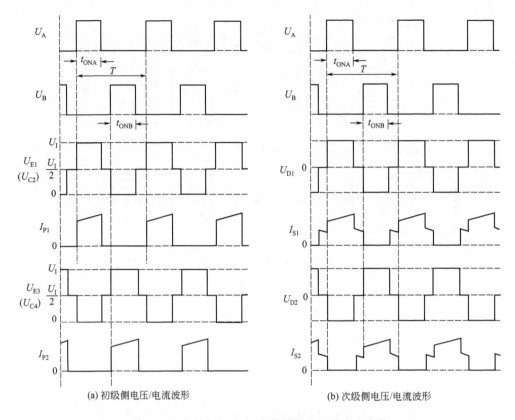

图 2-8-4　全桥式 DC/DC 变换器的电压及电流波形

高频变压器次级绕组 N_{S1} 和 N_{S2} 的电流波形，即整流二极管 VD_1 和 VD_2 的正向电流波形。

全桥式 DC/DC 变换器具备半桥式和推挽式变换器的全部优点，但是电路结构更为复杂，成本也是最高的。在各种 DC/DC 变换器中，以全桥式 DC/DC 变换器的输出功率最大，它适合构成输出功率为 $1\sim3kW$ 的大功率隔离式开关电源。全桥式 DC/DC 变换器的主要特点如下。

① 输出电压 U_O 与 U_I 的关系为：$U_O=2D(N_S/N_P)U_I$（和推挽式相同）。

② 功率开关管 VT 承受的最大电压 $U_{CE}=U_I$（和半桥式相同）。

③ 功率开关管 VT 的最大集电极电流 $I_C=(N_S/N_P)I_O$。

④ 整流二极管的平均电流 $I_F=I_O/2$。

⑤ 整流二极管的承受反向电压 $U_R=2(N_S/N_P)U_I$（和推挽式相同）。

⑥ 推挽式变换器必须在输出整流二极管与滤波电容之间串联滤波电感。

⑦ 只要增加次级绕组数，就可组成多路输出式 DC/DC 变换器，并且输出电压的极性可以和输入电压的极性相反。

第3章

开关电源的主要元器件

和其他电子线路类似，开关电源也是由电子元器件组成的。不同的是，开关电源的很多元件需要通过较大的电流，而且承受很高的电压，这些元件被称为功率器件。开关电源技术复杂，使用的元器件种类繁多，本章对开关电源常用的元器件进行详细介绍，帮助读者了解这些元器件的工作原理与特性参数，以便在设计开关电源时选用。

3.1 PWM 控制器

开关电源常用的控制方式有脉冲宽度调制（PWM）、脉冲频率调制（PFM）和混合调制三种。其中，PWM 方式具有固定开关频率，这就为设计滤波电路提供了方便，所以应用最为普遍。目前，集成开关电源大多采用这种方式。脉冲宽度调制也称 PWM 控制器，可分为电压控制模式和电流控制模式两种，简称电压型和电流型。

PWM 控制器是开关电源的控制核心，为了便于开关电源的设计，众多厂家将 PWM 控制器设计成集成电路，以便用户选择。做成集成电路的 PWM 控制器，也称 PWM 控制器芯片，简称 PWM 芯片。这些集成电路中，8 个引脚和 16 个引脚的芯片最为常见，例如 UC3842、UC3843、TEA1532、KA7500、UC3846、TL494、SG3525 等。这些芯片通常采用贴片式（SMD）和双列直插式（DIP）封装，其外形如图 3-1-1 所示。其中，DIP-8 和 DIP-16 为双列直插式封装；SO-8 和 SO-16 为贴片式封装。

引脚较少的 PWM 控制器芯片，例如 UC3842、UC3843 和 TEA1532 只有一个输出驱动端，适合控制单端反激和正激型拓扑结构的开关电源，这类拓扑结构只有一个功率开关管。引脚较多的 PWM 控制器芯片，例如 KA7500、UC3846 和 TL494 有两个互补输出驱动端，适合控制推挽式、半桥式和全桥式拓扑结构的开关电源，这类拓扑结构使用两个功率开关管交替工作。因此，需要根据拓扑结构的不同，合理选择相应的 PWM 控制器芯片。

有些 PWM 控制器芯片，例如 KA7500 和 TL494 有两种输出模式，通过选择不同的输出模式，这些芯片可以用于几乎所有拓扑结构的开关电源。

还有一些半导体公司将 PWM 控制器和功率开关管集成到一个芯片中，由这些芯片组成开关电源时，只用一个集成电路芯片和少量的外围元器件即可。这就是常说的单片开关电源。例如 TEA1521、VIPer22A、FSL106HR、TNY284 和 TOP242 等，这些单片开关电源芯片，功率较小的多采用 SO-8 和 DIP-8 封装，功率较大的则采用多引脚的 TO-220 封装，其外形如图 3-1-2 所示。

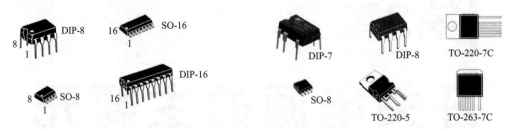

图 3-1-1　常用 PWM 控制器的外形　　　　图 3-1-2　几种单片开关电源芯片的外形

PWM 控制器的型号不同，工作原理也不一样，但其输出信号都是大同小异的，因此许多 PWM 控制器芯片可以互换使用。有关 PWM 控制器的工作原理将在第 4 章详细介绍。

3.2　功率开关管

所谓开关电源，就是指电源中调节输出电压/电流的晶体管处于高速开/关工作状态。这些晶体管需要承受很高的电压和很大的电流，因此被称为功率开关管。这也是开关电源的由来。功率开关管主要有双极型晶体管、场效应晶体管和绝缘栅双极型晶体管三种类型。其中，双极型晶体管主要在早期的开关电源中作为功率开关管来使用。随着半导体技术的飞速发展，当今中小功率开关电源中，功率开关管通常以场效应晶体管为主。但是，中小功率的双极型晶体管作为主要元件，依然广泛用于开关电源的控制电路和驱动电路之中。绝缘栅双极型晶体管具有更高的击穿电压和更大的输出电流，主要用于大功率的开关电源中。

开关电源中常用的晶体管外形如图 3-2-1 所示，图中文字是对应晶体管的封装型号。其中 TO-92 和 SOT-23 体积很小，它们的工作电流较小，主要用于开关电源的控制电路；TO-126、TO-220 和 TO-263 体积较大，它们的工作电流较大，普遍用于驱动电路和中等功率的开关电源；TO-3、TO-247 和 TO-3P 体积更大，它们具有更大的工作电流，通常用在大功率的开关电源中。其中 SOT-23 和 TO-263 封装为表面贴装器件，英文为 Surface Mounted Devices，缩写为 SMD。表面贴装器件也称贴片元件。其他封装为直插式器件。

小贴示

体积较大的晶体管通常能够通过较大的工作电流。

3.2.1　双极型晶体管（BJT）

双极型晶体管全称是双极结型晶体管，英文为 Bipolar Junction Transistor，缩写为BJT。它是通过一定的半导体工艺，将两个 PN 结结合在一起形成的元件，有 PNP 和 NPN两种极性结构。双极型晶体管有 3 个引脚，经常称之为半导体三极管或晶体三极管，简称三极管。超大功率双极型晶体管，又称电力晶体管，英文为 Giant Transistor，直译为巨型晶体管，简称 GTR，有时也称为 PowerBJT，即功率晶体管。GTR 主要用在早期功率很大的

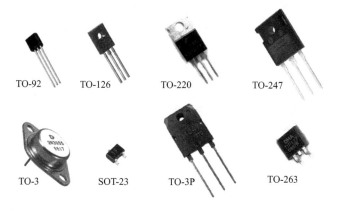

TO-92   TO-126   TO-220   TO-247

TO-3   SOT-23   TO-3P   TO-263

图 3-2-1　常用晶体管的外形

开关电源及 UPS（不间断电源）中，由于其驱动电路复杂，工作频率较低，现今已经被 IGBT 所取代。

 小贴示

通常所说的三极管就是指双极型晶体管。

3.2.1.1　双极型晶体管的工作原理

双极型晶体管有 3 个引脚，分别为集电极 C、基极 B 和发射极 E。双极型晶体管的内部结构与电气符号如图 3-2-2 所示。双极型晶体管有 NPN 和 PNP 两种极性，如图 3-2-2（a）所示。NPN 型晶体管由 2 块 N 型半导体中间夹着一块 P 型半导体所组成，连接集电极 C 的 N 型半导体构成集电区，连接基极 B 的 P 型半导体构成基区，连接发射极 E 的 N 型半导体构成发射区。发射区和基区之间形成的 PN 结称为发射结，集电区和基区形成的 PN 结称为集电结，三条引线分别称为发射极 E、基极 B 和集电极 C。PNP 型晶体管则由 2 块 P 型半导体中间夹着一块 N 型半导体所组成。

双极型晶体管的电气符号如图 3-2-2（b）所示，NPN 和 PNP 两种极性的晶体管的基极 B 和发射极 E 之间的箭头方向相反，箭头方向代表了施加电压的极性和电流的流向。对于 NPN 型晶体管，U_{BE} 施加正极性电压才能产生基极电流；对于 PNP 型晶体管，U_{BE} 需要施加负极性电压才会产生基极电流。

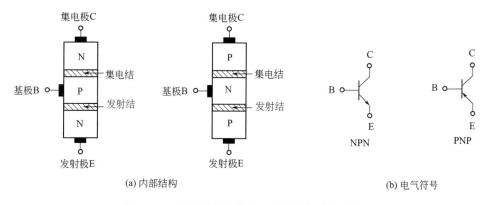

(a) 内部结构　　　　　　　　　　(b) 电气符号

图 3-2-2　双极型晶体管的内部结构与电气符号

双极型晶体管属于电流控制型半导体元件，当基极流入较小电流时，在发射极和集电极之间会形成较大的电流，这就是双极型晶体管的放大效应。下面以 NPN 型晶体管为例，介绍双极型晶体管的工作原理。

双极型晶体管的工作原理与特性曲线图 3-2-3 所示。

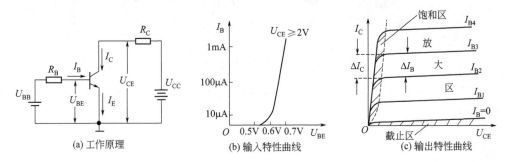

| (a) 工作原理 | (b) 输入特性曲线 | (c) 输出特性曲线 |

图 3-2-3　双极型晶体管的工作原理与特性曲线

如图 3-2-3(a) 所示，双极型晶体管工作时，需要施加正极性的 U_{BE} 和 U_{CE}，此时发射结正向偏置，集电结反向偏置。基极流入较小的电流 I_B，在集电极则会产生较大的电流 I_C。I_C 与 I_B 的比值称为直流放大倍数，常用 H_{FE} 来表示。H_{FE} 的数值通常在 20 至 200 之间。I_B 和 I_C 都会从晶体管发射极 E 流出，因此发射极电流 I_E 为基极电流 I_B 和集电极电流 I_C 的总和，即 $I_E = I_B + I_C$。由于 I_C 比 I_B 大很多，I_E 的主要成分为 I_C，通常可按 $I_E = I_C$ 来计算电路参数。

当双极型晶体管工作在放大状态（$U_{CE} \geqslant 2V$）时，基极对发射极电压 U_{BE} 与基极电流 I_B 的关系曲线如图 3-2-3(b) 所示，该曲线称为晶体管的输入特性。可以看出，当 U_{BE} 从 0.5～0.7V 变化时，I_B 将从 0 变化到 1mA。或者说，I_B 从 0～1mA 变化时，U_{BE} 从 0.5V 变化到 0.7V。可见，晶体管工作在放大状态时，U_{BE} 的变化很小，通常可按 0.7V 来计算电路参数。

双极型晶体管的输出特性曲线如图 3-2-3(c) 所示，图中描述了基极电流 I_B、集电极电流 I_C 与集电极对发射极电压 U_{CE} 之间的关系曲线。输出特性曲线可分为截止区、放大区和饱和区三个区域。当基极电流 $I_B = 0$ 的时候，晶体管处于截止区，此时集电极电流很小，并且随 U_{CE} 的大小变化不大，该电流被称为穿透电流，通常用 I_{CEO} 来表示。开关电源的功率开关管关断时就处于截止区。在电路分析计算时，可以认为穿透电流为零。

当晶体管处于放大区的时候，集电极电流 I_C 与基极电流 I_B 为固定比例关系，集电极电流 I_C 的大小为基极电流 I_B 与晶体管放大倍数 H_{FE} 的乘积。此时 I_C 随 U_{CE} 的大小变化不大，晶体管处于恒流输出状态。即基极电流 I_B 决定集电极电流 I_C 的大小，与其他参数无关。

如图 3-2-3(c) 所示，有时也用集电极电流 I_C 的变化量 ΔI_C 与基极电流 I_B 的变化量 ΔI_B 的比值，来描述晶体管的放大倍数，称为交流放大倍数，常用 β 来表示。在频率较低的

时候直流放大倍数 H_{FE} 与交流放大倍数 β 差别不大，可以认为两者相等。

当集电极对发射极电压 U_{CE} 很小的时候，如图 3-2-3（c）所示，晶体管将进入饱和区。在饱和区，集电极电流 I_C 的大小不再是基极电流 I_B 与晶体管放大倍数 H_{FE} 的乘积，而是比这个乘积要小。此时集电极对发射极电压被称为饱和压降，用 U_{CES} 或 $U_{CE(sat)}$ 来表示。中小功率晶体管的饱和压降 U_{CES} 一般在 1V 以下，大功率的则为 $2\sim3$V。

如图 3-2-3（a）所示，在饱和区域，集电极的电流 I_C 为集电极电源电压 U_{CC} 与集电极电阻 R_C 的比值（忽略饱和压降 U_{CES}），而与基极电流 I_B 的大小无关。当基极电流 I_B 与放大倍数 H_{FE} 的乘积稍大于集电极电流 I_C 时是浅度饱和，远大于集电极电流 I_C 时则是深度饱和。开关电源的功率开关管导通的时候，就处于饱和区域。在开关电源中，功率开关管深度饱和会影响开关速度，增加开关损耗。因此并不是饱和深度越大越好。

3.2.1.2 双极型晶体管的主要参数

双极型晶体管的参数很多，对于开关电源使用的功率开关管来说，应该主要关注以下几项参数。

① 集电极-基极击穿电压：用 U_{CBO}、$U_{(BR)CBO}$ 或 BU_{CBO} 表示。该参数为发射极开路时，集电极与基极之间的最大允许电压。超过该电压时，晶体管将会击穿损坏。

② 集电极-发射极击穿电压：用 U_{CEO}、$U_{(BR)CEO}$ 或 BU_{CEO} 表示。该参数为基极开路时，集电极与发射极之间的最大允许电压。超过该电压时，晶体管将会击穿损坏。

③ 集电极电流：用 I_C 表示。该参数为集电极允许的连续工作电流，即 DC 电流。

④ 集电极最大允许电流：用 I_{CM} 表示。该参数为集电极允许的峰值工作电流，即脉冲电流。通常指晶体管的放大倍数下降到标称值的一半或 2/3 对应的 I_C 值。超过该电流时，晶体管可能会过电流损坏。

⑤ 集电极最大允许功耗：用 P_{CM} 表示。该参数为集电极允许的最大功率损耗，通常是在管壳温度为 25℃ 时测量的。当管壳温度为 75℃ 时，最大允许功耗通常会下降到 P_{CM} 值的一半左右。

⑥ 集电极-发射极饱和压降：用 U_{CES} 或 $U_{CE(sat)}$ 表示。该参数为晶体管饱和导通时，集电极与发射极之间的导通电压。该电压越小，晶体管的导通损耗就越低。

⑦ 直流放大倍数：用 H_{FE} 或 β 表示。该参数为晶体管工作在线性放大区域时，集电极电流 I_C 与基极电流 I_B 的比值。H_{FE} 越大，产生相同集电极电流 I_C 所需要的基极电流 I_B 就越小，这有利于降低驱动电路的功率消耗。

⑧ 开通时间：用 t_{ON} 表示。该参数为晶体管从截止状态进入饱和导通状态所需要的时间。t_{ON} 为开通延时（t_d）与上升时间（t_r）的总和，其数值通常为 1μs 左右。

⑨ 关断时间：用 t_{OFF} 表示。该参数为晶体管从饱和导通状态进入截止状态所需要的时间。t_{OFF} 为存储时间（t_s）与下降时间（t_f）的总和，其中 t_s 所占比例较大。t_{OFF} 的数值通常在 $2\sim5$μs 之间。

双极型晶体管可分为低频放大、低频开关、高频放大、高频开关等多种类型。开关电源中使用的功率开关管应为高频开关型大功率晶体管。这类晶体管具有较小的开通（t_{ON}）和关断（t_{OFF}）时间，以便降低开关损耗。表 3-2-1 给出了开关电源常用的几种晶体管主要参数，供读者参考。

表 3-2-1　开关电源常用的几种晶体管主要参数表

型号	极性	U_{CBO}/V	U_{CEO}/V	I_{CM}/A	U_{CES}/V	P_{CM}/W	H_{FE}
9012	PNP	40	20	0.5	0.18	0.625	64～202
9013	NPN	40	20	0.5	0.16	0.625	64～202
TIP31C	NPN	100	100	5	1.2	40	10～50
TIP32C	PNP	100	100	5	1.2	40	10～50
BUT11A	NPN	1000	450	10	1.5	100	20
MJE13003	NPN	700	400	3	1	40	5～25
MJE13005	NPN	700	400	8	0.6	75	8～40
MJE13007	NPN	700	400	16	2	80	5～30
2SC5027	NPN	850	800	3	2	50	10～40
2SC4242	NPN	450	400	14	0.8	40	最小 10

3.2.1.3　双极型晶体管的使用注意事项

（1）关于集电极电压

在开关电源中，选用双极型功率开关管时，首先要考虑晶体管的击穿电压。晶体管的击穿电压应为功率开关管所承受最大电压的 1.3～1.5 倍以上。通常按 $U_{\text{CEO}} \geqslant (1.3 \sim 1.5) U_{\text{CEmax}}$ 来选择。鉴于开关电源的功率开关管关断时，通常在其基极施加一定的负电压，开关管实际承受集电极-基极的电压。因此，也可按 $U_{\text{CBO}} \geqslant (1.5 \sim 2) U_{\text{CEmax}}$ 来选择晶体管的击穿电压。

（2）关于集电极电流

功率开关管的最大集电极电流 I_C 通常留出 1～2 倍的电流余量。即晶体管的集电极电流 I_C 应为开关管最大工作电流的 2～3 倍。如果按集电极最大允许电流 I_{CM} 来选择，安全系数应该更大一些，可按 $I_{\text{CM}} \geqslant (3 \sim 4) I_{\text{Cmax}}$ 来选择晶体管集电极电流。

（3）关于放大倍数

为了提高开关速度，开关型大功率晶体管的电流放大倍数 H_{FE} 值较低，其最小值一般仅为 5～10 倍。这要求驱动电路必须能够提供更大的基极电流。另外，当集电极电流 I_C 较大的时候，H_{FE} 的数值还会随着 I_C 的增加而迅速减小。图 3-2-4 给出了 MJE13005 的放大倍数和集电极电流的关系曲线。可以看出，当集电极电流 I_C 小于 1A 的时候，H_{FE} 的数值在 30 倍以上；当 I_C 达到 4A 的时候，H_{FE} 将下降到 10 倍以下。该型号晶体管的集电极电流标称值为 4A，可见要想得到较高的放大倍数，还需要限制晶体管的工作电流才行。

（4）关于二次击穿问题

双极型晶体管在高电压时会出现二次击穿现象，此时所能承受功率消耗远小于其集电极最大允许功耗 P_{CM}。为了防止晶体管二次击穿损坏，严禁开关型晶体管工作在高电压线性放大区域。这也要求晶体管驱动电路具备高速转换能力，以便使晶体管快速的导通与关断。

（5）关于晶体管温度

晶体管的外壳温度对允许功率损耗 P_C 影响也很大。图 3-2-5 给出了 MJE13005 的功率损耗和外壳温度的关系曲线，该型号晶体管的集电极最大功耗 P_{CM} 标称值为 75W。从图中可以看出，仅在外壳温度小于 25℃ 的时候，晶体管功耗允许达到 75W。当外壳温度达到 100℃ 时，允许功耗最大值只有 30W。这说明晶体管在高温环境下工作时，允许的功率损耗

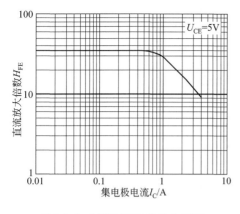

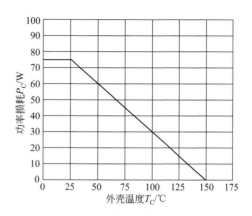

图 3-2-4　MJE13005 的放大倍数
和集电极电流的关系

图 3-2-5　MJE13005 的功率损耗
和外壳温度的关系

会大大降低。此时要解决的问题重点并不是要选择 P_{CM} 更大晶体管，而是要给晶体管施加更大的散热器，或者采用风扇强制冷却，以便使其温度下降到较低的水平。这也是大功率开关电源需要配备冷却风扇的根本原因。

鉴于双极型晶体管在开关电源中使用时受到许多限制，当今的开关电源，已经不推荐使用双极型功率开关管了。在中、小功率开关电源中，场效应晶体管是功率开关管的最佳选择。

3.2.2　场效应晶体管（MOSFET）

场效应晶体管，英文为 Field Effect Transistor，缩写为 FET，简称场效应管。场效应晶体管主要有两种类型：一种为结型场效应管，英文为 junction FET，简称 JFET；另一种为金属氧化物半导体场效应晶体管，英文为 Metal-Oxide-Semiconductor Field Effect Transistor，简称 MOSFET。MOSFET 又分为增强型和耗尽型，并有 N 沟道和 P 沟道之分。开关电源中使用的场效应管主要是增强型 N 沟道 MOSFET。MOSFET 属于电压控制型半导体器件，具有驱动功率小、工作频率高、没有二次击穿现象和安全工作区宽等优点，现已成为双极型晶体管的替代者，广泛应用于开关电源电路中。大功率的 MOSFET 也称功率场效应管，英文为 Power MOSFET，简称功率 MOSFET，是现代开关电源最常用的功率开关管。

3.2.2.1　功率 MOSFET 的工作原理

功率 MOSFET 也有 3 个引脚，分别为漏极 D，栅极（也称门极）G 和源极 S。功率 MOSFET 普遍采用垂直沟道设计，漏极和源极置于晶圆的相反两端。由于更多的空间可用作源极，因此这种结构更适合用于功率器件。由于源极和漏极之间的长度减小，因此可增加漏极至源极额定电流，并可通过扩大外延层来提高电压阻断能力。

功率 MOSFET 的内部结构与电气符号如图 3-2-6 所示。图 3-2-6(a) 给出的是具有双扩散结构的垂直沟道 MOSFET 示意图，这也是最成功的产品设计之一。MOSFET 的电气符号如图 3-2-2(b) 所示，其极性有 N 沟道和 P 沟道两种，其中 N 沟道功率 MOSFET 应用最多。功率 MOSFET 的内部结构使其寄生了一个二极管，称之为体二极管。这个二极管具有和 MOSFET 相同的工作频率，可以作为高频整流管来使用。现今的同步整流技术就利用了这个体二极管。正常工作时，体二极管处于反向截止状态，不影响 MOSFET 的开/关操作。

功率 MOSFET 是增强型 MOSFET，对于 N 沟道 MOSFET，U_{GS} 施加正极性电压才能产生漏极电流；对于 P 沟道 MOSFET，U_{GS} 需要施加负极性电压才会产生漏极电流。

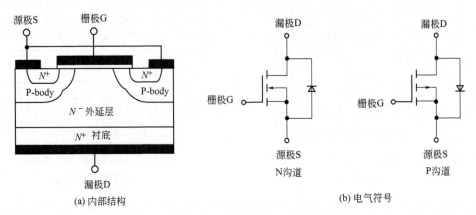

图 3-2-6　功率 MOSFET 的内部结构与电气符号

功率 MOSFET 属于电压控制型半导体元件，当 U_{GS} 施加一定的电压时，在源极和漏极之间会形成较大的电流，这就是功率 MOSFET 的放大效应。下面以 N 沟道功率 MOSFET 为例，介绍其工作原理。

小贴示

功率 MOSFET 属于电压控制型半导体元件。

功率 MOSFET 的工作原理与特性曲线如图 3-2-7 所示。其中图（a）为工作原理，图（b）为转移特性曲线，图（c）为输出特性曲线。如图 3-2-7（a）所示，功率 MOSFET 工作时，需要施加正极性的 U_{GS} 和 U_{DS}，只要在栅极施加一定的电压，就会在漏极产生较大的电流 I_D。由于 MOSFET 的输入阻抗很高，栅极电流极小，因此漏极电流 I_D 与源极电流 I_S 相等，通常将流过源极的电流也称为漏极电流 I_D，并以此来计算电路参数。

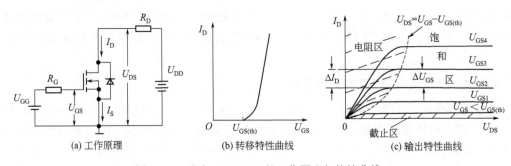

图 3-2-7　功率 MOSFET 的工作原理与特性曲线

功率 MOSFET 的栅极对源极电压（简称栅-源电压）U_{GS} 与漏极电流 I_D 的关系曲线如图 3-2-7（b）所示，该曲线称为 MOSFET 的转移特性。可以看出，当 U_{GS} 从 0～$U_{GS(th)}$ 变化时，漏极电流 I_D 始终为零，功率 MOSFET 处于截止（关断）状态；当 U_{GS} 大于 $U_{GS(th)}$ 以后，随着 U_{GS} 的增加漏极电流 I_D 开始迅速增大，功率 MOSFET 处于导通状态。可见 $U_{GS(th)}$ 是功率 MOSFET 导通与关断的切换点电压，该电压叫做开启电压或阈值电压。功率

MOSFET 的开启电压通常在 2～4V 之间。

功率 MOSFET 的输出特性曲线如图 3-2-7（c）所示，图中描述了栅-源电压 U_{GS}、漏极电流 I_D 与漏极对源极电压（简称漏-源电压）U_{DS} 之间的关系曲线。输出特性曲线可分为截止区、饱和区和电阻区三个区域。当 U_{GS} 小于开启电压 $U_{GS(th)}$ 的时候，MOSFET 处于截止区（关断状态），此时漏极电流很小，并且不随 U_{DS} 的大小变化，该电流被称为漏电流，通常用 I_{DSS} 来表示。开关电源的功率开关管关断时就处于截止区。在电路分析计算时，可以认为漏电流为零。

随着 U_{GS} 升高，功率 MOSFET 开始产生更大漏极电流，进入导通状态。此时，如果 U_{DS} 较大，MOSFET 将工作在图 3-2-7（c）所示饱和区。在饱和区的时候，漏极电流只与 U_{GS} 大小有关，而与 U_{DS} 大小无关。也就是说，此时极漏电流 I_D 处于恒定电流状态，因此，饱和区也称为恒流区。

功率 MOSFET 的饱和区和双极型晶体管的放大区特性基本相同。如图 3-2-7（c）所示，通常用漏极电流 I_D 的变化量 ΔI_D 与栅-源电压 U_{GS} 的变化量 ΔU_{GS} 的比值，来描述 MOSFET 的放大能力，称为正向跨导，常用 g_{fs} 来表示。漏极电流 I_D 越大的功率 MOSFET，其正向跨导 g_{fs} 值也越大。

功率 MOSFET 进入导通状态时，如果漏-源电压 U_{DS} 较低，MOSFET 将处于电阻区。如图 3-2-7（c）所示，该区域位于 $U_{DS}=U_{GS}-U_{GS(th)}$ 边界线的左侧。在该区域 MOSFET 的漏极与源极之间呈现为固定电阻，该电阻被称为导通电阻，常用 $R_{DS(ON)}$ 来表示。如果漏-源电压 U_{DS} 为零，则无论栅-源电压 U_{GS} 为多少，漏极电流 I_D 也会变为零。$R_{DS(ON)}$ 的阻值与 U_{GS} 的大小有关，因此该区域也称为可变电阻区或欧姆区。开关电源的功率开关管导通时就处在该区域。因此，即使漏极电流 I_D 很大，也可通过选择较低 $R_{DS(ON)}$ 的功率 MOSFET，来保持较低的导通损耗。

3.2.2.2 功率 MOSFET 的主要参数

功率 MOSFET 的参数很多，对于开关电源使用的功率开关管来说，主要关注以下参数。

① 漏极-源极击穿电压：用 U_{DSS} 或 BU_{DSS} 表示。该参数为栅-源电压 $U_{GS}=0$ 时，漏极 D 和源极 S 之间的最大允许电压。超过该电压时，MOSFET 将被击穿。

② 栅极（也称门极）电压：用 U_{GS} 或 U_{GSS} 表示。该参数为栅极 G 与源极 S 之间的最大允许电压。超过该电压时，MOSFET 将被击穿。

③ 漏极电流：用 I_D 表示。该参数为 MOSFET 漏极允许的连续工作电流，即 DC 电流。

④ 漏极最大允许电流：用 I_{DM} 表示。该参数为 MOSFET 漏极允许的峰值工作电流，即脉冲电流。超过该电流时，MOSFET 可能过电流损坏。

⑤ 漏极最大允许功耗：用 P_D 表示。该参数为 MOSFET 漏极允许的最大功率损耗，通常是在管壳温度为 25℃ 时测量的。当管壳温度为 75℃ 时，最大允许功耗通常会下降到 P_D 值的一半左右。

⑥ 漏极-源极导通电阻：用 $R_{DS(ON)}$ 表示。该参数为 MOSFET 导通时，漏极与源极之间的等效电阻。该电阻值越小，MOSFET 的导通损耗就越低。

⑦ 栅极阈值电压：用 $U_{GS(th)}$ 表示。当栅极与源极之间达到该电压时，开始产生漏极电流 I_D。该电压也称为开启电压。$U_{GS(th)}$ 通常在 2～4V 之间。

⑧ 输入电容：用 C_{iss} 表示。该参数为 MOSFET 栅极与源极之间的等效电容。这是栅极驱动电路设计时需要考虑的重要参数。

⑨ 开通时间：用 t_{ON} 表示。该参数为 MOSFET 从截止状态进入饱和导通状态所需要的时间。t_{ON} 为开通延时（$t_{d(ON)}$）与上升时间（t_r）的总和，其数值通常为 100ns 左右。

⑩ 关断时间：用 t_{OFF} 表示。该参数为 MOSFET 从饱和导通状态进入截止状态所需要的时间。t_{OFF} 为关断延时（$t_{d(OFF)}$）与下降时间（t_f）的总和，其数值通常在 $100 \sim 200ns$ 之间。

功率 MOSFET 也分为高速与低速等多种类型。开关电源中使用的功率 MOSFET 应为高速开关型。这类 MOSFET 具有更小的开通（t_{ON}）和关断（t_{OFF}）时间，以便降低其开关损耗。表 3-2-2 给出了开关电源常用的几种功率 MOSFET 主要参数，供读者参考。

表 3-2-2　开关电源常用的几种功率 MOSFET 主要参数表

型号	U_{DSS}/V	U_{GS}/V	I_D/A	$R_{DS(ON)}/\Omega$	P_D/W	C_{iss}/pF
IRF830	500	±20	4.5	1.5	74	610
IRF840	500	±20	8	0.85	125	1300
FCP16N60N	600	±30	16	0.17	134	1630
4N90	900	±30	4	4.2	47	960
IRFP450	500	±20	14	0.4	190	2600
IXFH28N50F	500	±20	28	0.19	315	3000
SPP20N60C2	650	±20	20	0.19	208	3000
FCA22N60N	600	±30	22	0.165	205	1950

3.2.2.3　功率 MOSFET 的使用注意事项

（1）关于漏极电压

在开关电源中，选择功率 MOSFET 时，首先要考虑击穿电压。由于 MOSFET 不存在二次击穿现象，电压余量可以选小一些，通常按 MOSFET 的击穿电压 U_{DSS} 为功率开关管所承受最大电压的 $1.2 \sim 1.4$ 倍即可。

（2）关于漏极电流

由于多数功率 MOSFET 的最大漏极电流 I_{DM} 为额定漏极电流 I_D 的 $3 \sim 4$ 倍，因此，电流余量也可以选小一些，通常选择 MOSFET 漏极电流 I_D 为功率开关管的最大漏极电流的 $1.5 \sim 2$ 倍即可。

需要说明：功率 MOSFET 参数表中给出的额定漏极电流 I_D，通常是在其外壳温度 T_C 为 25℃ 时的参数值。当 MOSFET 外壳温度升高的时候，其额定漏极电流 I_D 将会下降。图 3-2-8 给出了 IRF840 的漏极电流和外壳温度的关系曲线。可以看出，T_C 为 25℃ 时，I_D 为 8A；当 T_C 为 75℃ 时，I_D 下降为 6A；当 T_C 为 100℃ 时，I_D 下降为 5A。这表明当功率 MOSFET 工作在高温环境时，应该选择额定漏极电流 I_D 更大 MOSFET，以便满足高温时的漏极工作电流要求。

（3）关于导通电阻

通常额定漏极电流 I_D 较小的 MOSFET，其导通电阻 $R_{DS(ON)}$ 较大。在漏极电流较大的时候，功率开关管的导通损耗也会较大，为了降低导通损耗，应该选择导通电阻 $R_{DS(ON)}$ 较小的功率 MOSFET。

此外，导通电阻 $R_{DS(ON)}$ 还会随着漏极电流 I_D 的增加而变大。图 3-2-9 给出了 IRF840 的导通电阻和漏极电流的关系曲线。可以看出，当 I_D 为 5A 时，$R_{DS(ON)}$ 不到 0.7Ω；当 I_D 为 10A 时，$R_{DS(ON)}$ 大约 0.8Ω；当 I_D 为 20A 时，$R_{DS(ON)}$ 将达到 1.2Ω 左右。

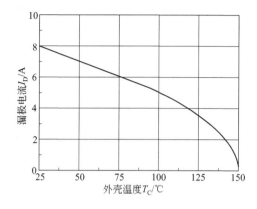 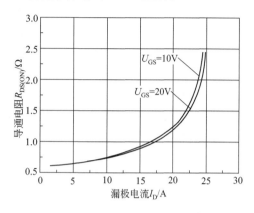

图 3-2-8　IRF840 的漏极电流和外壳温度的关系　　　图 3-2-9　IRF840 的导通电阻和漏极电流的关系

（4）关于栅极电压

前文说过，$R_{DS(ON)}$ 的阻值与 U_{GS} 的大小有关。但是，当 U_{GS} 大到一定程度（一般为 10V 以上），$R_{DS(ON)}$ 的阻值基本不再变化。图 3-2-9 也给出了 U_{GS} 为 10V 和 20V 时 $R_{DS(ON)}$ 的阻值曲线，可以看出其差异不大。因此，功率 MOSFET 驱动电路的输出电压应该大于 10V，通常选择为 12～15V。

（5）关于输入电容

虽然功率 MOSFET 的输入阻抗很高，但其栅极 G 与源极 S 之间存在较大的输入电容。根据生产厂家和制造工艺的不同，输入电容 C_{iss} 的容量差异也较大。为了提高开关速度，减小驱动电路的负载，应选择输入电容 C_{iss} 较小的功率 MOSFET。

此外，为了提高开关速度，需要给输入电容快速的充放电，这就要求驱动电路能够提供很大的峰值电流，该电流通常可达 1～2A，但持续时间通常不到 100ns。这也说明，虽然功率 MOSFET 驱动电路的功耗很小，但仍然需要输出很大的峰值电流。

（6）关于管壳温度

和双极型晶体管一样。当功率 MOSFET 的管壳温度升高时，最大允许电流及功耗会明显下降。同时，高温也会使导通电阻 $R_{DS(ON)}$ 的增大，产生更大的导通损耗。因此，许多厂家在其器件参数表中直接给出了 T_C 为 100℃ 时允许的漏极电流值或者给出了高温降额曲线。读者一定要根据功率开关管的实际工作温度来修正最大允许漏极电流 I_D 的参数值。

3.2.3　绝缘栅双极型晶体管（IGBT）

绝缘栅双极型晶体管，英文为 Insulated Gate Bipolar Transistor，缩写和简称为 IGBT。IGBT 是由场效应晶体管（MOSFET）与双极型晶体管（BJT）复合而成的大功率电力电子器件，其等效电路与电路符号如图 3-2-10 所示。

从图 3-2-10（a）可以看出，IGBT 由一只 N 沟道 MOSFET 和一只 PNP 型 BJT 组成，器件引出了 3 个引脚，分别命名为栅极（也称门极）G、发射极 E 和集电极 C。IGBT 的电路符号如图 3-2-10（b）和图 3-2-10（c）所示，其中图 3-2-10（b）代表内部没有反向二极管的

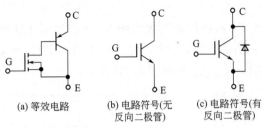

| (a) 等效电路 | (b) 电路符号(无反向二极管) | (c) 电路符号(有反向二极管) |

图 3-2-10　IGBT 的等效电路与电路符号

IGBT，其内部结构为图 3-2-10(a)；图 3-2-10(c) 代表内部接有反向二极管的 IGBT，是在图 3-2-10(a) 的基础上集成了一只快恢复二极管。开关电源中使用的通常是接有反向二极管的 IGBT，即图 3-2-10(c) 所示的电路符号。

IGBT 输入端为 MOSFET 的栅极 G，具有 MOSFET 的输入特性，属于电压控制型半导体器件。IGBT 输出端为 BJT 的发射极 E 和集电极 C，具有 BJT 的输出特性。因此，IGBT 将 MOSFET 和 BJT 的优点集于一身，具有输入阻抗高、耐压高、工作电流大、速度快、导通压降低等优点。其典型工作频率在 20～30kHz 之间，有些高速 IGBT，最高工作频率可达 100kHz。IGBT 的主要应用领域为大功率变频器、逆变器、电焊机、UPS 等电气设备，也经常在中功率开关电源、PFC（功率因数校正）电路及家用电磁炉中使用。

 小贴示

IGBT 属于电压控制型半导体元件。

3.2.3.1　IGBT 的工作原理

IGBT 的工作原理与特性曲线图 3-2-11 所示。其中图(a) 为工作原理，图(b) 为转移特性曲线，图(c) 为输出特性曲线。如图 3-2-11(a) 所示，IGBT 工作时，需要施加正极性的 U_{GE} 和 U_{CE}，只要在栅极施加一定的电压，就会在集电极产生较大的电流 I_C。由于 IGBT 的栅极 G 与功率 MOSFET 有着近乎完全相同的特性，其输入阻抗很高，栅极电流极小，因此集电极电流 I_C 与发射极电流 I_E 相等，通常将流过发射极的电流也称为集电极电流 I_C，并以此来计算电路参数。

IGBT 的栅极对发射极电压 U_{GE} 与集电极电流 I_C 的关系曲线如图 3-2-11(b) 所示，该曲线称为 IGBT 的转移特性。可以看出，当 U_{GE} 从 0～$U_{GE(th)}$ 变化时，集电极电流 I_C 始终为零，IGBT 处于截止（关断）状态；当 U_{GE} 大于 $U_{GE(th)}$ 以后，随着 U_{GE} 的增加集电极电流 I_C 开始迅速增大，IGBT 进入导通状态。这个特性与功率 MOSFET 基本相同，$U_{GE(th)}$ 是 IGBT 导通与关断的切换点电压，该电压叫做开启电压或阈值电压。不同的是，IGBT 的开启电压比功率 MOSFET 稍高一些，通常在 4～6V 之间。

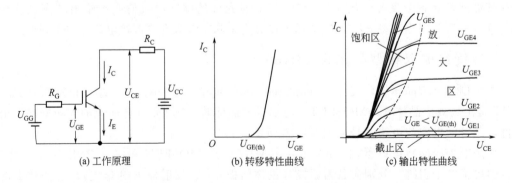

| (a) 工作原理 | (b) 转移特性曲线 | (c) 输出特性曲线 |

图 3-2-11　IGBT 的工作原理与特性曲线

IGBT 的输出特性曲线如图 3-2-11(c) 所示，图中描述了栅极对发射极电压 U_{GE}、集电极电流 I_C 与集电极极对发射极电压 U_{CE} 之间的关系曲线。IGBT 的输出特性与双极型晶体管的输出特性几乎完全相同，特性曲线也分为截止区、放大区和饱和区三个区域。当 U_{GE} 小于开启电压 $U_{GE(th)}$ 的时候，IGBT 处于截止区（关断状态），此时漏极电流很小，并且随 U_{CE} 的变化不大，该电流被称为漏电流或关断电流，通常用 I_{CES} 来表示。开关电源的功率开关管关断时就处于截止区。在电路分析计算时，可以认为关断电流为零。

与双极型晶体管不同的是，IGBT 通常作为功率开关管使用，仅工作在饱和区和截止区，还没有见到过 IGBT 用于线性放大器的报道。IGBT 工作在饱和区的时候，具有和双极型晶体管相同的输出特性，其饱和压降 $U_{CE(sat)}$ 一般为 2V 左右。在高电压、大功率开关电源中，IGBT 的导通损耗比功率 MOSFET 要稍低一些。由于功率 MOSFET 的制造工艺限制，还不能达到更大功率容量的要求。因此，在超大功率开关电源中，IGBT 几乎成了唯一可以选择的开关元件了。

3.2.3.2　IGBT 的主要参数

IGBT 的参数很多，对于开关电源使用的 IGBT 功率开关管来说，主要关注以下参数。

① 集电极-发射极击穿电压：用 U_{CES}、$U_{(BR)CES}$ 或 BU_{CES} 表示。该参数为集电极与发射极之间的最大允许电压。超过该电压时，IGBT 将被击穿。

② 栅极（也称门极）电压：用 U_{GE} 或 U_{GES} 表示。该参数为栅极 G 与发射极 E 之间的最大允许电压。超过该电压时，IGBT 将被击穿。

③ 集电极电流：用 I_C 表示。该参数为集电极允许的连续工作电流，即 DC 电流。

④ 集电极最大允许电流：用 I_{CM} 表示。该参数为集电极允许的峰值工作电流，即脉冲电流。超过该电流时，IGBT 可能过电流损坏。

⑤ 集电极最大允许功耗：用 P_D 表示。该参数为集电极允许的最大功率损耗，通常是在管壳温度为 25℃时测量的。当管壳温度为 100℃时，最大允许功耗通常会下降到 P_D 值的三分之一左右。

⑥ 集电极-发射极饱和压降：用 $U_{CE(sat)}$ 表示。该参数为饱和导通时，集电极与发射极之间的导通电压。该电压越小，IGBT 的导通损耗就越低。

⑦ 栅极阈值电压：用 $U_{GE(th)}$ 表示。当栅极与发射极之间达到该电压时，开始产生集电极电流 I_C。该电压也称为开启电压。$U_{GE(th)}$ 通常在 4～8V 之间。

⑧ 输入电容：用 C_{ies} 表示。该参数为 IGBT 栅极与发射极之间的等效电容。这是栅极驱动电路设计时需要考虑的重要参数。

⑨ 开通时间：用 t_{ON} 表示。该参数为 IGBT 从截止状态进入饱和导通状态所需要的时间。t_{ON} 为开通延时（$t_{d(ON)}$）与上升时间（t_r）的总和，其数值通常为 100ns 左右。

⑩ 关断时间：用 t_{OFF} 表示。该参数为 IGBT 从饱和导通状态进入截止状态所需要的时间。t_{OFF} 为关断延时（$t_{d(OFF)}$）与下降时间（t_f）的总和，其数值通常在 200～400ns 之间。

⑪ 开通损耗：用 E_{ON} 表示。该参数为 IGBT 从截止状态进入饱和导通状态的过程中所产生的损耗。该损耗与测试条件有很大关系，请详细参考相关器件数据表。

⑫ 关断损耗：用 E_{OFF} 表示。该参数为 IGBT 从饱和导通状态进入截止状态的过程中所产生的损耗。该损耗与测试条件有很大关系，请详细参考相关器件数据表。

IGBT 也可分为低速和高速等多种类型。开关电源中使用的功率开关管应为高速 IGBT。

这类器件具有较小的开通损耗（E_{ON}）和关断损耗（E_{OFF}），以便提高电源效率及减小散热器的尺寸和重量。表 3-2-3 给出了开关电源常用的几种 IGBT 主要参数，供读者参考。

表 3-2-3　开关电源常用的几种 IGBT 主要参数表

型号	U_{CES}/V	U_{GES}/V	I_C/A	$U_{CE(sat)}/V$	P_D/W	C_{ies}/pF
IXGH30N60C3D1	600	±20	60	2.6	220	915
SGH40N60UFD	600	±20	40	2.1	160	1430
FGH80N60FD	600	±20	80	1.8	290	2110
APT44GA60SD30C	600	±30	44	1.5	337	3404
STGW45HF60WD	600	±20	45	1.65	250	2900
IXGH60N60C2	600	±20	60	2.1	480	3900

3.2.3.3　IGBT 的使用注意事项

（1）关于集电极电压

在开关电源中，选择功率 IGBT 时，首先要考虑击穿电压。通常按 IGBT 的击穿电压 U_{CES} 为功率开关管所承受最大电压的 1.3～1.5 倍即可。

（2）关于集电极电流

IGBT 属于电压控制型半导体元件，在集电极电流较大时，并没有像双极型晶体管出现放大倍数明显减小的情况。因此，其电流余量也可以选小一些，通常选择 IGBT 集电极额定电流 I_C 为功率开关管所承受的最大集电极电流的 1.5～2 倍即可。但需要考虑高温时 IGBT 集电极额定电流 I_C 将会明显下降，因此，读者一定要根据 IGBT 的实际工作温度来查看高温降额曲线。

为了便于器件选择，众多厂家的器件参数表中，都给出了管壳温度 T_C 为 25℃和 100℃时对应的集电极电流值。有些厂家的器件型号中直接给出了 T_C 为 100℃时对应的集电极电流。例如，STGW45HF60WD，其中"45"代表 T_C 为 100℃时对应的集电极电流为 45A。该器件在 T_C 为 25℃时，I_C 为 70A。读者一定要根据厂家的器件资料核对相关参数值的测试条件，以免造成错误信息。

（3）关于栅极驱动电路

IGBT 的饱和压降 $U_{CE(sat)}$ 与栅极电压 U_{GE} 的大小有关。U_{GE} 越大，$U_{CE(sat)}$ 就越小。但是，当 U_{GE} 大到 12V 以上时，$U_{CE(sat)}$ 基本不再变化。因此，IGBT 驱动电路的输出电压应该大于 12V，通常选取为 15V。此外，在 IGBT 关断时，通常还要施加反向电压来防止 IGBT 意外导通，该电压一般为－5～－15V，典型值为－8V。和功率 MOSFET 驱动电路一样，IGBT 的驱动电路也要能够提供很大的峰值电流，该电流通常可达 1～2A，但持续时间通常不到 200ns。因此驱动电路的平均功耗并不大。

对于大功率的 IGBT 模块，通常采用专用的 IGBT 厚膜驱动电路组件，例如 EXB841 和 M57962L。这些驱动电路组件能够提供－5～－10V 的反向电压，能输出高达 4～5A 峰值驱动电流，并且具有过电流检测与保护功能，是 IGBT 驱动电路的首选元件。

（4）关于管壳温度

和其他大功率半导体元件一样，当 IGBT 的管壳温度升高时，最大允许电流及允许功耗会明显下降。读者一定要根据功率开关管的实际工作温度来修正集电极电流 I_C 和集电极允

许功耗 P_D 的参数值，以免 IGBT 因温度过高而损坏。

3.3　整流二极管

整流二极管英文为 Rectifier（直译为整流器），简称整流管，是一种将交流电转变为直流电的半导体元件。整流二极管包含一个 PN 结，有正极和负极两个引脚。整流管最重要的特性就是单方向导电性。在电路中，电流只能从整流管的正极流入、负极流出。整流二极管种类繁多，封装形式也是多种多样。图 3-3-1 给出了几种不同外形的整流二极管实物图片，供读者识别与参考。

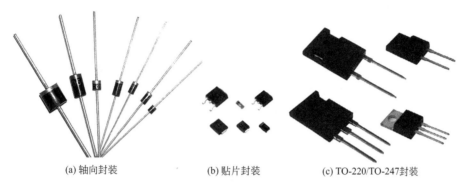

(a) 轴向封装　　　　　　(b) 贴片封装　　　　(c) TO-220/TO-247封装

图 3-3-1　几种整流二极管的外形

整流二极管可分为普通整流二极管、开关二极管、快恢复二极管和肖特基二极管等多种类型。图 3-3-1(a) 给出了轴向封装的二极管外形，是最常见的二极管外形。该封装形式的二极管额定电流一般不超过 6A，涵盖了普通整流二极管、开关二极管、快恢复二极管和肖特基二极管等多种类型；图 3-3-1(b) 给出了贴片（SMD）封装的二极管外形，大功率的贴片二极管额定电流可达 10A 以上；图 3-3-1(c) 给出了 TO-220 和 TO-247 封装的二极管外形，这种封装的二极管额定电流通常为 10～60A。贴片封装和 TO-220/TO-247 封装以快恢复二极管和肖特基二极管为主。不论哪种封装形式，外形体积越大的二极管额定电流通常也越大。

此外，贴片封装和 TO-220/TO-247 封装的二极管经常采用双二极管结构，即两只二极管封装在一起，一般为共阳极和共阴极结构，也有采用半桥（两只二极管串联）结构的产品。双二极管结构引出一个公共引脚，因此这种封装的二极管有 3 个引脚，应注意与双极型晶体管、功率 MOSFET 以及三端稳压器等加以区分。

不同类型的整流二极管参数与性能差异较大，应用领域也不一样。但其基本工作原理和相关参数定义是完全相同的。表 3-3-1 中给出了几种整流二极管的特性对比，供读者参考。

表 3-3-1　几种整流二极管的特性对比表

类型	正向压降 U_F/V	反向恢复时间 t_{rr}/ns	典型应用
普通整流管	0.7～1.0	1000	工频整流
快恢复二极管	1.0～1.2	150～250	输出整流
超快恢复二极管	0.9～1.4	25～75	输出整流($U_O>12V$)
肖特基二极管	0.3～0.8	小于 10	输出整流($U_O<12V$)
碳化硅二极管	1.5～2.1	0	输出整流/PFC 升压

3.3.1 整流二极管的伏安特性与主要参数

整流二极管的电气符号和伏安特性如图 3-3-2 所示。其中图（a）为电气符号，阳极（也称正极）用 A 表示，阴极（也称负极）用 K 表示。三角形箭头指出了电流方向，即电流只能从阳极 A 流向阴极 K。对于图 3-3-1(a) 中轴向封装的二极管，阴极 K 的一端通常印有银色环状标记，来标识阴极引脚。

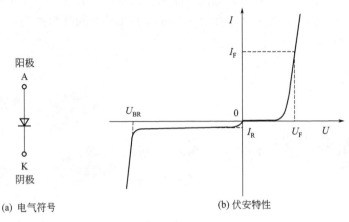

(a) 电气符号   (b) 伏安特性

图 3-3-2　整流二极管的电气符号与伏安特性

整流二极管的伏安特性如图 3-3-2(b) 所示。在二极管的阳极 A 与阴极 K 之间施加很小的正向电压时，并不会产生正向电流。只有正向电压达到一定幅度才会出现正向电流。刚开始产生正向电流时的电压称为死区电压，该电压与整流二极管的材料和工作温度有关。普通硅材料的二极管，死区电压约为 0.5V；肖特基二极管的死区电压仅为 0.1V。随着正向电压的上升，正向电流也逐渐增大。当正向电流达到额定值（常用 I_F 表示）时，对应的正向电压被称为正向压降（常用 U_F 表示）。

当整流二极管施加反向电压的时候，只有很小的反向漏电流（常用 I_R 表示），二极管处于反向截止状态。当反向电压很高的时候，二极管会被击穿，该电压称为击穿电压（常用 U_{BR} 表示）。达到击穿电压 U_{BR} 时，二极管反向电流将急剧增加，此时如果反向电流过大就会造成二极管被击穿损坏。显然，正常工作时的反向电压一定要小于击穿电压 U_{BR}。

整流二极管的主要参数如下。

① 重复峰值反向电压（Repetitive peak reverse voltage），用 U_{RRM} 表示。该电压是二极管正常工作时允许施加的最大反向电压，简称为反向电压或反压，也叫耐压。

② 正向压降（Forward voltage），用 U_F 表示。该电压是二极管流过额定正向电流（或测试电流）时产生的压降。U_F 越小其功率损耗就越低。

③ 平均整流电流（Average forward current），用 $I_{F(AV)}$ 表示。该电流定义为二极管允许流过 50Hz（或 60Hz）正弦半波电流的平均值。有时也用正向电流 I_F 来代替。

④ 正向峰值浪涌电流（Peak forward surge current），用 I_{FSM} 表示。该电流定义为流过仅一个周期 50Hz（或 60Hz）正弦半波电流的峰值，是描述二极管过载能力的技术指标。

⑤ 反向漏电流（Reverse current），用 I_R 表示。该电流为二极管施加一定反向电压时产生的漏电流。反向漏电流 I_R 通常很小，可以忽略。

⑥ 反向恢复时间（Reverse Recovery Time），用 t_{rr} 表示。该参数是指二极管从正向导

通状态突然施加反向电压而产生的瞬时反向电流下降到规定值以下所需要的时间。t_{rr}是描述开关二极管和快恢复二极管的重要指标之一，对开关电源的开关损耗影响较大。普通二极管的t_{rr}一般为$1\sim3\mu s$，快恢复二极管的t_{rr}通常在$35\sim200ns$之间。

需要说明，整流二极管的正向压降参数是指二极管流过额定正向电流（或测试电流）时产生的压降值，当正向电流变化时，其正向压降也不相同。例如，1N4007的正向压降与正向电流的关系如图3-3-3所示。

从图3-3-3中可以看出，当1N4007的正向电流为1.0A时，正向压降在0.9V以上；当正向电流降为0.1A时，正向压降不到0.8V。也就是说，降低整流管的工作电流，其正向压降值会变小。这也说明，选择更大额定电流的整流管，可以获得更低的正向压降，从而降低整流管的功率损耗。

此外，当整流管工作在高温环境时，其正向电流额定值也要降低。例如，1N4007的正向电流与环境温度对应关系如图3-3-4所示。从图中可以看出，环境温度低于75℃时，1N4007允许的正向电流为1.0A。环境温度超过75℃时，允许的正向电流逐渐降低。例如100℃时，正向电流要降低至0.75A左右。也就是说，在高温时整流管必须要降额使用。

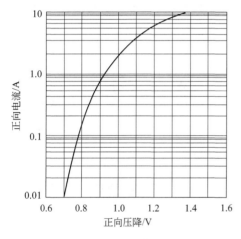
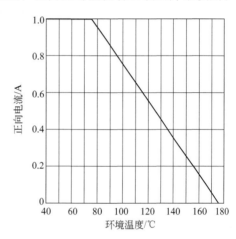

图3-3-3　1N4007的正向压降与正向电流的关系　　图3-3-4　1N4007的正向电流与环境温度对应关系

整流二极管的选择应该遵循以下原则：

① 整流二极管的反向电压U_{RRM}应为实际承受最大反向电压U_M的1.5～2倍；

② 整流二极管的平均整流电流$I_{F(AV)}$应为实际承受最大平均电流的2～3倍；

③ 功率开关管和高频变压器相关的整流二极管必须采用快恢复二极管；

④ 当整流二极管工作在高温环境时，需要考虑降额使用问题。

开关电源的输入整流电路通常采用普通整流二极管，它具有较大的浪涌电流承受能力。开关电源的输出整流电路和缓冲吸收电路，必须采用开关速度很快的快恢复二极管（FRD）、超快恢复二极管（SRD）和肖特基二极管（SBD）等。它们具有开关特性好、反向恢复时间短、正向电流大、体积小、安装方便等优点。这类二极管的主要参数定义与普通整流管基本相同，但参数特性有较大差异。下面详细介绍各种类型整流二极管的特性差异。

3.3.2　普通整流二极管

普通整流二极管的工作频率通常在1kHz以下，主要用于50Hz或60Hz的工频整流电路中。开关电源的输入整流电路使用的就是普通整流二极管。普通整流二极管最常见的外形是图 3-3-1(a) 所示的轴向封装。几种常用普通整流管的主要参数见表 3-3-2。

表 3-3-2　几种常用普通整流管的主要参数表

型号	反向电压 U_{RRM}/V	正向电流 $I_{F(AV)}$/A	正向压降 U_{F}/V	浪涌电流 I_{FSM}/A
1N4004	400	1	1.1	30
1N4007	1000	1	1.1	30
1N5404	400	3	1.0	200
1N5407	1000	3	1.0	200
6A4	400	6	0.9	400
6A10	1000	6	0.9	400

需要说明：不同厂家生产的相同型号整流管，个别参数会有一些差异。表中的正向压降是在额定正向电流时测量的最大压降值，正向电流不同时，其正向压降也不相同。

由于工频整流电路大多采用图 3-3-5(a) 所示的桥式整流结构，因此众多半导体器件厂家将 4 只整流二极管连接后，再用塑料封装成半导体器件或模块，称其为整流桥。整流桥有 4 个引出端，两个交流输入端和两个直流输出端。图 3-3-5 给出了整流桥的内部结构、电路符号和几种整流桥的外形。

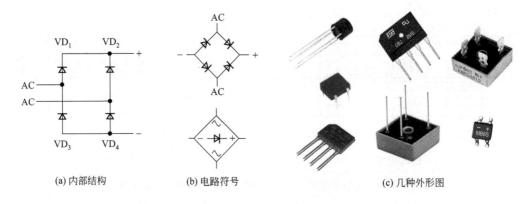

(a) 内部结构　　(b) 电路符号　　(c) 几种外形图

图 3-3-5　整流桥的内部结构、电路符号和常见外形

其中图 3-3-5(b) 给出了整流桥的两种电路符号。标有 "AC" 或者 "～" 的是两个交流输入端，连接电路时不区分极性；标有 "＋" 和 "－" 的是两个直流输出端，分别为直流电压的正极和负极。图 3-3-5(c) 给出了整流桥的几种外形图。体积较小的额定电流较小；额定电流越大体积也越大。大电流的整流桥通常使用铝质金属外壳，以便安装散热器。不同厂家生产的整流桥，4 只引脚的排列顺序可能不同，使用时应仔细观察整流桥上面的标识符号或者相应厂家的技术资料。几种整流桥的主要参数见表 3-3-3。

表 3-3-3　几种整流桥的主要参数表

型号	反向电压 U_{RRM}/V	输出电流 I_{O}/A	正向压降 U_{F}/V	浪涌电流 I_{FSM}/A
DB107	1000	1	1.1	30
KB08	800	2	1.1	50
KBPC108	800	3	1.1	50

型号	反向电压 U_{RRM}/V	输出电流 I_O/A	正向压降 U_F/V	浪涌电流 I_{FSM}/A
KBJ6K	800	6	1.0	170
KBPC810	1000	8	1.1	125
KBPC1508	800	15	1.1	300
KBPC3510	1000	35	1.1	400

整流桥的主要参数与整流管基本相同，整流管的相关特性也适用于整流桥。由于整流桥内部将 4 只整流管接成桥式整流结构，具有体积小、便于安装，使用方便等优点，在开关电源的整流电路中应用非常广泛。小功率整流桥可直接焊在印刷板上，大功率整流桥则需要用螺丝固定在合适的散热器上。整流桥与整流管不同的相关参数需要说明如下。

① 整流桥的正向电流通常用输出电流 I_O 来表示，I_O 为整流桥内部单只整流管平均整流电流的 2 倍。即每只整流管的平均整流电流 $I_{F(AV)}$ 为 $I_O/2$。

② 整流桥的正向压降是指其内部单只整流管正向压降，而不是两只整流管的压降之和。而且电流较大的整流桥，例如 KBPC1508 和 KBPC3510，其正向压降 U_F 是在正向电流为输出电流 I_O 的一半（即 $I_O/2$）时测量的。当正向电流更大时，其正向压降也会变大。

③ 整流桥的浪涌电流，特别是电流较大的整流桥，相比整流管要小很多。在浪涌电流较大的情况下使用时，需要加大安全余量。

根据整流桥的参数特点，选择整流桥的时候，应该遵循以下原则：

① 整流桥的反向电压 U_{RRM} 应为实际承受最大反向电压 U_M 的 1.5～2 倍；

② 整流桥的输出电流 I_O 应为整流电路最大平均电流 I_{DC} 的 2～3 倍；

③ 当整流桥工作在高温环境时，也需要考虑降额使用；大功率整流桥必须安装合适的散热器，防止其因过热而损坏。

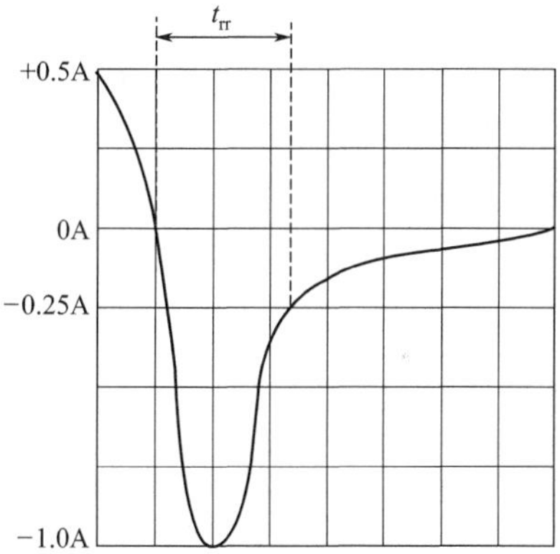

图 3-3-6　快恢复二极管的反向恢复
时间 t_{rr} 的定义

3.3.3　快恢复整流二极管（FRD）

快恢复整流二极管，英文为 Fast Recovery Rectifier，缩写为 FRD，简称快恢复二极管。比其性能更好的还有超快恢复整流二极管（Ultra-Fast Rectifier）和软恢复整流二极管（Soft-Recovery Rectifier），它们性能参数类似，这里一并讨论。

快恢复二极管的反向恢复时间对开关电源的开关损耗影响较大，是整流管的主要参数之一。反向恢复时间 t_{rr} 的定义如图 3-3-6 所示。首先让整流管的正向电流为 0.5A，然后给整流管施加一定的反向电压，使其反向峰值电流为 1.0A，随着时间的延长，反向电流逐渐衰减到零。在施加反向电压后，整流管正向电流下降到零的时刻计时开始，当反向电流减小为 0.25A 的时刻计时结束，这两点间的时间差定义为反向恢复时间 t_{rr}。

快恢复二极管（FRD）最大的优点是反向恢复时间短，开关损耗低，非常适合高频整流电路应用。但其正向压降 U_F 值较大，和普通整流管相比，其导通损耗略大一些。FRD 型号和生产厂家众多，选择范围很大。表 3-3-4 列出了几种快恢复二极管的主要参数，供读者选择元件时参考。

表 3-3-4　几种快恢复二极管的主要参数

型号	反向电压 U_{RRM}/V	正向电流 $I_{F(AV)}$/A	正向压降 U_F/V	反向恢复时间 t_{rr}/ns
FR104	400	1.0	1.3	150
FR107P	1000	1.0	1.3	250
UF3007	1000	3.0	1.7	75
MUR460	600	4.0	1.28	50
BYW80-200	200	10	1.1	35
MR854	400	3.0	1.05	100
RHRP1540	400	15	1.7	35
RHRG5060	600	50	1.7	45

需要说明，快恢复二极管的反向恢复时间 t_{rr} 是在图 3-3-6 所示的情况下测量的，当实际正向电流更大的时候，其反向恢复时间也会增加。因此，在价格差异不大的情况下，应尽量选择 t_{rr} 更小的超快恢复二极管。

3.3.4　肖特基整流二极管（SBD）

肖特基整流二极管，英文为 Schottky Barrier rectifier，缩写为 SBD，简称肖特基二极管。肖特基二极管的优点有两个显著的优点：一个是反向恢复时间短，其 t_{rr} 小于 10ns，开关损耗基本可以忽略；另一个是正向压降低，其 U_F 通常为 0.5~0.8V，能够明显降低导通损耗。肖特基二极管在开关电源中应用非常广泛，但其反向电压一般只能做到 100V 左右，因此，只能在输出电压较低（通常小于 15V）的整流电路中使用。表 3-3-5 给出了几种肖特基二极管的主要参数，供读者参考。

表 3-3-5　几种肖特基二极管的主要参数

型号	反向电压 U_{RRM}/V	正向电流 $I_{F(AV)}$/A	正向压降 U_F/V
1N5817	20	1.0	0.45
1N5819	40	1.0	0.55
1N5820	20	3.0	0.85
1N5822	40	3.0	0.95
MBR20100CT	100	20(2×10)	0.80
MBR360	60	3.0	0.73
MBR4060PT	60	40(2×20)	0.72
SR540	40	5.0	0.55
SR560	60	5.0	0.70
SR5100	100	5.0	0.85

注：表中 2×10 和 2×20 表示该器件为双二极管结构，其中每个二极管电流为标称电流的一半。

另外，近几年问世了一种碳化硅二极管，其全称为碳化硅肖特基二极管，英文为 SiC Schottky Diode。碳化硅二极管的反向恢复时间 t_{rr} 几乎为 0，其开关损耗可以忽略，可以提高开关电源的效率。碳化硅二极管的反向电压可以做到 1000V 以上，具有很好的发展前景。但其正向压降 U_F 较大，通常为 2V 左右。目前，碳化硅二极管的价格还比较高，约为快恢复二极管的 3~5 倍，主要用于对效率要求较高的输出整流及 PFC 电路中。

3.4 电阻器

电阻器（英文为 Resistor）一般直接称其为电阻，是最常用的电子元件之一。电阻器可分为固定电阻器和可变电阻器，可变电阻器也称电位器或可调电阻。根据电阻器的材料和用途，又可分为薄膜电阻、水泥电阻、线绕电阻、取样电阻、精密电阻等多种类型。电阻器的主要参数体现在以下几个方面。

（1）标称阻值

标在电阻器上的电阻值称为标称阻值，简称标称值。电阻值的常用单位有欧姆（Ω）、千欧（kΩ）和兆欧（MΩ）。标称值是根据相关标准系列标注的，不是所有阻值的电阻器都存在。常见的阻值标准有 E6、E12 和 E24 系列，其中 E6 系列的阻值有 1.0、1.5、2.2、3.3、4.7、6.8；E12 系列的阻值有 1.0、1.2、1.5、1.8、2.2、2.7、3.3、3.9、4.7、5.6、6.8、8.2；E24 系列的阻值有 1.0、1.1、1.2、1.3、1.5、1.6、1.8、2.0、2.2、2.4、2.7、3.0、3.3、3.6、3.9、4.3、4.7、5.1、5.6、6.2、6.8、7.5、8.2、9.1。除非特别定制，市场上不会出现其他标称值的电阻。

电阻器的标称阻值通常印刷在电阻器表面，标注方法一般有直接标法、色环标注法和文字符号标注法三种。直接标法简称直标法，就是把电阻的主要参数直接印制在元件的表面上，这种方法主要用于体积比较大的电阻器，其表面有足够的面积来印刷较多的文字。例如 RX21-8W-100Ω，表示其型号为 RX21，功率为 8W，阻值为 100Ω。

色环标注法简称色环法，就是把电阻的阻值和误差用不同颜色的油漆在元件的表面上印刷成几个环状标记，这也是圆柱形电阻器最常用的标识方法。中小功率薄膜电阻器使用最广泛的就是色环法，其电阻外形如图 3-4-3 所示。色环法有四环和五环两种标识，其标识方法与色环含义如图 3-4-1 所示。

对于四环标识方法，前两位色环表示有效数字，第三位色环表示乘数（倍率），与前三环距离较大的第四环表示误差（精度）。例如色环为棕色、绿色、红色和金色，其阻值为 $15 \times 10^2 = 1500\Omega$，即 1.5kΩ，误差为 ±5%。又如色环为黄色、紫色、金色和银色，其阻值为 47×10^{-1}，即 4.7Ω，误差为 ±10%。

对于五环标识方法，前三位色环表示有效数字，第四位色环表示乘数（倍率），与前四环距离较大的第五环表示误差（精度）。例如色环为棕色、绿色、黑色、红色和棕色，其阻值为 $150 \times 10^2 = 15000\Omega$，即 15kΩ，误差为 ±1%。

有时候代表误差的那个色环与其他几个色环间距差别不大，这时很难区分哪边是第一个色环的位置，这就要凭借实践经验和标称阻值进行判断，或者直接用万用表测量一下其阻值。例如，一边色环为黄色，另一边为棕色，那么黄色的一边一定是第一个色环位置，因为代表误差的色环没有黄色的定义。

文字符号标注法简称文字符法，就是把电阻的阻值用阿拉伯数字及英文字母组合的形式印制在元件的表面上，这种方法在体积很小的贴片电阻上应用最多，在体积较大电阻上也很常见。这种标识方法有以下几种形式。

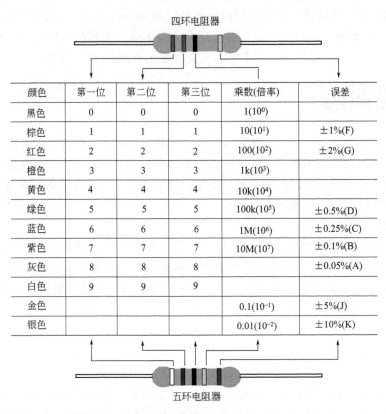

四环电阻器

颜色	第一位	第二位	第三位	乘数(倍率)	误差
黑色	0	0	0	$1(10^0)$	
棕色	1	1	1	$10(10^1)$	$\pm 1\%$(F)
红色	2	2	2	$100(10^2)$	$\pm 2\%$(G)
橙色	3	3	3	$1k(10^3)$	
黄色	4	4	4	$10k(10^4)$	
绿色	5	5	5	$100k(10^5)$	$\pm 0.5\%$(D)
蓝色	6	6	6	$1M(10^6)$	$\pm 0.25\%$(C)
紫色	7	7	7	$10M(10^7)$	$\pm 0.1\%$(B)
灰色	8	8	8		$\pm 0.05\%$(A)
白色	9	9	9		
金色				$0.1(10^{-1})$	$\pm 5\%$(J)
银色				$0.01(10^{-2})$	$\pm 10\%$(K)

五环电阻器

图 3-4-1 电阻器的色环标识方法与色环含义

① 三位阿拉伯数字，前两位表示数值，第三位表示倍率。例如 102，其阻值为 10×10^2，即 1000Ω；153 则表示其阻值为 15×10^3，即 $15k\Omega$。

② 两位阿拉伯数字，中间为英文字母。例如 1k2，表示阻值为 $1.2k\Omega$；4R7，表示阻值为 4.7Ω；0R2，表示阻值为 0.2Ω。

③ 两位阿拉伯数字，前面为英文字母。例如 R47，表示阻值为 0.47Ω；R68，表示阻值为 0.68Ω。

④ 两位阿拉伯数字，后面为英文字母。例如 47R，表示阻值为 47Ω；82R，表示阻值为 82Ω。

⑤ 阻值标识后面附加一个字母代表误差。例如 4R7K，表示阻值为 4.7Ω，误差为 $\pm 10\%$；6k8J，表示阻值为 $6.8k\Omega$，误差为 $\pm 5\%$。相关字母与误差的对应关系参见图 3-4-1。

（2）允许误差

电阻器的实际阻值与标称阻值的最大允许偏差范围称为允许误差，也称精度。允许误差通常用百分数（%）表示，E6、E12 和 E24 系列电阻器的允许误差分别为 20%、10% 和 5%。这种误差范围与标称值系列的对应关系，能够使任意阻值的电阻器得到一个合适的标称值，而不会因为阻值偏差产生废品。例如一只实际阻值为 $1.27k\Omega$ 的电阻，在 E6 系列中将其标为 $1.5k\Omega$，其误差不超过 20%；在 E12 系列中将其标为 $1.2k\Omega$，其误差不超过 10%；而在 E24 系列中将其标为 $1.3k\Omega$，其误差不超过 5%。

（3）额定功率

在规定的环境温度下，长期连续工作而不损坏或基本不改变电阻器性能的情况下，电阻器上允许消耗的功率。常见的额定功率有 1/16W、1/8W、1/4W、1/2W、1W、2W 和 3W 等。电阻器的额定功率通常没有标识在电阻上，我们可以根据其体积大小估计额定功率值，或者查询厂家的技术资料。

需要说明，电阻器满功率使用时会产生很高的温升，而标称额定功率通常是在环境温度为 70℃ 及以下时允许功率消耗值。因此，当环境温度升高时其额定功率将会下降。此外，不同额定功率的电阻器施加额定功率时，其表面温升也不一样。图 3-4-2 给出了电阻器的额定功率与环境温度及表面温升的关系。其中图（a）为额定功率与环境温度的关系，图（b）为表面温升与额定功率的关系。

从图 3-4-2（a）可以看出，当环境温度为 70℃ 及以下时，允许施加标称额定功率（100％额定功率）。当环境温度升高到 100℃ 时，只允许施加 65％ 的额定功率。这样的高温环境会在密闭式电子产品中出现。从图 3-4-2（b）可以看出，当额定功率为 1/4W 的电阻施加 100％额定功率时，其温升只有 20℃ 左右，而额定功率为 3W 的电阻施加 100％额定功率时，其温升高达 160℃ 以上。因此，为了限制电阻器的温升，额定功率越大的电阻越应该降低额定功率来使用。例如图 3-4-2（b）示出，额定功率为 2W 的电阻器施加 50％额定功率时，其温升将不超过 75℃。

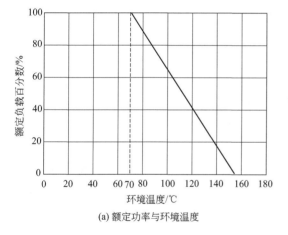

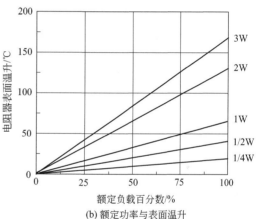

(a) 额定功率与环境温度　　　　(b) 额定功率与表面温升

图 3-4-2　电阻器的额定功率与环境温度及表面温升

（4）温度系数

电阻值随温度变化的比率，符号为 TCR，常用 ppm/℃ 来表示。1ppm/℃ 表示当温度变化 1℃ 时，电阻值的相对变化量为百万分之一。精密电阻的温度系数可以做到 ±10ppm/℃，普通金属膜电阻的温度系数一般为 ±100ppm/℃，碳膜电阻和金属氧化膜电阻的温度系数较大，一般为 ±350ppm/℃ 或者更大一些。

（5）最大工作电压

在不超过额定功率的情况下，电阻器能够承受最大工作电压。通常体积（功率）越大的电阻，最大工作电压越高。例如某厂家生产的 1/6W 电阻，最大工作电压为 150V，1/4W 为 250V，1/2W 为 350V，1W 为 500V 等。超过最大工作电压时，电阻器可能会被击穿损坏。

不同种类电阻的性能差异较大，应用领域也不相同。下面将详细介绍几种开关电源中常用电阻器的性能与特点，以便读者选择使用。

3.4.1 薄膜电阻

薄膜类电阻简称薄膜电阻，是在玻璃或陶瓷基体上，沉积一层导电薄膜形成的。最常用的薄膜类电阻是碳膜电阻、金属膜电阻和金属氧化膜电阻。薄膜类电阻的外形如图 3-4-3 所示。其中图（a）为金属膜电阻；图（b）为碳膜电阻；图（c）为金属氧化膜电阻。这三种薄膜类电阻的外形几乎完全相同，但是可以通过电阻颜色和色环数量加以区分。金属膜电阻通常涂有天蓝色油漆，印有五个色环，前三个代表阻值，第四个是倍率，第五个是误差（精度）等级；碳膜电阻通常涂有土黄色油漆，印有 4 个色环，前两个代表阻值，第三个是倍率，第四个是误差（精度）等级；金属氧化膜电阻通常涂有灰色耐高温的环氧树脂漆，表面比较粗糙，印有 4 个色环，前两个代表阻值，第三个是倍率，第四个是误差（精度）等级。

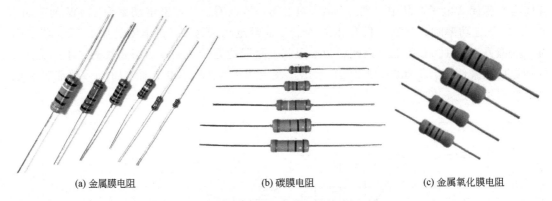

(a) 金属膜电阻   (b) 碳膜电阻   (c) 金属氧化膜电阻

图 3-4-3　常用薄膜电阻的外形

常用的三种薄膜类电阻性能与特点如下。

（1）碳膜电阻

国内型号为 RT，国外型号为 CF（英文 Carbon Film 的缩写）。是用有机黏合剂将石墨和填充料配成悬浮液涂覆于陶瓷骨架表面上，经加热聚合而成的电阻器。碳膜电阻价格低廉，阻值范围宽，温度系数较大。在廉价电子产品中大量使用。

（2）金属膜电阻

国内型号为 RJ，国外型号为 MF（英文 Metal Film 的缩写）。是以特种金属或合金作为电阻材料，用真空蒸发或溅射的方法，在陶瓷或玻璃骨架上形成电阻膜层的电阻器。通过调整材料成分和膜层厚度，也可通过刻槽来调整其电阻值的大小。其特点是精度高、稳定性好、温度系数小、噪声低、体积小、高频特性好。在电子电路中应用最为广泛。

（3）金属氧化膜电阻

型号为 RY，国外型号为 MOF（英文 Metal Oxide Film 的缩写）。是用锡和锑等金属盐溶液（如四氯化锡和三氯化锑盐溶液），喷雾到炽热的陶瓷骨架表面水解沉积而形成的电阻器。其优点是较好的抗氧化性和热稳定性。由于其导电膜层较厚，具有极好的脉冲和高频过负荷性能。但其阻值范围较小，温度系数较大，在开关电源的 RC 吸收电路、电流取样电路、脉冲电流限制电路中应用最多。

3.4.2 水泥电阻

水泥电阻器简称水泥电阻，是将电阻线绕在无碱性耐热陶瓷件上，外面加上耐热、耐湿

及耐腐蚀之材料保护固定并把绕线电阻
体放入方形瓷器框内，用特殊不燃性耐
热水泥（其实不是水泥而是耐火泥，俗
称水泥）填充密封而成的。水泥电阻的
外侧主要是陶瓷材质（一般可分为高铝
瓷和长石瓷）。水泥电阻外形如图 3-4-4
所示。

图 3-4-4　常用水泥电阻的外形

水泥电阻器有普通水泥电阻和水泥
线绕电阻两类。常见的水泥电阻是线绕
电阻器的一种，属于功率较大的电阻，能够允许通过较大的电流。水泥电阻的作用和一般电
阻一样，只是可以用在电流大的场合，比如与电动机串联，限制电动机的启动电流，阻值一
般较小。水泥电阻器外形尺寸较大、耐震动、耐潮湿、耐热及良好的散热效果、低价格等特
性，广泛应用于开关电源、音响设备、仪器仪表、电视机、汽车等设备中。

3.4.3　取样电阻

取样电阻又称为电流检测电阻、采样电阻、电流感测电阻和电流传感电阻等。英文为
Sampling resistor 或 Current sensing resistor。取样电阻是一个阻值很小的电阻器，串联在
电路中，用于把电流值转换为电压信号，以便检测电路中的电流，并进行测量与控制。取样
电阻一般使用的都是精密电阻，阻值低，精密度高，通常阻值精密度在 ±1% 以内。

取样电阻的阻值一般为 $1 \sim 500 m\Omega$，额定功率多在 $1 \sim 5W$，温度移漂小于 $\pm 50ppm/℃$。
由于通过取样电阻的电流较大，大多数取样电阻采用截面积较大，温度系数较低的锰铜丝或
康铜丝制成。常用取样电阻的外形如图 3-4-5 所示。

取样电阻的选取应根据电路中的实际电流，选择合适的阻值。取样电阻较大时，可提高
取样电路的准确性，但是会使电流采集的范围减小，也会使取样电阻上功率损耗较大，带来
严重的发热问题，从而影响电阻的精度，甚至烧毁取样电阻；反之，取样电阻较小时，虽然
可以采集到较大的电流范围，但过小的取样电阻会使得取样输出电压减小，从而使得误差和
干扰噪声在信号幅度中所占比重变大，这样会降低取样精度。

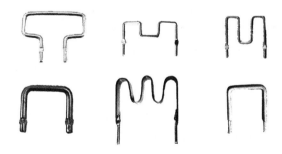

图 3-4-5　常用取样电阻的外形

图 3-4-6　常用贴片电阻的外形

3.4.4　贴片电阻

贴片电阻的全称为片式固定电阻器，英文为 Chip Fixed Resistor，简称贴片电阻（SMD
Resistor）。是金属玻璃釉电阻器中的一种，是将金属粉和玻璃釉粉混合，采用丝网印刷法

印在基板上制成的电阻器。贴片电阻具有体积小、重量轻、电性能稳定，可靠性高、高频特性优越，机械强度高、装配成本低等诸多优点。可大大节约元件空间占用，使电路板设计更小型化。贴片电阻的外形如图 3-4-6 所示。

贴片电阻的阻值一般用文字符号法标注，按照其 5% 与 1% 的误差，有两种标识方法。在阻值误差为 5% 的电阻系列中，用 3 位数字（含字母）表示阻值。这种表示方法前两位数字代表阻值的有效数字，第 3 位数字表示在有效数字后面应添加"0"的个数，即倍率。当电阻小于 10Ω 时，在代码中用 R 表示电阻值小数点的位置。例如：330 表示其阻值为 33Ω；151 表示阻值为 150Ω；473 表示阻值为 47000Ω，即 47kΩ。6R2 则表示阻值为 6.2Ω。

在阻值误差为 1% 的精密贴片电阻系列中，用 4 位数字（含字母）表示阻值。这种表示方法前 3 位数字代表阻值的有效数字，第 4 位数字表示在有效数字后面应添加"0"的个数，即倍率。当电阻小于 10Ω 时，在代码中仍用 R 表示电阻值小数点的位置。例如：0100 表示其阻值为 10Ω；5102 表示阻值为 51000Ω，即 51kΩ。5R60 则表示阻值为 5.6Ω。

贴片电阻的尺寸通常用 4 位数字表示，例如 0805，表示其尺寸为 0.08 英寸×0.05 英寸，即 2.03mm×1.27mm。常见贴片电阻的尺寸与额定功率有：0402（1/16W）、0603（1/10W）、0805（1/8W）、1206（1/4W）、1210（1/3W）、1812（1/2W）、2010（3/4W）和 2512（1W）。

从 20 世纪 80 年代起开始，随着表面组装技术（SMT）的普及应用和电子产品小型化的发展，采用 SMT 组装的电子产品的比例已超过 90%，贴片电阻的应用也日渐广泛。近年来，除了电子产品开发人员使用贴片式器件开发新产品外，维修人员也开始大量地维修 SMT 技术组装的电子产品了。

3.4.5　NTC 热敏电阻

负温度系数英文为 Negative Temperature Coefficient，缩写为 NTC。负温度系数热敏电阻简称 NTC 热敏电阻或 NTC 电阻。NTC 热敏电阻由多晶混合氧化物陶瓷制作而成，具有非常大的负温度系数，电阻值随环境温度或因通过电流而产生热量而变化，其电阻值随着温度的上升而迅速下降。

NTC 热敏电阻主要有两种类型：一种是温度测量用的 NTC 热敏电阻；另一种是功率型 NTC 热敏电阻。常用 NTC 热敏电阻的外形如图 3-4-7 所示。其中图（a）为测温型 NTC 电阻，其阻值一般为 2～100kΩ。利用其电阻值随着温度上升而迅速下降这一特性，可通过测量其电阻值来确定相应的温度，从而达到检测和控制温度的目的；图（b）为功率型 NTC 电阻，其阻值一般为 1～200Ω。其主要作用是限制电路中的浪涌电流，因此也称浪涌限制型 NTC 电阻。

功率型 NTC 热敏电阻的典型应用电路如图 3-4-8 所示。其中图（a）将 NTC 电阻串联在整流桥的输入端，图（b）将 NTC 电阻串联在整流桥的输出端。这两种连接方式的效果是完全相同的，读者可以根据电路板布局的合理性，任意选择一种连接方式。

在电源电路中串接一只功率型 NTC 热敏电阻，能有效地抑制开机时的浪涌电流，并在完成浪涌电流抑制作用后，由于正常工作电流的持续作用，使功率型 NTC 电阻的温度明显升高，其阻值将下降的一个非常小的程度，其自身消耗的功率基本可以忽略，不会影响电路的正常工作。因此，在电源输入电路中使用功率型 NTC 热敏电阻，是抑制开机浪涌电流最为简便而有效的方法，对保护电子元件免遭破坏效果显著。

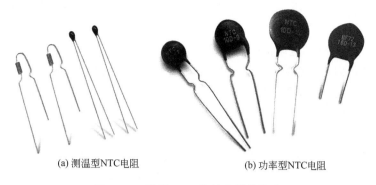

(a) 测温型NTC电阻   (b) 功率型NTC电阻

图 3-4-7   常用 NTC 热敏电阻的外形

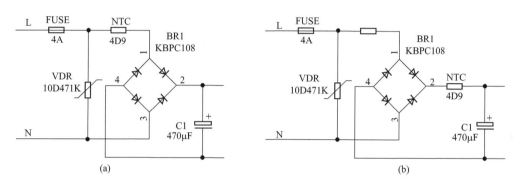

图 3-4-8   功率型 NTC 电阻和压敏电阻的典型应用电路

功率型 NTC 热敏电阻具有体积小、功率大、抑制浪涌电流能力强，残余电阻小、寿命长、可靠性高等优点，广泛用于开关电源、电子镇流器、电动机启动电路和各种电子装置电源电路中。功率型 NTC 热敏电阻的主要参数如下。

① 标称阻值：是指环境温度为 25℃时，零功率条件下测得的电阻值，通常用 R_{25} 表示。除非特别说明，它是 NTC 热敏电阻器的设计电阻值。

② 最大稳态电流：在环境温度为 25℃时，允许施加在 NTC 热敏电阻器上的最大连续电流值。

③ 最大电流时近似电阻值：在环境温度为 25℃时，对热敏电阻施加允许的最大连续电流时，热敏电阻剩余的阻值，也称残余电阻值。

④ 材料常数（B 值）：B 值也称热敏指数，在工作温度范围内并不是一个恒定的常数。通常 B 值越大，残余电阻就越小，工作时温升就越低。功率型 NTC 热敏电阻的 B 值一般在 2000～5000K 之间。

⑤ 耗散系数：在规定环境温度下，NTC 热敏电阻中耗散的功率变化与电阻温度变化的比值。耗散系数通常用 δ 表示，其单位为 mW/℃（或 mW/K）。

⑥ 热时间常数：在零功率条件下，当温度发生突变时，热敏电阻体温度变化了始末温度差的 63.2％所需的时间，常用 τ 来表示。热时间常数 τ 与热敏电阻的热容量 C 成正比，与其耗散系数 δ 成反比。一般来说，热时间常数与耗散系数的乘积越大，则表示电阻器的热容量越大，电阻器抑制浪涌电流的能力也越强。

⑦ 额定功率：在规定的技术条件下，热敏电阻器长期连续工作所允许消耗的功率。在此功率下，电阻体自身温度不超过其最高工作温度。

⑧ 最高工作温度：在规定的技术条件下，热敏电阻器能长期连续工作所允许的最高温度。

选择功率型 NTC 热敏电阻的时候，应该注意以下两点：

① 电阻器的最大稳态电流应该大于实际电源回路的最大工作电流；

② 电阻器的标称电阻值应该大于或等于实际电源回路的最大峰值电压与允许浪涌电流的比值，即 $R_{25} \geqslant U_P / I_r$。$R_{25}$ 为 NTC 的标称阻值，U_P 为最大峰值电压，I_r 为允许浪涌电流。

有资料显示，对于转换电源，逆变电源，开关电源，UPS 电源，$I_r = 100$ 倍工作电流；对于灯丝，加热器等回路 $I_r = 30$ 倍工作电流。笔者认为，开关电源的浪涌电流 I_r 应限制在正常工作电流的 $10 \sim 30$ 倍之间。几种功率型 NTC 热敏电阻的参数见表 3-4-1，供读者参考。

表 3-4-1 几种功率型 NTC 热敏电阻的参数

型号	标称阻值 R_{25}/Ω	最大稳态电流/A	最大电流时近似电阻值/Ω	耗散系数 $\delta/(\mathrm{mW/^\circ C})$	热时间常数 τ/s	工作温度/$^\circ C$
MF72-5D5	5	1	0.353	6	20	
MF72-10D5	10	0.7	0.771	6	20	
MF72-5D7	5	2	0.283	10	30	
MF72-8D7	8	1	0.539	9	28	
MF72-3D9	3	4	0.12	11	35	
MF72-4D9	4	3	0.19	11	35	
MF72-2.5D11	2.5	5	0.095	13	43	
MF72-6D11	6	3	0.24	13	45	$-55 \sim +200$
MF72-1.5D13	1.5	7	0.073	13	60	
MF72-7D13	7	4	0.188	15	65	
MF72-3D15	3	7	0.075	18	76	
MF72-5D15	5	6	0.112	20	76	
MF72-0.7D20	0.7	12	0.018	25	112	
MF72-3D20	3	8	0.055	24	113	
MF72-3D25	3	9	0.044	32	150	
MF72-5D25	5	8	0.07	32	151	

3.4.6 压敏电阻

压敏电阻器简称压敏电阻，英文为 Voltage Dependent Resistor，缩写为 VDR，也称 Varistor（变阻器）。是一种具有非线性伏安特性的电阻器件，主要用于在电路承受过压时进行电压钳位，吸电流以保护敏感器件。在开关电源中大量使用的是氧化锌（ZnO）压敏电阻，其主体材料有二价元素锌（Zn）和六价元素氧（O）所构成。从材料的角度来看，氧化锌压敏电阻属于 Ⅱ-Ⅵ 族氧化物半导体。在我国台湾地区，压敏电阻器称为"突波吸收器"，有时也称为"电冲击（浪涌）抑制器（吸收器）"。常用压敏电阻器的外形如图 3-4-9 所示。

图 3-4-9　常用压敏电阻器的外形

压敏电阻是一种限压型保护器件。利用压敏电阻的非线性特性,当过高的电压出现在其两个引脚之间时,压敏电阻可以将电压钳位到一个相对固定的电压值,从而实现对后级电路的保护。压敏电阻的响应时间为 ns(纳秒)数量级,比气体放电管快,比 TVS 管稍慢一些,一般情况下,其响应速度可以满足电子电路过电压保护的要求。压敏电阻的结电容一般在几百到几千皮法的数量级范围,很多情况下不宜直接应用在高频信号线路的保护电路中。应用在交流电路的保护中时,因为其结电容较大会增加漏电流,也应充分考虑这些因素所造成的影响。

压敏电阻的主要参数有压敏电压、通流容量、电容量等,几种常用参数的定义与说明如下。

① 压敏电压:是指在规定的环境温度下,施加一定直流电流(一般为 1mA 或 0.1mA)时,压敏电阻器两端的电压值。其标记符号为 U_{1mA} 或 $U_{0.1mA}$。该电压表示压敏电阻开始起到限压作用时的电压值,也是标称压敏电压值。

② 最大连续工作电压:是指在规定环境温度下,能长期持续施加在压敏电阻器两端的最大正弦交流电压有效值或最大直流电压值。该电压表示正常工作时,压敏电阻可以施加的最大电压值。

③ 最大限制电压:是指在压敏电阻器中通过规定大小的冲击电流(8/20μs 测试电流波形)时,其两端的呈现的最大电压峰值。该电压表示压敏电阻过压时,钳位电压的大小。

④ 额定功率:是指在规定的环境温度下,可施加给压敏电阻器的最大平均冲击功率。

⑤ 通流容量:通流容量也称通流量,是指在规定的时间间隔和次数,施加标准的冲击电流(一般为 8/20μs 测试电流波形)时,压敏电阻器上允许通过的最大脉冲(峰值)电流值。

⑥ 最大能量:是指在压敏电压变化不超过 $\pm 10\%$,冲击电流波形为 10/1000μs 或 2ms 的条件下,可施加给压敏电阻器的一次最大冲击能量。

⑦ 电容量:指压敏电阻器本身固有的电容容量。

压敏电阻器通常与被保护器件或装置并联使用,其典型的电路连接参见图 3-4-8。在正常情况下,压敏电阻器两端的直流或交流电压必须低于其标称压敏电压,即使在电源波动情况最坏时,也不应高于最大连续工作电压。也就是说,最大连续工作电压值所对应的才是应该选用的电压值,而不是压敏电压值。此外,压敏电阻所吸收的浪涌电流应小于产品参数中的通流容量。几种压敏电阻器的主要参数见表 3-4-2,供读者参考。

表 3-4-2　几种压敏电阻器的主要参数

型号	最大连续工作电压/V		压敏电压 ($U_{0.1mA}$) /V	最大限制电压 U_P/V	最大限制电流 I_P/A	通流容量/A (8/20μs)		最大能量 /J (2ms)	额定功率 /W	电容量 /pF (1kHz)
	AC	DC				1次	2次			
MYG-05D271K	175	225	270(243-297)	475	5	400	200	8	0.1	95
MYG-05D301K	190	250	300(270-330)	520	5	400	200	8.5	0.1	85
MYG-05D431K	275	350	430(387-473)	745	5	400	200	13.5	0.1	60
MYG-05D471K	300	385	470(423-517)	810	5	400	200	15	0.1	55
MYG-05D511K	320	415	510(459-561)	845	5	400	200	15	0.1	50
MYG-05D561K	350	460	560(504-616)	920	5	400	200	17	0.1	45
MYG-07D271K	175	225	270(243-297)	455	10	1200	600	17	0.25	185
MYG-07D301K	190	250	300(270-330)	500	10	1200	600	18.5	0.25	165
MYG-07D431K	275	350	430(387-473)	710	10	1200	600	27.5	0.25	115
MYG-07D471K	300	385	470(423-517)	775	10	1200	600	30	0.25	150
MYG-07D511K	320	415	510(459-561)	845	10	1200	600	32	0.25	100
MYG-07D561K	350	460	560(504-616)	920	10	1200	600	35	0.25	90
MYG-07D621K	385	505	620(558-682)	1025	10	1200	600	38	0.25	80
MYG-07D681K	420	560	680(612-748)	1120	10	1200	600	42	0.25	75
MYG-10D181K	115	150	180(162-198)	300	25	2500	1250	18	0.4	750
MYG-10D201K	130	170	200(185-225)	340	25	2500	1250	20	0.4	500
MYG-10D221K	140	180	220(198-242)	360	25	2500	1250	23	0.4	450
MYG-10D241K	150	200	240(216-264)	395	25	2500	1250	25	0.4	400
MYG-10D361K	230	300	360(324-396)	595	25	2500	1250	35	0.4	270
MYG-10D391K	250	320	390(324-396)	650	25	2500	1250	40	0.4	250
MYG-10D431K	275	350	430(387-473)	710	25	2500	1250	45	0.4	230
MYG-10D471K	300	385	470(423-517)	775	25	2500	1250	45	0.4	210
MYG-10D511K	320	415	510(459-561)	845	25	2500	1250	45	0.4	190
MYG-14D391K	250	320	390(351-429)	650	50	4500	2500	70	0.6	500
MYG-14D431K	275	350	430(387-473)	710	50	4500	2500	75	0.6	450
MYG-14D471K	300	385	470(423-517)	775	50	4500	2500	80	0.6	400
MYG-14D511K	320	415	510(459-561)	845	50	4500	2500	80	0.6	350

3.4.7　可调电阻与电位器

可调电阻也叫可变电阻,英文为 Rheostat,是电阻器的一类,其电阻值的大小可以人为调节,以满足电路的需要。可调电阻按照其阻值的大小、调节范围、调节形式、制作工艺、制作材料、体积大小等可分为许多不同的型号和类型。图 3-4-10 给出了几种可调电阻的外形。

其中,图 3-4-10(a)为滑动变阻器,是最常见的可调电阻之一。滑动变阻器由电阻丝绕

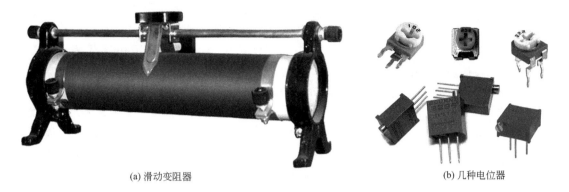

(a) 滑动变阻器　　　　　　　　　　(b) 几种电位器

图 3-4-10　几种可调电阻的外形

成线圈，通过滑动滑片来改变接入电路的电阻丝长度，从而改变阻值。滑动变阻器的功率较大，能作为可变负载电阻用于改变开关电源的输出电流大小，在开关电源的调试与测试中经常使用。

图 3-4-10（b）为几种电位器的外形。电位器也是可调电阻的一种，英文为Potentiometer。电位器有三个引出端，由电阻体的两端和可以移动的滑动触头端（输出端）组成。当滑动触头沿电阻体移动时，在输出端即获得与位移量成一定关系的电阻值。电位器既可作三端元件使用，也可作二端元件使用，由于它在电路中的作用经常是为了获得与输入电压（外加电压）成一定比例的输出电压，因此称之为电位器。

电位器的阻值变化规律通常有直线式、对数式和指数式（反转对数式）三种。其中直线式电位器适合作为分压器来使用；指数式（反转对数式）电位器适合作收音机、组合音响及电视机中的音量控制器使用。开关电源中使用的电位器主要是直线式电位器，最典型的应用是对输出电压进行调节。当需要对电压、电流或电路参数进行精细调节的时候，需要使用精密多圈电位器。

需要特别说明，电位器的额定功率是指整个电阻体可以承受的功率，当滑动触头到中间某个位置时，部分电阻体可以承受的功率将按比例减小。例如当其中 1/3 的电阻体施加电压或通过电流时，其可以承受的功率也是该电位器额定功率的 1/3。

3.5　电容器

电容器简称电容，英文为 Capacitor，是一种能够存储电荷的元件，在电路中用大写字母 C 来表示。电容器是开关电源中使用最多的电子元件之一，广泛应用于储能与滤波电路、耦合与退耦电路、隔直与旁路电路、环路补偿电路及 LC 谐振回路等各个电路环节当中。电容器的种类繁多，性能各异，应用领域也各不相同，但其主要参数及含义是一样的。开关电源中常用的电容器有电解电容、陶瓷（也称瓷片或瓷介）电容和各种薄膜电容三大类。电容器的主要参数有以下几种。

① 标称容量与允许偏差：标称容量表示了电容器储存电荷的能力大小，是电容器的重要参数，常标在电容器的外壳或表面上。其标称值系列与电阻器类似，也有 E6、E12 和 E24 等系列之分。电容器的容量一般以微法（μF）、纳法（nF）和皮法（pF）为单位，它们之间的关系为 1μF=1000nF，1nF=1000pF。

对于体积较大的电解电容，其标称值一般直接印制在电容器外壳上，例如 $47\mu F$、$220\mu F$、$1000\mu F$ 等。对于体积较小的瓷片电容及薄膜电容，通常采用文字符号法标注，其数值计算方法与电阻器相同，例如 472，代表 $47\times10^2=4700pF$；100n，代表 $100nF=0.1\mu F$；6n8，代表 $6.8nF=6800pF$。

允许偏差也称误差，是指电容器实际容量与标称容量之间的偏差，反映了电容器的精度（误差）等级。电容器的常用误差等级有：Ⅰ级误差为 $\pm5\%$，通常用字母 J 表示；Ⅱ级误差为 $\pm10\%$，通常用字母 K 表示；Ⅲ级误差为 $\pm20\%$，通常用字母 M 表示；Ⅳ级误差为 $+20\%\sim-30\%$；Ⅴ级误差为 $+50\%\sim-20\%$；Ⅵ级误差为 $+100\%\sim-10\%$。瓷片电容和薄膜电容误差等级一般为Ⅰ~Ⅲ级，铝电解电容误差等级一般为Ⅳ~Ⅵ。例如某薄膜电容标识为 220nJ，则表示其容量为 220nF，误差为 $\pm5\%$。

② 额定工作电压：是指电容器在规定的温度范围内，能够连续可靠工作的最高电压，简称耐压。有时又分为额定直流工作电压和额定交流工作电压。额定工作电压的大小与电容器的结构、介质材料和环境温度有关。一般来说，对于结构、介质相同，容量相等的电容器，其耐压值越高，体积也就越大，价格也更高。电容器常见的额定工作电压有 6.3V、10V、16V、25V、50V、63V、100V、250V、400V 和 630V 等。对于体积较大的电容器，其耐压值一般直接标称在其表面上；体积较小的电容器一般不标注耐压值，读者可以查看相关产品技术资料。

③ 绝缘电阻与漏电流：绝缘电阻是施加在电容器两端的电压与通过电容器的漏电流的比值。电容器的绝缘电阻与电容器的介质材料和面积、引线的材料和长短、制造工艺、温度和湿度等因素有关。对于同一种介质的电容器，电容量越大，其绝缘电阻越小。薄膜电容和瓷片电容的绝缘电阻很大，一般在几百兆欧或几千兆欧。绝缘电阻的大小和变化会影响电路的工作性能，一般情况下绝缘电阻越大越好。

对于漏电流较大的铝电解电容，通常直接用漏电流来表示电容器的绝缘性能。例如某电解电容的漏电流 $I=0.03CU$。其中 I 为漏电流，单位为微安，C 为电容量大小，单位为微法，U 为额定电压，单位是伏特。对于 $100\mu F/25V$ 电解电容，可得其漏电流 $I=75\mu A$。

④ 工作温度范围：是指电容器确定能连续工作的温度范围。在这个温度范围内使用，电容器的各项性能指标均能得到保证。对于体积较大的电解电容，工作温度范围通常印制在其外壳上，例如 $-25\sim85℃$；$-40\sim105℃$ 等。

⑤ 温度系数：是指电容器的电容量随温度变化的大小，通常用温度变化 1℃时，电容值变化量与标称容量的比率来表示，其单位 $10^{-6}/℃$。在精密定时电路中，例如决定开关电源工作频率的定时电容 C_T，应该使用温度系数较小的薄膜电容器，以便减小工作频率的漂移。

⑥ 损耗角正切值：是指在规定频率的正弦电压下，电容器损耗功率与电容器无功功率的比值，也称损耗角正切或损耗系数，通常用 $\tan\delta$ 来表示。薄膜电容器的损耗角正切值一般小于 0.1%，铝电解电容一般为 $0.2\%\sim0.3\%$。

⑦ 使用寿命：电容器的使用寿命随温度的增加而减小。主要原因是温度加速化学反应而使介质随时间退化。对于铝电解电容，高温还会使电解液干涸失效。大多数铝电解电容在 85℃或 105℃高温时，其使用寿命只有 $1000\sim2000h$。当然，这里所说的使用寿命并不是指超过这个时间后电容器就损坏了，而是指电容器的技术指标已经不能满足所规定的技术要求了。超过了使用寿命，一般都能继续工作，但这样会造成电路性能下降。

选择电容器的时候，应该注意以下几个问题。

① 关于额定工作电压：电容器的额定工作电压应高于实际工作电压，并留有足够余量，以防因电压波动而造成过压损坏。通常实际工作电压应为电容器额定工作电压 80% 左右。特别是铝电解电容的过电压能力较低，例如额定电压为 50V 的电解电容，施加 60V 的电压时就可能造成过热炸开而损坏。

② 关于电容器的误差：在旁路、耦合及退耦电路中，一般对电容器的误差没有很严格要求，通常可根据设计计算值，选用容量接近或略大些的电容器。在谐振回路和定时电路中，电容器的容量就应尽可能和计算值一致。

③ 关于使用环境：使用环境直接影响电容器的性能和寿命。在工作温度较高的环境中，电容器容易产生漏电并加速老化；在非常寒冷条件下，普通铝电解电容器还会因电解液结冰而失效。因此在环境恶劣的条件下，应使用工作温度范围更宽的电容器，并在设计和安装时，尽可能让电容器远离散热器，必要时增加冷却风扇来改善散热效果。

此外，不同种类电容器的性能差异较大，应用领域也不相同。必要时，还要将不同类型的电容器并联使用，以便满足电路性能的要求。下面将详细介绍几种开关电源中常用电容器的性能与特点，以便读者选择使用。

3.5.1 电解电容器

电解电容器简称电解电容，英文为 Electrolytic Capacitor，是电容器的一种类型。电解电容器以金属箔为阳极（正极），与阳极紧贴金属的氧化膜为电介质，阴极（负极）则由导电材料、电解质（电解质可以是液体或固体）和其他材料共同组成，因电解质是阴极的主要部分，电解电容也因此而得名。因为氧化膜具有单向导电性质，所以电解电容具有极性，使用时正、负极不能接错。

电解电容器具有体积小、电容量大的突出优点，在各类开关电源中广泛应用。常用的电解电容器有铝电解电容和钽电解电容两种，其外形如图 3-5-1 所示。其中图（a）为铝电解电容器的外形；图（b）为钽电解电容器的外形。以下详细介绍这两种电容器的特点。

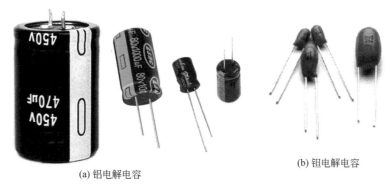

(a) 铝电解电容　　　(b) 钽电解电容

图 3-5-1　常用电解电容器的外形

（1）铝电解电容器

由阳极铝箔、电解纸，阴极铝箔和引线端子（内外部端子）卷绕在一起，然后装进浸满电解液的铝壳后，再用橡胶密封而成。根据铝电解电容器制品的形状不同，外部端子的形状，密封橡胶的材料和构造也略有差异。如果不加说明，通常所说的电解电容一般就是指铝电解电容器。

铝电解电容器特点之一是单位体积的电容量非常大，比其他种类的电容要大几十甚至数百倍；特点之二是额定容量可以做得非常大，能够轻易做到几万微法；特点之三是价格比其他种类电容具有压倒性优势，因为铝电解电容的组成材料主要是金属铝，制造铝电解电容的设备也都是普通的工业设备，可以大规模生产，成本相对比较低。但是铝电解电容器的误差和漏电流比较大，高频性能及耐高温性能较差。因此，铝电解电容器主要用于对电容量要求较大，而对其他性能要求不高的低频旁路、信号耦合以及电源滤波等电路中。

在开关电源中，铝电解电容器主要用于输入及输出滤波电路，选择使用铝电解电容时应该注意以下几点。

① 由于铝电解电容的容量误差较大，应选择标称容量大于计算容量的 $1\sim2$ 个等级。例如，计算容量为 $40\mu F$ 时，可选 $47\mu F$，推荐选择 $68\mu F$ 的容量。

② 铝电解电容的实际工作电压应按额定电压的 80% 选择。即工作电压为 80V 时，应选择额定电压为 100V 的电容。例如，对于 220V 的交流电网电压可能有 $+15\%$ 的波动，即最大电压为 $220\times1.15=253V$，此时通过整流滤波后的峰值电压将为 357V。应该选择额定电压为 400V 的铝电解电容。

③ 尽量选择额定纹波电流更大，且工作温度更高（例如 105℃）的耐高温电容。

此外，在使用铝电解电容时还要特别注意！铝电解电容在承受反向电压、电压超过额定值、纹波电流超过额定值、急速充放电时，将造成其特性急剧恶化。此时，电容器可能产生很大的热量，内部气压上升，导致压力阀开启，内部气体喷出、漏液等。在某些情况下，伴随电容器损坏会有可燃物的迸发，有可能导致爆炸和起火。

（2）钽电解电容器

主要有烧结型固体、箔形卷绕固体和烧结型液体三种类型。其中烧结型固体钽电解电容约占目前生产总量的 95%，而且普遍采用外壳绝缘的树脂封装型式，因此成为主流应用产品。可见，烧结型固体钽电解电容属于固体（也称固态）电容。随着电子产品小型化及 SMT（表面贴装技术）的发展，贴片式烧结型固体钽电容器也已逐渐成主流产品。钽电解电容也简称为钽电容，和铝电解电容相比，钽电容有以下优点。

① 体积更小。由于钽电容采用了颗粒很细的金属钽粉，而且钽氧化膜的介电常数 ε 比铝氧化膜高 17，因此钽电容单位体积内的电容量更大。

② 使用温度范围宽。一般钽电容都能在 $-50\sim100℃$ 的温度下正常工作。虽然铝电解电容也能在这个温度范围工作，但其电性能远远不如钽电解。

③ 性能更好。钽电解电容中的钽氧化膜介质不仅耐腐蚀，寿命长、绝缘电阻高、漏电流小，而且长时间工作也能保持良好的性能。

④ 阻抗频率特性好。钽电解电容器工作可达 50kHz 以上，随着工作频率上升，钽电容的电容量下降幅度较小。有资料表明，工作在 10kHz 时，钽电解电容器容量下降不到 20%，而铝电解电容器的容量下降可达 40%。

⑤ 可靠性高。钽氧化膜的化学性能稳定，钽阳极基体能耐强酸、强碱，这使得钽电解电容的损耗要比铝电解电容小，而且温度稳定性良好，使用可靠性较高。

3.5.2 薄膜电容器

薄膜电容器简称薄膜电容，英文为 Film Capacitor，也称塑料薄膜电容器（英文为

Plastic Film Capacitor），也是电容器的一种类型。薄膜电容器是以金属箔为电极，以塑料薄膜为电介质，卷绕成圆筒状，再通过热压定型，最后包封制成的电容器。根据其使用塑料薄膜的材料不同，薄膜电容器又被分为聚酯薄膜电容、聚苯硫醚电容、聚丙烯电容，聚苯乙烯电容和聚碳酸电容等。在电子电路中，应用最多的是聚酯薄膜电容和聚丙烯电容。

常用薄膜电容器的外形如图 3-5-2 所示。其中图(a) 为有感薄膜电容的外形，其等效串联电感较大；图(b) 为无感薄膜电容的外形，其等效串联电感很小；图(c) 为盒式薄膜电容的外形，其具有长方形的塑料外壳。

(a) 有感薄膜电容　　　　　　　　(b) 无感薄膜电容　　　　　(c) 盒式薄膜电容

图 3-5-2　常用薄膜电容器的外形

薄膜电容具有绝缘阻抗很高、无极性、频率特性好及介质损耗很小等很多优良特性，是一种性能优秀的电容器。此外，薄膜电容器还有一种制造方法，叫做金属化薄膜（Metallized Film），其制作工艺是在塑料薄膜的表面真空蒸镀一层金属膜代替金属箔作为电极，因为金属化膜层的厚度远小于金属箔的厚度，因此卷绕后的体积也比金属箔式电容小很多，容易做成小型大容量的电容器。

金属化薄膜电容器最大的优点是"自愈"特性（Self-Healing Action）。所谓"自愈"特性就是假如薄膜介质微小部分存在弱点或杂质以及在过电压作用下出现击穿短路时，击穿点的金属化层可在电弧作用下瞬间熔化蒸发而形成一个很小的无金属区，使电容器的两个极板重新相互绝缘而仍然能够继续工作，因此极大提高了电容器的工作可靠性。从理论上讲，金属化薄膜电容不存在短路失效的问题，而金属箔式电容器会出现很多短路失效的现象。

金属化薄膜电容器虽然有上述优点，但与金属箔式电容器相比，也有两个缺点：一是容量稳定性不如箔式电容器，这是由于金属化电容在长期工作条件下容易出现容量丢失以及自愈后会导致容量减小。因此对容量稳定度要求很高的振荡电路，应该选用金属箔式电容器。另一个缺点是耐受大电流能力较差，这是因为金属化膜层比金属箔厚度薄很多，所有承载大电流能力较弱。为了改善金属化薄膜电容的这个缺点，已经有多家厂商通过采用双面金属化薄膜电极、增加金属化镀层厚度及降低接触电阻等方法，改进了金属化薄膜电容的大电流承载能力。

为了帮助读者了解薄膜电容器更多的特性，下面对使用最多的聚酯薄膜和聚丙烯电容的特点及应用领域做更为详细的介绍。

（1）聚酯薄膜电容

聚酯薄膜电容简称聚酯电容，也叫涤纶电容。CL11 型金属箔式聚酯薄膜电容器是最常见的型号之一，适用于各种电子仪器的旁路、耦合、脉冲和隔直流电路中。CL11 型聚酯电容为有感箔式薄膜电容器，其外形如图 3-5-2(a) 所示，外表多为墨绿色环氧树脂封装。

CL12 型金属箔式聚酯薄膜电容器和 CL21 型金属化聚酯薄膜电容器采用无感卷绕方式制成，其外形如图 3-5-2(b) 所示，外表多为酱红色环氧树脂封装。

CL23 型金属化聚酯薄膜电容器则采用图 3-5-2(c) 所示的盒式封装形式，外壳有黄色、灰色和蓝色等。

聚酯薄膜电容还有另外一种标识方法，在 CL11 型聚酯电容标识中最常见。其电容器耐压值用字母来表示基数，字母前面的数字表示 10 的幂次。常见的代码和基数对应关系是：

A：1.0；B：1.25；C：1.6；D：2.0；E：2.5；F：3.15；G：4.0；H：5.0；J：6.3；K：8.0；Z：9.0。

例如 2A，即为 $10^2 \times 1.0 = 100V$，2C 则为 $10^2 \times 1.6 = 160V$ 等。

电容量和误差（精度）的标识在耐压之后，采用典型的文字符号法。例如电容器标识为 2A823J，其耐压为 $10^2 \times 1.0 = 100V$，容量为 $82 \times 10^3 = 82000pF$，误差等级为 J（允许偏差为 ±5%）。又如 2A104K，其耐压为 100V，容量为 $0.1\mu F$，误差为 ±10%。

（2）聚丙烯薄膜电容

聚丙烯薄膜电容器简称聚丙烯电容或 CBB 电容，其性能接近理想电容器，特别适合用于高频、高压、大电流脉冲电路，以及对稳定度要求较高的定时、振荡电路等。缺点是体积较大，价格较高。常见的 CBB11 型为有感箔式聚丙烯膜电容器，其外形如图 3-5-2(a) 所示。CBB12 型金属箔式聚丙烯电容及 CBB21 金属化聚丙烯电容的外形如图 3-5-2(b) 所示，外表多为酱红色或橘黄色环氧树脂封装。CBB23 型和 CBB24 型金属化聚丙烯电容则采用图 3-5-2(c) 所示的盒式封装形式。

CBB 电容多用文字符号法标识，例如 400V224J，其耐压为 400V，容量为 $0.22\mu F$，误差等级为 J（允许偏差为 ±5%）。又如 103K/100V（分两行标注，一行为 103K，另一行为 100V），其容量为 $0.01\mu F$，耐压为 100V，误差为 ±10%。

最常用的 CBB21 和 CBB22 型金属化聚丙烯膜电容器，采用无感结构绕制，包封阻燃环氧树脂制成。具有自愈性好，高频损耗小，可靠性高等优点，广泛用于高频、直流、交流和脉冲电路中。特别适合在各种类型的节能灯、电子镇流器及开关电源中使用。

3.5.3 陶瓷电容器

陶瓷电容器英文为 Ceramic Capacitor，是用高介电常数的陶瓷作为电介质，挤压成圆管或圆片形状，再用烧渗法将银镀在陶瓷表面上作为电容的极板制成。陶瓷电容也称瓷介电容，又因为其外形以片式居多，因此又称瓷片电容。常用陶瓷电容的外形如图 3-5-3 所示，其中图(a) 为体积较小的低压瓷片电容；图(b) 为体积较大的中高压瓷片电容。

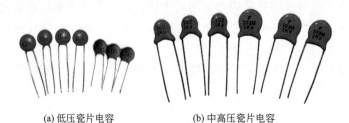

(a) 低压瓷片电容　　　　　　(b) 中高压瓷片电容

图 3-5-3　常用陶瓷电容器的外形

瓷片电容分为高频（国内型号为 CC）和低频（国内型号为 CT）两种。高频瓷片电容高频损耗小，稳定性好，耐压较高，适用于高频及脉冲电路。其外形多为图 3-5-3(b) 所示，在开关电源的 RC 吸收电路中应用较多。低频瓷片电容器具有体积小、价格低廉、容量范围较大等优点，但其损耗较大，稳定性差，其外形多为图 3-5-3(a) 所示。低频瓷片电容一般在工作频率较低、对稳定性和损耗要求不高的电路中作旁路或隔直电容使用，这种电容器不宜用在脉冲电路中，它们容易被脉冲电压击穿。

陶瓷电容按照介质不同可分为Ⅰ类瓷介电容和Ⅱ类瓷介电容。通常 NPO、COG 属于Ⅰ类瓷介电容；X7R、X5R、Y5U、Y5V 属于Ⅱ类瓷介电容。Ⅰ类瓷介电容容量稳定性很好，基本不随温度、电压、时间等变化而变化，但其电容量都一般很小；Ⅱ类瓷介电容容量稳定性很差，随着温度、电压、时间变化幅度较大，一般用在对容量稳定性要求不高的场合，如退耦及滤波电路中。下面是几种常用介质的主要特性：

Y5V 工作温度范围－25～85℃，整个温度范围内偏差为－82%～22%；

X5R 工作温度范围－55～85℃，整个温度范围内偏差为±15%；

X7R 工作温度范围－55～125℃，整个温度范围内偏差为±15%；

NPO 工作温度范围－25～85℃，整个温度范围内偏差极小。

其中 NPO 是温度特性最好的电容器，其电容量温漂几乎为零，非常适合用于振荡器和高频滤波器，但其容量一般只能做到几千皮法。

3.5.4　贴片电容器

笼统地讲，贴片电容器是为了适应表面组装技术（SMT）而制造的表面贴装器件（SMD），是电容器的一种封装形式。常见贴片电容器的外形如图 3-5-4 所示，其中图(a) 为贴片式铝电解电容；图(b) 为贴片式钽电解电容；图(c) 为贴片式多层陶瓷电容。贴片式电解电容器的特性与前文介绍的直插式电解电容器基本相同，只是封装形式的改变，这里不再介绍。下面提到的贴片电容，特指贴片式多层陶瓷电容。

(a) 铝电解电容　　　(b) 钽电解电容　　　(c) 多层陶瓷电容

图 3-5-4　常用贴片电容器的外形

贴片电容的全称为多层（也叫积层或叠层）片式陶瓷电容器，简称为贴片电容。多层陶瓷电容器的英文为 Multilayer ceramic capacitors，缩写为 MLCC。因此通常所说的贴片电容特指多层陶瓷电容，即 MLCC。

贴片电容具有体积小、容量大、等效串联电阻小、无极性、固有电感小、抗湿性好、可靠性高等优点。可有效缩小电子产品（尤其是便携式产品）的体积和重量，提高产品可靠性，顺应了 IT 产业小型化、轻量化、高性能、多功能的发展方向。

贴片电容也是陶瓷电容的一种，同样按照介质材料分为不同的类型。常用贴片电容有NPO、X7R、Z5U 和 Y5V 四种，其主要区别是它们的填充介质不同。在相同的体积下由于填充介质不同，所制成电容器的容量也不同，随之带来的电容器介质损耗、容量稳定性等也就不同。所以在使用贴片电容器时，也应根据电容器在电路中作用不同，来合理选用不同材质的电容器。下面介绍这四种贴片电容器的特点与应用领域。

① NPO 电容器：是一种最常用的具有温度补偿特性的陶瓷电容器。其电容量和介质损耗非常稳定。在温度为 −55～125℃ 范围时，容量变化为 ±30ppm/℃。电容量随频率的变化很小，漂移或滞后小于 ±0.05％，可以忽略不计。其典型的容量相对使用寿命的变化小于 ±0.1％。NPO 电容器适合用于对稳定性和可靠性要求较高的高频电路中，例如高频振荡器、频率补偿及精密定时电路等。

② X7R 电容器：被称为温度稳定型陶瓷电容器。当温度在 −55～125℃ 范围时，其容量变化为 ±15％，需要注意的是电容器容量变化是非线性的。X7R 电容器的容量在不同的电压和频率条件下是不同的，它也随时间的变化而变化。X7R 电容器主要应用在隔直、耦合、旁路、滤波电路及可靠性要求较高的中高频电路中。

③ Z5U 电容器：被称为通用陶瓷电容器，主要优点是小尺寸和低成本。Z5U 电容工作温度范围是 10～85℃，其容量变化范围是 22％～−56％。其电容量受环境和工作条件影响较大，老化率最大可达每 10 年下降 5％。Z5U 电容具有体积小、频率特性良好、等效串联电感（ESL）和等效串联电阻（ESR）低的特点，使其具有广泛的应用领域，特别是在退耦电路中应用较多。

④ Y5V 电容器：是一种普通用途的电容器，其高介电常数允许在较小的物理尺寸下制造出更大的电容量。Y5V 电容工作温度范围是 −30～85℃，其容量变化范围是 22％～−82％，介质损耗较大。其额定工作电压为 10V、16V、25V 和 50V，电容量范围为 1000pF～10μF，容量偏差为 80％～−20％，可取代小容量的铝电解电容，通常用在对电容量偏差要求不高的电源滤波及退耦电路中。

3.5.5 独石电容器

独石电容器是多层陶瓷电容器（MLCC）的别称，是 MLCC 的另一种封装形式，即在贴片式 MLCC 上焊接两根引线，再用环氧树脂封装而成。随着电子产品小型化的趋势不断发展，独石电容的使用会不断减少，将被贴片式 MLCC 所取代。常用独石电容的外形如图 3-5-5 所示，颜色多为黄色，也有浅绿色和蓝色。

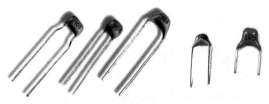

图 3-5-5　常用独石电容器的外形

独石电容也分为 NPO、X7R、Z5U 和 Y5V 四种介质，其性能和贴片式 MLCC 完全相同，应用领域也是一样的。

3.5.6 安规电容器

安规电容器简称安规电容，也称安全电容，是指电容器失效后，不会导致电击，不危及人身安全的电容器。它包括了 X 电容和 Y 电容，在开关电源输入端的 EMI 滤波器中应用最多。X 电容是跨接在交流电源的火线 L 和零线 N 之间的电容，一般选用金属化薄膜电容器；Y 电容则是分别跨接在交流电源的火线 L、零线 N 和保护地 E 之间的电容，通常成对出现，多选用耐高压的陶瓷（瓷片）电容。由于漏电流的限制，Y 电容的电容量不能太大，一般 X 电容为微法（μF）数量级，Y 电容为纳法（nF）数量级。X 电容用于抑制差模干扰，Y 电容主要用于抑制共模干扰。安规电容严格按照安全规范制造，其外壳阻燃，并具有自愈特性，发生故障时呈现开路状态，不会出现短路情况。其电容外壳（表面）通常印有几种安全认证（例如美国 UL）标志。

安规电容器的典型连接电路如图 3-5-6 所示。其中 C_{X1} 和 C_{X2} 为 X 电容；C_{Y1} 和 C_{Y2} 为 Y 电容。根据开关电源的功率不同，X 电容的容量一般为 $0.1\sim1.0\mu F$，Y 电容的容量一般为 $470\sim4700pF$。开关电源功率越大时，X 电容和 Y 电容的容量也越大。两只 X 电容 C_{X1} 和 C_{X2} 一般容量不等，一个较大，另一个较小；Y 电容 C_{Y1} 和 C_{Y2} 通常是容量及型号完全相同的两只电容。

常用安规电容器的外形如图 3-5-7 所示。其中图（a）为 X 电容的外形，图（b）为 Y 电容的外形。X 电容通常为盒式薄膜电容，多为黄色外壳。X 电容又分为 X1、X2 和 X3 等级，主要差别在于：X1 耐高压大于 2.5kV，小于等于 4kV；X2 耐高压小于等于 2.5kV；X3 耐高压小于等于 1.2kV。

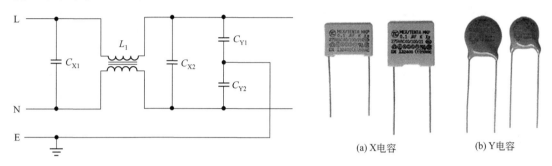

图 3-5-6　安规电容器的典型连接电路　　　　图 3-5-7　常用安规电容器的外形

X 电容通常采用盒式封装的金属化聚丙烯薄膜电容器，英文为 Metallized Polypropylene Film Capacitor。开关电源中常用的 X 电容为 X2 等级，其常见型号为 MPX-X2、MKP-X2 和 CBB62-X2 等。这些电容的额定电压一般为 AC250V/AC275V 和 AC310V 等，但实际都能承受 2.5kV 的脉冲电压。因此 X 电容绝对不能用普通 AC 电容代替。例如某电容标识为 MKP-X2，474K275V～，其型号为 MKP，X2 等级，容量为 $0.47\mu F$，误差为 $\pm10\%$，额定电压为 AC275V。

Y 电容通常为高压陶瓷（瓷片）电容，多为蓝色或橙色环氧树脂封装。Y 电容又分为 Y1、Y2、Y3 和 Y4 等级，主要差别在于：Y1 电容采用双重绝缘或加强绝缘，其额定电压大于等于 AC250V，耐高压大于 8kV；Y2 电容采用基本绝缘或附加绝缘，其额定电压大于等于 AC150V，小于等于 AC250V，耐高压大于 5kV；Y3 电容的绝缘类型及额定电压与 Y2 电容相同，对耐高压未做明确规定；Y4 电容采用基本绝缘或附加绝缘，其额定电压小于 AC150V，耐高压大于 2.5kV。

因为 Y 电容耐高压性能很好，可以同时满足 X 电容的技术要求，因此可以作为 X 电容来使用。例如国外 TDK 公司的 CS 系列、村田制作所的 KY 型以及国产的 CT7Y2 型高压陶瓷电容器，同时满足 X1：AC400V 和 Y2：AC250V 的技术规范。它们既可作为额定电压不超过 AC250V 的 Y2 电容使用，也可以用作额定电压不超过 AC400V 的 X1 电容。

开关电源中常用的 Y 电容为 Y2 等级，其额定电压一般为 AC250V，但实际都能承受 5kV 的峰值脉冲电压。因此 Y 电容也绝对不能用普通 AC 电容其代替。例如某电容标识为 472M，250V～，X1Y2，说明其满足 X1 及 Y2 等级，容量为 4700pF，误差为 $\pm20\%$，额定电压为 AC250V。

3.6 高频变压器

高频变压器是开关电源的核心部件之一，它具有能量传输、电压变换和电气隔离三项功能。高频变压器工作频率通常为 20～100kHz，与工作在 50/60Hz 的工频变压器（也叫电源变压器）相比，高频变压器具有体积小、重量轻、效率高的显著特点，这也是开关电源能够实现小型化的根本原因。

开关电源中的高频变压器有两种能量传输方式：一种是变压器传输方式，另一种是电感器传输方式。变压器传输方式与普通工频变压器原理相同，在初级绕组上施加一定的电压，使变压器磁心中产生磁通变化，从而使次级绕组感应出电压，将电能从变压器初级传送到次级；电感器传输方式则是利用电感储能原理，在初级绕组施加一定时间的电压，产生励磁电流使变压器磁心磁化，将电能变为磁能储存在变压器的磁心中，当励磁电流中断的时候，电磁感应现象使次级绕组产生电流，将变压器磁心中的磁能转换为电能传送到次级。

高频变压器由磁心、骨架、线圈及绝缘胶带等组成。图 3-6-1 给出了几种高频变压器的磁心、骨架与成品外形图片，供读者参考。其中图（a）给出了 PQ 型、EI 型、EC/ER 型和 EE 型磁心的图片；图（b）给出了 EI 型、PQ 型、EE 型和 EC/ER 型骨架的图片；图（c）给出了相应高频变压器成品的图片。

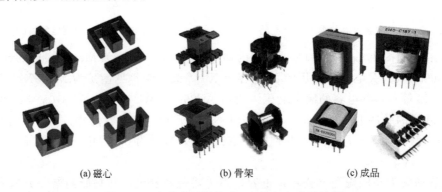

(a) 磁心　　　　　　　(b) 骨架　　　　　　　(c) 成品

图 3-6-1　高频变压器的磁心、骨架与成品外形

高频变压器的磁心材料对其性能及成本影响很大，开关电源的高频变压器磁心一般是在低磁场下使用的软磁材料，应具有高磁导率、低矫顽力和高电阻率的特性。常用于高频变压器的磁性材料有软磁铁氧体、坡莫合金和非晶态合金等。在众多的磁性材料中，几乎每一种磁心材料都可应用在开关电源中，但没有任何一种材料同时具备这三个特性，而且一些材料的价格昂贵。综合考虑，在工作频率为 50～100kHz 的范围内，功率铁氧体材料是较好的选择，并在开关电源中应用最为广泛。

功率铁氧体是软磁铁氧体的一种，它具有 0.4～0.5T 的饱和磁感应强度、优良的低损耗/频率关系和低损耗/温度关系。也就是说，随着频率的升高，损耗上升不大；随着温度的上升，损耗变化不大。广泛应用于功率扼流圈（也称功率电感器）、滤波器、开关电源高频变压器和功率因数校正等电路中。

高频变压器的能量传输方式与开关电源的拓扑结构有关，正激式、推挽式、半桥/全桥式开关电源的高频变压器均采用变压器传输方式，只有反激式开关电源的高频变压器采用电感器传输方式。两种方式的设计要求及相关计算公式有较大差异，但是在高频变压器设计中，磁心材料和参数选择的基本方法是一样的。有关高频变压器的设计方法，将在后续章节相关设计实例中详细介绍。

3.7 功率电感器

在降压式/升压式 DC/DC 变换器，正激式、推挽式、半桥/全桥式拓扑结构的开关电源中，都要使用滤波电感器。这些电感器通常流过较大的直流电流，因此称之为功率电感器，简称功率电感。功率电感可以采用功率铁氧体磁心或者几种磁粉心磁环绕制。在使用铁氧体材料的高频变压器磁心上绕制功率电感时，必须要加入较大的气隙，防止磁心出现磁饱和现象。绕制功率电感更常用的磁心材料是粉心磁性材料，简称磁粉心。粉心磁性材料通常做成圆环形状，简称为磁环。功率电感使用的磁粉心主要有铁粉心（英文为 Iron Powder）、铁硅铝粉心（英文为 Sendust Core）和铁镍钼粉心（也称钼坡莫合金粉心，英文为 MPP Core）等。

铁粉心（Iron）通常由碳基铁磁粉及树脂碳基铁磁粉构成，在粉心中价格最低。其饱和磁通密度（也称饱和磁感应强度）值在 1.0T 左右，有效磁导率 μ_e（简称磁导率）范围多在 22～100，初始磁导率随频率的变化稳定性好，直流电流叠加性能好。但其在高频工作时磁心损耗较大，通常用于 50kHz 以下的开关电源及 DC/DC 变换器的输出滤波电路。

铁硅铝粉心（Sendust）由 85％Fe、9％Si 和 6％Al 粉构成。主要是替代铁粉心，其损耗比铁粉心低 80％，可在 50kHz 以上频率下使用，饱和磁通密度在 1.05T 左右，磁导率为 26～125，磁致伸缩系数接近零，在不同频率下工作时无噪声产生，比铁镍钼粉心（MPP）有更好的 DC 偏置特性，具有最佳的性能价格比。铁硅铝粉心主要应用于交流电感、输出电感、线路滤波器、功率因数校正等电路中，有时也替代有气隙铁氧体作高频变压器磁心使用。

铁镍钼粉心（MPP）是由 17％Fe、81％Ni 及 2％Mo 粉构成。主要特点是饱和磁通密度值在 7500Gs 左右，磁导率范围可达 14～350，在粉心中具有最低的损耗，温度稳定性极佳，广泛用于太空设备、露天设备等。其磁致伸缩系数接近零，在不同的频率下工作时无噪声产生。主要应用于 300kHz 以下的高品质因数（Q）滤波器、感应负载线圈、谐振电路、对温度稳定性要求较高的 LC 电路、输出电感、功率因数补偿电路等。但其价格也最为昂贵。

选择功率电感器磁心材料时，应首先考虑铁粉心，这样可以使电感器成本降到最低。当铁粉心不能满足设计要求时，可以选择铁硅铝粉心，以便得到较好的性能价格比。只有在电感器尺寸和损耗要求十分苛刻的时候，才需要选择铁镍钼粉心。

图 3-7-1 给出了几种功率电感的外形。其中图（a）为用环形磁心绕制的磁环电感，通常用于输出电流较大的开关电源中，磁环材料通常为铁粉心、铁硅铝粉心或者铁镍钼粉心；图（b）为用工字型磁心绕制的磁环电感，通常用于输出电流较小的开关电源中，工字型磁心通常使用功率铁氧体材料制成；图（c）为带固定底座的磁环电感，只是在图（a）所示电感上安装了固定底座，以便提高电感的抗震动与抗冲击能力。

此外，随着电子产品小型化及 SMT 技术的发展，贴片式电感在开关电源中的应用也日趋广泛。图 3-7-2 给出了几种贴片功率电感的外形。贴片电感一般采用功率铁氧体材料的磁心制成，有敞开式和封闭式两种结构。敞开式结构采用工字型磁心，其电感

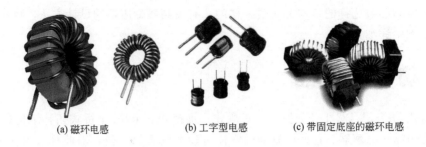

(a) 磁环电感   (b) 工字型电感   (c) 带固定底座的磁环电感

图 3-7-1   几种功率电感的外形

图 3-7-2   贴片式功率电感的外形

线圈暴露在空气中，漏感较大；封闭式结构采用则采用罐形磁心，其电感线圈包封在磁心内部，漏感很小。罐形磁心也会留有足够的空气间隙（简称气隙），用来防止磁心产生磁饱和现象。

特别需要说明：一般电子线路中的色码电感（也叫色环电感）是为小信号电路设计的，使用很细的漆包线绕制而成，只能通过几个或几十毫安（mA）的电流。而功率电感带有较大的磁心，使用较粗的漆包线绕制，可承受几百毫安（mA）、几安培（A）、甚至几十安培（A）以上的电流。因此，绝对不能用色码电感来代替功率电感。

 小贴示

功率电感不能用普通色码电感代替。

3.8 EMI 滤波器

EMI 是英文 "Electro Magnetic Interference" 的缩写，中文意思是 "电磁干扰"。EMI 滤波器就是电磁干扰滤波器的简称。EMI 滤波器又称电源滤波器和电源噪声滤波器等，它由安规电容、共模电感和泄放电阻组成，是开关电源输入端的必备组件。EMI 滤波器，是一种低通滤波器，能够把直流、50/60Hz 或 400Hz 的电源功率无衰减地传输到设备上，并大大衰减经电源传入的 EMI 信号，使电子设备免受其害；同时，又能有效限制设备本身产生的 EMI 信号，防止它进入电网干扰其他电气设备。

EMI 滤波器的电路原理如图 3-8-1 所示。C_1、L_1、C_2 组成的双 π 型滤波网络，是 EMI 滤波器的主体。其中 L_1 为共模电感，其电感量通常为 8～33mH，可有效抑制来自电网的共模干扰。C_1、C_2 为差模滤波电容，用于滤除来自电网的尖峰电压。C_3、C_4 为共模滤波电容，其串联后的中心点 G 接大地。C_3、C_4 具有滤除电网共模干扰和差模干扰的双重作用。R_1 为泄放电阻，电源断电后可将 C_1、C_2 上存储的电荷泄放掉，使电源进线端 L、N

不带电，保证使用安全。设计和选择 EMI 滤波器的时候，主要是根据开关电源的功率计算额定输入电流，共模电感的导线直径要足够大，能够安全流过额定输入电流。有些 EMI 滤波器采用两级共模电感结构，增加了图中所示的 L_2，这样可以得到更好的滤波效果。

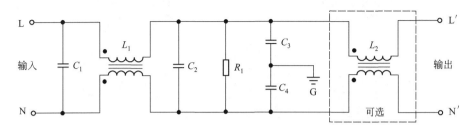

图 3-8-1   EMI 滤波器的电路原理

需要说明，EMI 滤波器中使用的是安规电容，其中 C_1、C_2 被称为 X 电容，C_3、C_4 被称为 Y 电容。这些电容的额定电压一般为 AC250V 或 AC275V，但其实际能够承受的脉冲电压高达 2.5kV 以上，一定要选用专用安规电容，不能用普通电容代替。

市场上有许多成品 EMI 滤波器可供选择，图 3-8-2 给出了几种 EMI 滤波器的产品外形。这些 EMI 滤波器有两个输入端 L 和 N，两个输出端 L′ 和 N′，滤波器的金属外壳就是接地端 G。有些 EMI 滤波器和电源插座做在一起，以便安装和使用。为了使电子仪器和设备能够满足相关电磁兼容性标准的要求，EMI 滤波器广泛应用在各类电子设备中。

图 3-8-2   几种 EMI 滤波器的产品外形

EMI 滤波器的核心部件是共模电感，它是在一个高磁导率铁氧体磁心上绕制的两个独立线圈，其同名端如图 3-8-1 中黑点所示。共模电感对来自电网的共模干扰信号衰减很大，对差模信号几乎没有衰减。几种常用共模电感的外形如图 3-8-3 所示。其中图（a）为大功率共模电感的外形，一般用环形磁心（也称磁环）和较粗的漆包线绕制而成，其电感量一般在几个毫亨（mH）；图（b）为中小功率共模电感的外形，一般用 U 形磁心和相应的骨架，绕制较细的漆包线制成，其电感量一般在十几个毫亨（mH）至几十毫亨（mH）。

开关电源中的 EMI 滤波器主要作用是防止功率开关管产生的电磁干扰传到电网中，避免开关电源干扰电网中的其他电子设备，特别是无线通信设备。开关电源也可以使用成品 EMI 滤波器，但更多的情况是根据各自的要求自己设计 EMI 滤波器，这样可以得到更好的滤波效果，以便满足各种标准和认证的要求。图 3-8-4 给出了两种开关电源中的 EMI 滤波器图片，它们是按照图 3-8-1 中的电路原理，采用各自的元件参数设计而成。这是来自两款通过 80PULS 金牌认证的，450W 开关电源电路板的实物局部照片，可以看出它们都使用了两个共模电感。

(a) 大功率共模电感   (b) 中小功率共模电感

图 3-8-3   几种共模电感的外形

图 3-8-4   开关电源中的 EMI 滤波器

3.9 光耦合器与基准电压源

光耦合器和基准电压源是开关电源常用器件之一，两者通常配合使用，广泛用于开关电源的电压反馈电路中。本节介绍这两种器件的工作原理、主要参数与典型应用电路等。

3.9.1 光耦合器

光耦合器英文为 Optical Coupler，缩写为 OC，也称光电耦合器或光电隔离器，简称为光耦。光耦一般由红外发光二极管和光敏三极管两部分组成。光耦中的发光二极管在通过电流时发光，光线照射到光敏三极管后产生集电极电流，从而实现了电流传输。由于光敏三极管的电流是通过光线照射而产生的，发光二极管一侧的电路与光敏三极管一侧的电路没有电气连接，从而实现了电气隔离。

光耦合器的电气符号与工作原理如图 3-9-1 所示。其中图（a）为光耦合器的几种电气符号，在不同文档资料中，其电气符号有些差异，但都给出了光耦中的发光二极管和光敏三极管及其引脚。其中发光二极管的正极（也称阳极）引脚用 A 表示，负极（也称阴极）引脚用 K 表示；光敏三极管的集电极引脚用 C 表示，发射极引脚用 E 表示。有些光耦还引出了光敏三极管的基极引脚，如图中所示，基极引脚用 B 表示。

此外，为了便于绘制电路原理图，还经常把光耦的发光二极管和光敏三极管分开画在电路图的不同位置，其实它们属于同一个器件，通常在其元件编号后面附加 A/B 来表示。例如图 3-9-1(a) 所示的 U2A 和 U2B，它们表示该光耦编号为 U2，其中发光二极管部分为 U2A，光敏三极管分为 U2B。U2A 和 U2B 虽然画在电路图的不同位置，但它还是指同一个器件，即编号为 U2 的光耦。

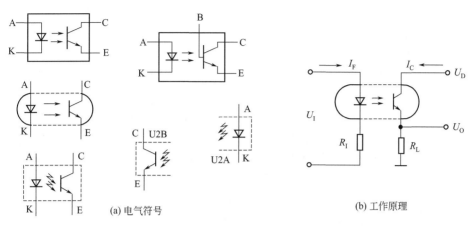

(a) 电气符号　　　　　(b) 工作原理

图 3-9-1　光耦合器的电气符号与工作原理

光耦合器的工作原理如图 3-9-1（b）所示。在光耦的发光二极管一侧施加一定的正向输入电压 U_I，将会产生正向电流 I_F，使发光二极管发出红外光。输入电阻 R_I 用来调节（限制）发光二极管的正向电流 I_F 的大小。在光耦的光敏三极管一侧施加一定的电源电压 U_D，当发光二极管发出的红外光照射到光敏三极管时，将会产生集电极电流 I_C。I_C 流过负载电阻 R_L 时，就会产生输出电压 U_O。通过改变输入电压 U_I 的大小，可以控制发光二极管的正向电流 I_F，使其发光强度发生变化，从而引起光敏三极管的集电极电流 I_C 发生变化，最终改变输出电压 U_O 的大小，从而实现了电信号的"电→光→电"隔离传输。

光耦合器的技术参数可分为输入特性、输出特性、传输特性和隔离特性四个方面。其中输入特性是指光耦中发光二极管的特性，与普通发光二极管基本相同，其主要参数有以下几种。

① 正向压降 U_F：发光二极管的正向压降，其典型值为 1.2V。

② 正向电流 I_F：发光二极管允许的最大连续正向电流，通常为 60～80mA。

③ 反向电压 U_R：发光二极管允许施加的最大反向电压，通常为 6V。

④ 功率损耗 P_D：发光二极管允许的最大功率损耗，通常为 100mW。

光耦合器的输出特性是指光耦中光敏三极管的特性，与普通三极管基本相同，其主要参数有以下几种。

① 集电极-发射极击穿电压 U_{CEO}（BU_{CEO}）：光敏三极管集电极与发射极之间的最大允许电压，通常为 60～80V。

② 集电极电流 I_C：光敏三极管集电极允许的最大连续工作电流，通常为 50mA。

③ 集电极暗电流 I_{CEO}：光敏三极管截止时集电极-发射极之间的漏电流，通常不超过 100nA（纳安），可以忽略不计。

④ 集电极功率损耗 P_C：光敏三极管集电极允许的最大功率损耗，通常为 150mW。

⑤ 集电极-发射极饱和压降 $U_{CE(sat)}$：光敏三极管饱和导通时，集电极与发射极之间的导通电压，通常为 0.1～0.3V。

光耦合器的传输特性有电流传输比 CTR、上升时间 t_r 和下降时间 t_f 等参数。对开关电源来说，主要关心的是电流传输比 CTR。电流传输比英文为 Curremt-Transfer Ratio，缩写为 CTR，是光耦最重要的参数之一。CTR 通常用直流电流传输比来表示，它等于光敏三极管的集电极电流 I_C 与发光二极管的正向电流 I_F 的比值，通常用百分数来表示。CTR 的计算公式为：$CTR=(I_C/I_F)\times100\%$。

根据光耦合器的型号不同，其电流传输比 CTR 通常在 $20\%\sim600\%$ 之间。开关电源中使用的光耦一般要求具有较高的线性度，并且应选择电流传输比 $CTR=50\%\sim200\%$ 的产品。常用的型号有 PC817A、CNY17-2 和 SFH615A-2 等。市场上常见的 4N25、4N28 和 4N30 型光耦，属于 4N×× 系列非线性光耦。这类光耦呈现开关特性，其线性度较差，适宜传输中低速数字信号（高、低电平），不推荐在开关电源的反馈电路中使用。

光耦合器的隔离特性主要是隔离电压和隔离电阻。隔离电压英文为 Isolation Voltage，通常用 U_{ISO} 表示，是指光耦合器的输入与输出之间能够施加的最大电压。光耦合器的隔离电压一般在 $2500\sim5000V_{RMS}$（V_{RMS} 表示交流电压有效值）。隔离电阻英文为 Isolation Resistance，通常用 R_{IO} 表示，是指光耦合器的输入与输出之间施加一定直流电压（通常为 500V）时，呈现出的绝缘电阻大小。光耦的隔离电阻通常在 $5\times10^{10}\Omega$ 以上，完全可以满足开关电源的隔离要求。

光耦合器的引脚排列与封装外形如图 3-9-2 所示。其中图（a）给出了 4 引脚光耦的引脚排列与封装外形图。可以看出其中的引脚编号与内部连接示意图，以及 DIP-4 封装和贴片封装的实物外形图片。开关电源中常用的 4 引脚光耦型号有 PC817A、PS2501 和 SFH615A 等。其他厂家型号还有 EL817A、ISP817A 和 LTV817A 等，它们都与 PC817A 性能相同，可以互换使用。

图 3-9-2(b) 给出了 6 引脚光耦的引脚排列与封装外形图。可以看出其中的引脚编号与内部连接示意图，以及 DIP-6 封装的实物外形图片。开关电源中常用的 6 引脚光耦型号有 CNY17-2、CNY75A、LTV702FB 和 MOC8102 等。其中 MOC8102 没有引出基极引脚 B，对应封装的第 6 脚为空脚（NC）。

(a) 4引脚封装　　　　　　　　　(b) 6引脚封装

图 3-9-2　光耦合器的引脚排列与封装外形

3.9.2　基准电压源

基准电压源也称电压基准源，英文为 Voltage Reference。基准电压源在数据转换器（A/D 转换器）中应用最多，基准电压源提供一个绝对电压值，输入电压与其进行比较，以便得到对应的数字量输出值。基准电压源也是开关电源中必需的器件之一，通常都集成在各种型号的 PWM 控制器中，例如 TL494、UC3525 和 UC3842 等。

基准电压源也经常独立应用在开关电源及电压调节器的反馈电路中，基准电压源提供了一个稳定已知的电压值，输出电压的取样值与其进行比较，得到一个误差（偏差）电压用来改变输出电压的大小，以便使输出电压与基准电压保持固定的比例关系，从而使输出电压保持稳定。此外，在电压检测器或开关电源的保护电路中，基准电压源也被用于设置触发点或保护点的门限电压，以便准确控制电路的工作状态。开关电源中常用的基准电压源有稳压二极管和并联基准电压源，它们更适合在电压反馈电路中应用。

通常所说的稳压二极管就是指齐纳二极管，其英文为 Zener Diodes，简称稳压管。稳压二极管工作在反向击穿区域，被称为齐纳击穿，齐纳二极管也因此而得名。齐纳击穿电压相对比较稳定，可以通过施加一定的反向偏置电流来得到稳定的基准电压。

稳压管最大的优点是可以得到很宽的电压范围，通常为 2～200V。它们还具有较大的功率范围，通常为几百毫瓦到几瓦。稳压管的主要缺点是精确度较低，稳压值偏差一般为 ±5%～10%（有些型号可以做到 ±2%），无法达到高精度应用的要求。而且其功耗较大，很难胜任低功耗应用领域的要求。此外，其输出阻抗（也称动态阻抗）较大，一般在几欧姆到数百欧姆，这将导致基准电压随负载电流的变化而发生变化。因此稳压管一般用于对输出电压稳定度要求不高的场合。

并联基准电压源是采用集成电路工艺制造的基准电压源器件，TL431 就是最常用的器件之一，它具有精度高、稳定性好、应用灵活等诸多优点，在开关电源及各种电子电路中广泛使用。下面详细介绍 TL431 的工作原理及典型应用。

TL431 由美国德克萨斯仪器公司（TI）命名生产，很多半导体公司也生产同样的产品，与其性能相同的其他型号还有 KA431 和 LM431 等，它们都可以互换使用。TL431 是精密可编程基准电压源，采用 3 端可调并联调整器原理，也称精密并联基准源。TL431 的输出电压可由两只电阻设定在 2.5～36V 范围内的任何值。该器件的典型动态阻抗为 0.2Ω，工作温度范围内的温漂为 50ppm/℃（典型值），在很多应用中可以用它代替稳压二极管，以便获得更好的稳定效果。

TL431 的电气符号、等效电路与工作原理如图 3-9-3 所示。其中图（a）为电气符号，很形象的表示出它是电压可调节稳压管。TL431 有阳极 A（英文为 ANODE）、阴极 K（英文为 CATHODE）和基准 R（英文为 REF）三个引脚。其内部等效电路如图 3-9-3（b）所示。可以看出 TL431 由 2.5V 基准电压、运算放大器、分流晶体管和反向保护二极管组成。运放的反相输入端接有 2.5V 基准电压，同相输入端引出为基准引脚 R。正常工作时，运放的同相输入端和反相输入端等电位，因此基准引脚 R 端的电压也为 2.5V。

TL431 的工作原理如图 3-9-3（c）所示。输入电压 U_I 通过偏置电阻（也称限流电阻）R_3 连接到 TL431 的阴极引脚 K，K 端电压就是输出电压 U_O。电阻 R_1 和 R_2 为输出电压设定电阻（也称编程电阻），由于基准引脚 R 端的电压 U_{REF} 为 2.5V，这样可以得到输出电压的计算公式为：

$$U_O = \left(1 + \frac{R_1}{R_2}\right) U_{REF} \tag{3-9-1}$$

流过偏置电阻 R_3 的电流主要分成两部分：负载电流 I_O 和 TL431 阴极电流 I_{KA}。输出电压设定电阻 R_1 和 R_2 阻值较大，其电流可以忽略。TL431 的稳压过程是这样的，例

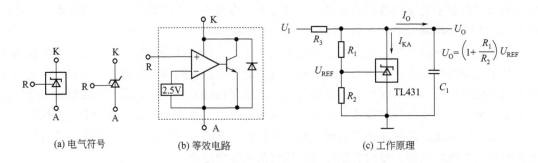

(a) 电气符号   (b) 等效电路   (c) 工作原理

图 3-9-3　TL431 的电气符号、等效电路与工作原理

如输入电压 U_I 升高引起 U_O 上升，U_O 经过 R_1 和 R_2 分压后使 R 端的电压 U_{REF} 上升。参考图 3-9-3(b) 所示的等效电路可知，当 R 端电压升高时，运放输出电压升高，晶体管导通电流增加，使阴极电流 I_{KA} 变大，偏置电阻 R_3 上的压降增加，从而使输出电压 U_O 保持不变。

由于 TL431 的稳压原理是通过调节阴极电流 I_{KA} 实现的，其分流作用相当于与负载并联工作，因此称之为并联调整器。正常工作时，阴极电流 I_{KA} 允许值为 1～100mA，为了降低功耗，通常选为 5～10mA。电容 C_1 不是必须的，在不同的输出电压 U_O 和阴极电流 I_{KA} 时，C_1 取值不当会造成 TL431 产生振荡，通过改变 C_1 的大小可以消除这种振荡现象。有关 C_1 的大小与振荡边界条件，读者可以查看相关厂家的详细技术资料文档。

TL431 应用广泛，其封装形式也是多种多样。特别是近几年来，随着电子产品的小型化、微型化发展，各种贴片封装的 TL431 越来越多的开始使用。图 3-9-4 给出了几种 TL431 的引脚排列与封装外形，供读者参考。其中图(a) 为 TO-92 封装，也是 TL431 最常见的封装形式；图(b)、图(c) 和图(d) 分别为 SO-8、SOT-89 和 SOT-23-3 封装，它们都是贴片式封装形式，其中 SOT-23-3 封装的尺寸最小；图(e) 为标准的 DIP-8 封装，其封装尺寸最大，现在已经很少使用了。此外，TL431 还有 Micro8、SOP-8 和 SOT-23-5 等封装形式，需要时请查看相关厂家的详细技术资料文档。

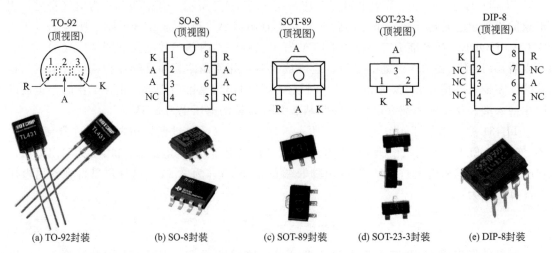

(a) TO-92封装   (b) SO-8封装   (c) SOT-89封装   (d) SOT-23-3封装   (e) DIP-8封装

图 3-9-4　TL431 的引脚排列与封装外形

3.9.3　光耦合器与基准电压源的应用

光耦合器与基准电压源的应用电路如图 3-9-5 所示。图中给出了由 UTV817A（与 PC817A 兼容）型光耦和 TL431 型基准电压源组成的输出电压反馈电路，即图中虚线框内部所示。电路中的参数是按照 TOPSwitch-JX 系列芯片构成的开关电源要求给出的，在其他开关电源电路中使用时，可稍作调整。图中 TL431 的作用是外部误差放大器，UTV817A 的作用是使开关电源的输入侧与输出侧实现电气隔离。由于 TL431 具有很高的放大倍数，因此可以得到很好的稳压性能，在高精度开关电源中应用非常广泛。

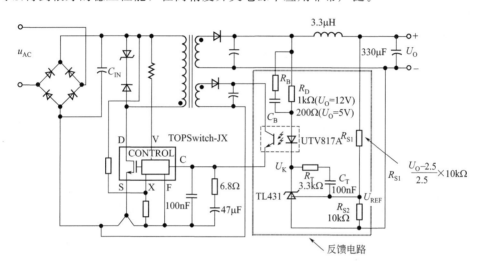

图 3-9-5　光耦合器与基准电压源的应用电路

如图 3-9-5 所示，电阻 R_{S1} 和 R_{S2} 分压后连接到 TL431 的 R 端，该端的正常工作电压等于其内部基准电压 U_{REF}（2.50V），开关电源的输出电压由 R_{S1} 和 R_{S2} 分压比决定。通常选择 R_{S2} 为 $10k\Omega$，根据式（3-9-1）可以得到 R_{S1} 的计算公式为：

$$R_{S1} = \frac{U_O - U_{REF}}{U_{REF}} R_{S2} = \frac{U_O - 2.5}{2.5} \times 10k\Omega \qquad (3-9-2)$$

如果输出电压 U_O 为 12V，可以得出 R_{S1} 为 $38k\Omega$，可选标称阻值为 $39k\Omega$ 的电阻；如果输出电压 U_O 为 5V，则可得出 R_{S1} 为 $10k\Omega$。

当电网电压或输出负载变化引起输出电压 U_O 改变时，TL431 的 R 端电压将会随之改变，这会引起 TL431 的阴极电压 U_K 产生相应的变化，进而使光耦中 LED 的电流 I_F 改变，从而使光敏三极管的集电极电流 I_C 产生相应的变化，最终通过调节 TOPSwitch-JX 芯片的占空比 D，使 U_O 产生相反的变化，从而抵消了 U_O 的波动，使输出电压保持稳定。

电路中 R_D 是光耦中 LED 的限流电阻，用来调节误差放大器的增益（放大倍数），当输出电压为 12V 时，R_D 取值为 $1k\Omega$；当输出电压为 5V 时，R_D 取值应为 200Ω。R_T 和 C_T 为环路补偿网络，可防止稳压环路产生振荡。R_B 和 C_B 用于改善稳压环路动态响应速度，必要时根据厂家给出的计算公式选取，通常可以省略。

厂家给出的资料表明，该开关电源的输出电压误差为 ±1%，电压调整率和负载调整率均为 ±0.2%，可见光耦合器与基准电压源组成的电压反馈电路具有较高的性能指标。

3.10 运算放大器与电压比较器

运算放大器和电压比较器也是开关电源常用器件之一，运算放大器一般用于开关电源的电压/电流检测电路中；电压比较器则常用于过压/欠压及过流保护电路中。本节介绍这两种器件的主要参数与选择方法等。

3.10.1 运算放大器

运算放大器英文为 Operational Amplifier，简称为运放。运算放大器通常将几个独立的放大器单元集成在一个集成电路芯片中，最常见的是双运放（集成 2 个运放单元）和四运放（集成 4 个运放单元）。运算放大器的电气符号、引脚排列与封装外形如图 3-10-1 所示。

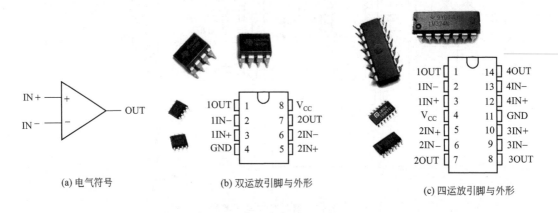

(a) 电气符号   (b) 双运放引脚与外形   (c) 四运放引脚与外形

图 3-10-1　运算放大器的电气符号、引脚排列与封装外形

其中，图 3-10-1(a) 为运算放大器的电气符号，IN＋为同相输入端，IN-为反相输入端，OUT 为输出端；图 3-10-1(b) 为双运放 LM358 的引脚与外形，图中视出了 SO-8 和 DIP-8 两种封装的外形及引脚排列顺序。1OUT、1IN－和 1IN＋分别为第一个运放单元的输出端、反相输入端和同相输入端，2OUT、2IN－和 2IN＋分别为第二个运放单元的输出端、反相输入端和同相输入端，Vcc 和 GND 为运放电源端和接地端；图 3-10-1(c) 为四运放 LM324 的引脚与外形，图中视出了 SO-14 和 DIP-14 两种封装的外形及引脚排列顺序。

（1）运算放大器的主要参数

① 输入失调电压（英文为 Input Offset Voltage），用 V_{io} 或 V_{os} 表示。在输入电压为零时，将输出电压除以电压增益，即为折算到输入端的失调电压。是表征运放内部电路对称性的指标。通用运放一般为 $3 \sim 10 mV$，精密运放一般为 $10 \sim 200 \mu V$。

当放大电路的输入电压为零的时候，输出电压应该为零，但是失调电压的存在，会使输出电压偏移零点。失调电压越大，零点偏移就越多，从而造成较大的电压偏差。显然，在要求测量精度和控制精度较高的电源系统中，必须采用精密运放。

② 输入偏置电流（英文为 Input Bias Current），用 I_B 表示。运放两个输入端偏置电流的平均值，用于衡量差分放大对管输入电流的大小。LM358 的 I_B 典型值为 45nA；TL082 的 I_B 典型值为 30pA。

I_B 的大小也反映出运放的输入阻抗，I_B 越大，运放的输入阻抗就越小。在放大高阻抗的信号电路中（例如高阻值分压电路），应该采用 I_B 较小的运放。

偏置电流流过运放输入端电阻时，还会产生附加的失调电压，造成运放零点偏移。为了避免这种失调电压产生，要求运放的两个输入端（IN＋和IN－）对地电阻相等。

③ 单位增益带宽（英文为 Unit Gain Band Width），常用 BWG、GBP 和 GBW 表示。当运放的开环电压增益（A_{vd}）下降到 1 时所对应的频率，定义为单位增益带宽。该参数通常在小信号幅度（例如 10mV）时测量，代表运放放大高频信号的能力。

在输出信号幅度较大时，运放能够不失真放大的信号频率比 GBW 要小得多。 例如 LM324 的 GBW 为 1MHz，输出峰值为 6V 的正弦波时，不失真放大的最高信号频率大约为 12kHz。

④ 转换速率（英文为 Slew Rate），也称为压摆率，用 SR 表示。反映运放对于快速变化的输入信号的响应能力。转换速率 SR 的单位为 V/μs。例如 LM358 的 SR 为 0.5V/μs；TL082 的 SR 为 13V/μs。

在开关电源电路中，经常需要放大锯齿波和近似方波的电流信号，要求运放的转换速率 SR 要足够大，这时 SR 参数往往比 GBW 参数更为重要。

⑤ 共模输入电压范围（英文为 Input Common Mode Voltage Range），用 V_{icm} 或 V_{ICR} 表示。用于描述差分放大对管偏置电路的特性。一般为电源电压减 3V。$-V_s+3V \sim +V_s-3V$。共模输入在此电压范围内，运放才能够正常工作。

例如 LM358 的 V_{icm} 为 $0 \sim V^+ -1.5V$，＋5V 电源供电时，V_{icm} 为 $0 \sim 3.5V$；TL082 在 $\pm 15V$ 供电时，V_{ICR} 为 $-12 \sim 15V$。

单电源（通常为单一正电源）类型的运放，例如 LM358 和 LM324，共模输入电压范围可以达到地电位（0V）。

⑥ 输出电压摆幅（英文为 Output Voltage Swing），也称最大输出电压范围，用 V_{OM} 表示。用于描述运放的输出幅度接近电源电压的能力。一般为电源电压减 2V。$-V_s+2V \sim +V_s-2V$。

例如 LM358 的 V_{OM} 为 $0 \sim V^+ -1.5V$，＋5V 电源供电时，V_{OM} 为 $0 \sim 3.5V$；TL082 在 $\pm 15V$ 供电时，V_{OM} 为典型值 $\pm 13.5V$，最小值为 $\pm 12V$。

单电源（通常为单一正电源）类型的运放，例如 LM358 和 LM324，最小输出电压可以达到或接近地电位（0V）。

（2）运算放大器类型

运算放大器的类型可以用主要参数来划分，也可以用内部结构与工作特性划分。按照主要参数可分为如下几类。

① 通用型：通用型运算放大器就是以通用为目的而设计的。这类器件的主要特点是价格低廉、产品量大面广，其性能指标能适合于一般性使用。例如 LM358（双运放）、LM324（四运放）及以场效应管为输入级的 LF353（双运放）都属于此种。它们是目前应用最为广泛的运算放大器。

② 高阻型：这类运算放大器的特点是差模输入阻抗非常高，一般为 $10^9 \sim 10^{12}\,\Omega$，输入偏置电流非常小，$I_B$ 为几皮安到几十皮安。这类运放用场效应管作输入级，不仅输入阻抗高，输入偏置电流低，而且具有高速、宽带和低噪声等优点，但输入失调电压较大。常见的集成器件有 LF356、LF347（四运放）等。上文提到的 LF353 也属于高阻型运放。

③ 精密型：在小信号检测电路中，总是希望运算放大器的失调电压要小且不随温度的变化而变化。精密型运算放大器就是为此而设计的。例如 LT1014C 的失调电压典型值仅为 $60\,\mu V$，最大值也不超过 $300\,\mu V$。可用于控制精度较高的开关电源中。

④ 高速型：这类运放主要特点是具有较高的转换速率和较宽的频率响应。适合放大高频分量较多的锯齿波、梯形波和矩形波电流信号。上文提到的 LF353 也属于高速型运放，其转换速率 SR 为 $13V/\mu s$。

⑤ 低电压/低功耗型：这类运放具有较低工作电压和较低的功率消耗，适合用于电池供电的电源（例如移动电源）系统中。例如 TLC27L2C 工作电压为 $4 \sim 16V$，工作电流典型值仅为 $20\mu A$。

按照运算放大器的内部结构与工作特性，可分为如下几类。

① 双电源型：这类运放输入级采用 NPN 型晶体管或 JFET，例如 $\mu A741$ 和 LF353 都属于此种。这类运放通常在正/负双电源电压下工作，供电电路相对复杂。

② 单电源型：这类运算放大器的特点是输入级采用 PNP 型晶体管或 PMOS 管，例如 LM358、LM324 和 CA3140。它们可以在单电源（例如 5V）下工作，供电电路简单，非常适合在开关电源中使用。

③ 满幅输出型：此类运放的输出级采用集电极输出方式，以便使输出电压能够接近正、负电源电压。在有限的工作电压范围内得到更大的输出电压摆幅，非常适合在低电源电压电路中应用。

例如 LMV358 可在 $2.7 \sim 5V$ 电源电压下工作，5V 电源工作时，其输出电压幅度可达 $0.036 \sim 4.95V$。

 小贴示

  因为这类运放的输出幅度非常接近供电电源，因此也称"轨对轨"型运放，英文为 Rail-to-Rail。将正/负电源看做两条火车铁轨，输出信号幅度能在两条铁轨之间摆动。

④ 满幅 I/O 型：这类运放不仅在输出级采用"轨对轨"技术，其输入级也采用 NPN 型与 PNP 晶体管或 P 沟道与 N 沟道 FET 互补的结构，使输入共模电压范围达到正/负电源电压（$-V_s \sim +V_s$）的范围。这类运放也称为轨对轨 I/O 型运放。在低压电子产品中得到广泛的应用。

有些运放的输入共模电压还可以略微超出电源电压一点。例如 LM6132 在 5V 电源工作时，共模电压范围可达 $-0.25\sim5.25V$。

（3）运算放大器的选择方法

运算放大器是模拟集成电路中应用最广泛的一种器件。在运算放大器组成的各种电路中，应用要求不一样，对运放的性能要求也不一样。在满足技术要求的情况下，应该遵循以下原则。

① 优选通用型：在没有特殊要求的场合，尽量选用通用型集成运放，这样即可降低成本，又容易保证货源。

② 选用多运放：当一个系统中使用多个运放时，尽可能选用多运放芯片，例如 LM358、LF353 等是将两个运放封装在一起的集成电路。LM324、LF347 等是将四个运放封装在一起的集成电路。多运放的性能价格比更高，可以减少 PCB 占用面积。如 $\mu A741$ 与 LM324 性能接近，价格也几乎相同，通常一片 LM324 能够代替 4 片 $\mu A741$ 使用。

③ 选用单电源型运放：所有的单电源运算放大器都可以工作在双电源电压下，并且比单电源电压时具有更好的共模抑制比。而双电源型运放在单电源下应用会受到很多限制。

④ 选用满幅 I/O 型运放：这类运放可以在低电源电压时，得到较大的输入和输出电压范围。但价格通常比一般类型运放高出 $3\sim5$ 倍。

（4）运算放大器的应用

运放在开关电源中的应用十分广泛，图 3-10-2 给出了一种恒压/恒流控制电路原理，图中使用了一片双运放 LM358。该图为某电动自行车充电器的部分电路，D1 为隔离二极管，P1 为输出端子。P1 连接到电动自行车的电池组，能够实现恒流/限压充电控制。

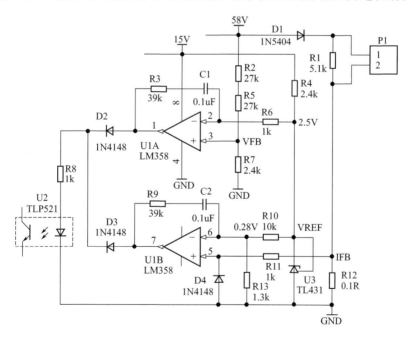

图 3-10-2 恒压/恒流控制电路原理

其中，U1A 及外围元件组成了恒压控制电路。由基准电压源 TL431 产生基准电压 VREF（2.5V）通过电阻 R6 施加到 U1A 的 2 脚，输出电压（58V）通过电阻 R2、R5 和 R7 分压，形成反馈电压 VFB。U1A 作为误差放大器使用，其输出端电压通过二极管 D2 和电阻 R8 施加到光耦合器 U2，通过 U2 来控制 PWM 芯片（图中未画出），实现稳压功能。图中的电路参数可使输出电压稳定在 58V 左右。

U1B 及外围元件组成了恒流控制电路。由基准电压源 U3 产生基准电压 VREF（2.5V）通过电阻 R10 与 R13 分压，产生 0.28V 的电流基准电压，施加到 U1B 的 6 脚。输出电流通过电流取样电阻 R12，形成电流反馈电压 IFB。U1B 作为误差放大器使用，其输出端电压通过二极管 D3 和电阻 R8 施加到光耦合器 U2，通过 U2 来控制 PWM 芯片（图中未画出），实现稳流功能。图中的电路参数可使输出电流稳定在 2.8A 左右。

3.10.2 电压比较器

电压比较器英文为 Voltage Comparator，简称为比较器。电压比较器通常将几个独立的比较器单元集成在一个集成电路芯片中，最常见的是双比较器（集成 2 个比较器单元）和四比较器（集成 4 个比较器单元）。电压比较器的电气符号、引脚排列与封装外形如图 3-10-3 所示。

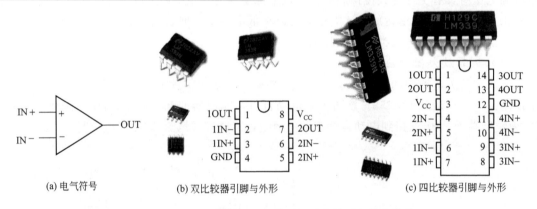

(a) 电气符号　　(b) 双比较器引脚与外形　　(c) 四比较器引脚与外形

图 3-10-3　电压比较器的电气符号、引脚排列与封装外形

其中，图 3-10-3(a) 为电压比较器的电气符号，IN＋为同相输入端，IN-为反相输入端，OUT 为输出端；图 3-10-3(b) 为双比较器 LM393 的引脚与外形，图中给出了 SO-8 和 DIP-8 两种封装的外形及引脚排列顺序。1OUT、1IN－和 1IN＋分别为第一个比较器单元的输出端、反相输入端和同相输入端，2OUT、2IN－和 2IN＋分别为第二个比较器单元的输出端、反相输入端和同相输入端，V_{CC} 和 GND 为比较器的电源端和接地端；图 3-10-3(c) 为四运放 LM324 的引脚与外形，图中给出了 SO-14 和 DIP-14 两种封装的外形及引脚排列顺序。

电压比较器的内部电路原理和运放相似，只是输出级有所不同。图 3-10-4 给出了 LM393 的内部电路原理，可以看出，其输出级晶体管 VT_8 的集电极为比较器的输出端。当 VT_8 导通的时候，输出端 OUT 为低电平，接近 GND 电位；当 VT_8 截止的时候，输出端 OUT 为开路状态。这种电路结构称之为集电极开路输出（英文为 Open-Collector Output），与逻辑电路的 OC 门原理相同。

在多数应用电路中，比较器的输出端需要通过一只上拉电阻连接到一个电压源上，这个电压源的电压可以大于、等于或小于比较器自身的供电电源 V_{CC}。这样就可以让比较器的输出端电平与 TTL 电路或 CMOS 电路完全兼容，使用起来非常方便。可见电压比较器的输出

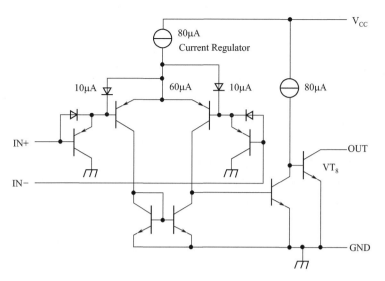

图 3-10-4　电压比较器 LM393 的内部电路原理

端只有开路（或高电平）和低电平两种逻辑状态。

　　电压比较器的工作原理是通过比较同相输入端（IN＋）和反相输入端（IN－）的电压高低，来决定输出端（OUT）状态。当 IN＋电压高于 IN－的电压时，输出级晶体管 VT_8 关断，OUT 端为开路（悬空）状态，可以通过外接上拉电阻将其上拉到高电压；当 IN＋电压低于 IN－的电压时，输出级晶体管 VT_8 导通，OUT 端为低电平状态，其电压值通常小于 0.4V。

小贴示

　　电压比较器就是比较两个输入端的电压大小，以高低电平的形式输出比较结果。

　　（1）电压比较器的主要参数

　　电压比较器和运放电路原理类似，其主要参数也有许多相同之处。下面列出了电压比较器的主要参数。

　　① 输入失调电压（英文为 Input Offset Voltage），用 V_{io} 或 V_{os} 表示。是表征比较器内部电路对称性的指标。例如电压比较器 LM393A 的失调电压典型值为 2mV。

　　② 输入偏置电流（英文为 Input Bias Current），用 I_B 表示。比较器两个输入端偏置电流的平均值，用于衡量差分放大对管输入电流的大小。例如 LM393 的 I_B 典型值为 25nA。

　　③ 共模输入电压范围（英文为 Input Common Mode Voltage Range），用 V_{icm} 或 V_{ICR} 表示。共模输入在此电压范围内，比较器才能够正常工作。例如 LM393 的 V_{ICR} 为 $0 \sim V^+ - 1.5V$，＋5V 电源供电时，V_{ICR} 为 $0 \sim 3.5V$。

　　④ 低电平输出电压（英文为 Low-level Output Voltage），用 V_{OL} 表示。在额定的输出电流下，比较器处于低电平时的输出电压值。例如 LM393 的 V_{OL} 电压典型值为 0.15V。

　　⑤ 低电平输出电流（英文为 Low-level Output Current），用 I_{OL} 表示。在额定的输出电压下，比较器处于低电平时的输出电流值。例如 LM393 的 I_{OL} 电压最小值为 4mA。

　　⑥ 响应时间（英文为 Response Time），也称传输延时，用 t_D 表示。从比较器输入端施加反转电压到输出端电平产生变化所需要的时间，描述了比较器的快速反应能力。例如

LM393 的响应时间典型值为 $1.3\mu s$。

（2）电压比较器的类型与选择方法

电压比较器的类型相对较少，分类也比较简单，通常可分为：

① 通用型：这类器件以通用为目的而设计，其特点是价格低廉、产品量大面广，性能指标能满足大多数应用。例如 LM393（双比较器）和 LM339（四比较器）属于此种。它们是目前应用最为广泛的电压比较器。

② 高速型：这类比较器特点是具有很小的响应时间，主要用于高速 A/D 转换和高速过零检测电路中，在开关电源中很少使用。例如 LT1016 的响应时间典型值仅为 10ns。

③ 低电压/低功耗型：这类比较器具有较低工作电压和很低的功率消耗，适合用于电池供电的电源（例如移动电源）系统中。例如 TLC393C 工作电压为 $3\sim16V$，在 5V 工作电压时，工作电流典型值仅为 $22\mu A$。

电压比较器的选择通常首选通用型，这样即可降低成本，又容易保证货源。在低电压和低功耗电源系统中，可以选择低电压/低功耗型的电压比较器。

 **小贴示**

> 　　电压比较器和运放类似，也有"轨对轨"型的产品，并且有推-拉输出级结构，读者可以根据需要选择不同特性的产品。

（3）电压比较器的应用

电压比较器在开关电源中应用非常广泛，主要用于过压/欠压检测、过流检测、状态检测等电路中。图 3-10-5 给出了一种电流检测与状态显示电路原理，图中使用了一片双比较器 LM393。该图为某电动自行车充电器的部分电路，D1 为隔离二极管，OUT＋和 OUT－为输出插座，用于连接电动自行车的电池组，能够实现充电状态检测与显示功能。

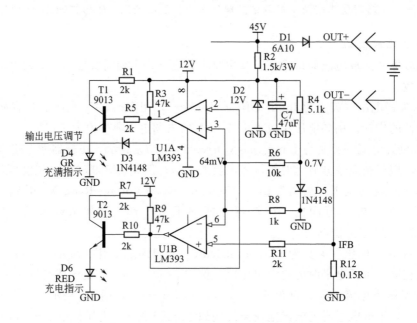

图 3-10-5　电流检测与状态显示电路原理

其中，U1B 及外围元件组成了电流检测与充电指示电路。由二极管 D5 正向压降作为基准电压（0.7V），通过电阻 R6 和 R8 分压产生约 64mV 的门限电压，施加到 U1 的 3 脚和 6 脚。输出电流流过电流取样电阻 R12，形成电流反馈电压 IFB，经过 R11 施加到 U1B 的 5 脚。当电池电量不足的时候，电池电压较低，充电电流较大，施加到 U1B 的 5 脚电流反馈电压 IFB（大于 64mV）会超过 U1B 的 6 脚门限电压（64mV）。此时比较器 U1B 的 7 脚输出高电平，晶体管 T2 导通，红色的充电指示灯 D6 点亮。同时，U1B 的 7 脚电压也施加到 U1A 的 2 脚，使比较器 U1A 的 1 脚输出低电平，晶体管 T1 截止，绿色的充满指示灯 D4 熄灭，二极管 D3 截止。

当电池组被充满电的时候，充电电流变得很小，施加到 U1B 的 5 脚电流反馈电压 IFB（小于 64mV）会低于 U1B 的 6 脚门限电压（64mV）。此时比较器 U1B 的 7 脚输出低电平，晶体管 T2 截止，红色的充电指示灯 D6 熄灭。同时，U1B 的 7 脚的电压也施加到 U1A 的 2 脚。此时比较器 U1A 的 2 脚电压低于 3 脚的门限电压（64mV），U1A 的 1 脚输出高电平，晶体管 T1 导通，使绿色的充满指示灯 D4 点亮。U1A 的 1 脚高电平电压还会使 D3 导通，给出输出电压调节信号，通过相关电路将充电器输出电压适当降低，使电池组进入涓流充电状态。

3.11　瞬态电压抑制器（TVS）与自恢复保险丝

瞬态电压抑制器（TVS）与自恢复保险丝在开关电源中也有许多应用，瞬态电压抑制器（TVS）多用于开关电源的尖峰电压抑制电路中；自恢复保险丝则常用于过流保护电路中。本节介绍这两种器件的主要参数与选择方法等。

3.11.1　瞬态电压抑制器（TVS）

瞬态电压抑制器英文为 Transient Voltage Suppressor，简称 TVS。瞬态电压抑制器又称瞬态抑制二极管，是一种新型高效的电路保护元件，具有极快的响应时间（小于 1ns）和很高的浪涌吸收能力。当 TVS 承受瞬间的高能量（例如高压脉冲）冲击时，能以极高的速度将其两端间的阻抗值由高阻抗变为低阻抗，从而吸收一个瞬间大电流脉冲，把它两端的电压钳位在一个预定的数值上，保护其下的电路元器件免受瞬态高压尖峰脉冲的冲击。TVS 能够有效地解决瞬态高压尖峰脉冲所造成电路元器件过压损坏问题，在开关电源及众多电子电路中应用非常广泛。

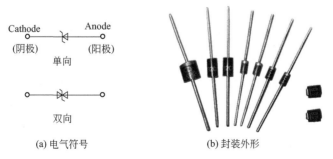

图 3-11-1　TVS 的电气符号与封装外形

TVS 的电气符号与封装外形如图 3-11-1 所示。其中，图 3-11-1（a）为 TVS 的电气符号。可以看出 TVS 的符号和稳压二极管相同，其工作原理也与稳压二极管类似。TVS 有单向和双向之分，单向 TVS 和稳压二极管一样，其引脚分为阳极和阴极；双向 TVS 没有极性，正反向特性是相同的。图 3-11-1(b) TVS 的引脚与外形，图中给出了轴向（直插）封装和 SMD（贴片）封装的外形。其中，单向 TVS 的封装上面有极性标志，表示阴极引脚的位置，使用时必须区分极性；双向 TVS 没有极性标志，使用时不用区分极性。与普通二极管类似，对于图 3-11-1(b) 中轴向封装的 TVS，阴极的一端通常印有银色环状标记，用来标识阴极引脚。

小贴示

单向 TVS 必须区分极性，双向 TVS 没有极性区分。

（1）TVS 的伏安特性与主要参数

TVS 的伏安特性如图 3-11-2 所示。其中图(a) 为单向 TVS 的伏安特性曲线，当 TVS 施加正向（阳极正，阴极负）电压时，会产生正向电流，并有较小的正向压降。这与普通二极管的正向导通情况类似。

当 TVS 施加小于 U_R 的反向电压的时候，只有很小的反向漏电流 I_R，TVS 处于反向截止状态。当反向电压继续升高，使反向电流达到 I_T（被称为测试电流，通常为 1mA）时，表示 TVS 已经被击穿，该电压被称为击穿电压，用 U_{BR} 表示。显然，正常工作时的反向电压一定要小于击穿电压 U_{BR}。

当 TVS 被反向击穿以后，继续升高反向电压使反向电流达到 I_{PP}（被称为峰值脉冲电流）时，其两端的电压值被称为钳位电压，用 U_C 表示。显然，U_C 的测量是在很短的时间内完成的，因为 TVS 无法长期承受这么大的电流。有关 TVS 的测试电流波形将在下文详细介绍。

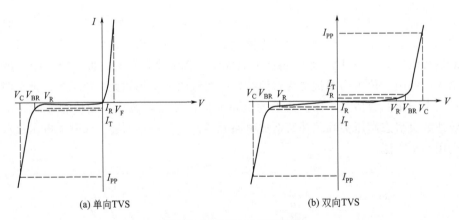

(a) 单向TVS   (b) 双向TVS

图 3-11-2　TVS 的伏安特性

双向 TVS 的伏安特性曲线如图 3-11-2(b) 所示。其正反向具有相同的伏安特性，相当于两只单向 TVS 的反极性串联组合。双向 TVS 具有双向的钳位保护作用，常用于交流电路的瞬态电压抑制。

TVS 的主要参数如下。

① 反向关断电压（英文为 Reverse Stand-Off Voltage），用 U_R 或 U_{RWM} 表示。TVS 的最大额定直流工作电压，也称为峰值工作电压。小于此电压时，TVS 将处于高阻状态。此参数也可等同于需要保护的相关电路的工作电压。

② 反向漏电流（英文为 Reverse Leakage），用 I_R 表示。TVS 在反向电压为 U_R 时的漏电流。该电流一般小于 $5\mu A$，U_R 值小于 10V 的 TVS 此值会比较大。

③ 击穿电压（英文为 Breakdown Voltage），用 U_{BR} 表示。TVS 在反向测试电流为 I_T 时的电压值。TVS 在此时阻抗骤然降低，处于雪崩击穿状态。TVS 的标称电压就是这里所说的击穿电压 U_{BR}。

④ 测试电流（英文为 Test Current），用 I_T 表示。TVS 的击穿电压 U_{BR} 在此电流下测量得到。该电流一般取值为 1mA，U_{BR} 值小于 9V 的 TVS 此值为 10mA。

⑤ 最大钳位电压（英文为 Maximum Clamping Voltage），用 U_C 表示。当 TVS 承受瞬态高能量冲击，流过峰值为 I_{PP} 的电流时，TVS 两端呈现的电压值。它反映了 TVS 的浪涌电压抑制能力。

⑥ 峰值脉冲电流（英文为 Peak Pulse Current），用 I_{PP} 表示。TVS 允许流过的最大峰值电流，它反映了 TVS 的浪涌电流承受能力。

需要说明：TVS 的峰值脉冲电流是在特定的脉冲波形下测量的，当电流波形不同时，TVS 所能承受的峰值脉冲电流也不相同。

TVS 峰值脉冲电流的试验波形采用标准波（指数波形），图 3-11-3 给出了 TVS 的峰值脉冲电流测试波形，其参数主要由 t_r 和 t_d 定义。其中 t_r 为峰值电流上升时间，是指电流从 $10\% I_{PP}$ 开始达到 $90\% I_{PP}$ 所用的时间；t_d 为半峰电流时间，是指电流从零开始通过最大峰值 I_{PP} 后，再下降到 I_{PP} 值一半（50%）所用的时间。这里的

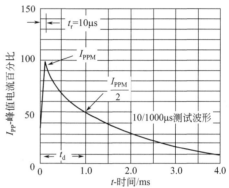

图 3-11-3　TVS 的峰值脉冲电流测试波形

脉冲电流达到峰值以后，是按指数规律下降的，因此也称为指数波形。标准波的 t_r 和 t_d 分别为 $10\mu s$ 和 $1000\mu s$，因此也称之为 $10/1000\mu s$ 标准波。

⑦ 峰值脉冲功率（英文为 Peak Pulse Power Dissipation），用 P_{PPM} 或 P_{PK} 表示。TVS 能够承受的最大瞬态功率。该数值为最大钳位电压 U_C 与峰值脉冲电流 I_{PP} 的乘积。

（2）TVS 的分类与选用

TVS 的产品系列通常以峰值脉冲功率来区分，例如轴向封装的 P4KE、P6KE 和 1.5KE 系列，其峰值脉冲功率分别为 400W、600W 和 1.5kW（1500W）；贴片封装的 SMAJ、SMBJ 和 SMCJ 系列，其峰值脉冲功率分别为 400W、600W 和 1500W。

此外，TVS 还分为单向（单极性）和双向（双极性）。单向 TVS 一般用于直流电路，双向 TVS 则用于交流电路或存在正负双向冲击脉冲的场合。在 TVS 的型号中，通常包含峰值脉冲功率、击穿电压和极性信息。例如 P6KE200A 表示其峰值脉冲功率为 600W、击穿电压为 200V、单极性（单向）；而 P6KE30CA 则表示其峰值脉冲功率为 600W、击穿电压为 30V、双极性（双向），在击穿电压数字后面增加了字母"C"表式。

表 3-11-1 中给出了 P6KE 系列 TVS 的特性参数，供读者选用时参考。表中 TVS 的型号包含单向和双向两种产品。例如 P6KE6.8A 为单向 TVS；P6KE6.8CA 则为双向 TVS。

表 3-11-1　P6KE 系列 TVS 的特性参数表

型号	反向关断电压 U_R/V	反向漏电流 I_R/μA	击穿电压 U_{BR}/V		测试电流 I_T/mA	最大钳位电压 U_C/V	峰值脉冲电流 I_{PP}/A
			最小值	最大值			
P6KE6.8(C)A	5.8	1000	6.45	7.14	10	10.5	57
P6KE7.5(C)A	6.4	500	7.13	7.88	10	11.3	53
P6KE8.2(C)A	7.02	200	7.79	8.61	10	12.1	50
P6KE9.1(C)A	7.78	50	8.65	9.5	1	13.4	45
P6KE10(C)A	8.55	10	9.5	10.5	1	14.5	41
P6KE11(C)A	9.4	5	10.5	11.6	1	15.6	38
P6KE12(C)A	10.2	5	11.4	12.6	1	16.7	36
P6KE13(C)A	11.1	5	12.4	13.7	1	18.2	33
P6KE15(C)A	12.8	5	14.3	15.8	1	21.2	28
P6KE16(C)A	13.6	5	15.2	16.8	1	22.5	27
P6KE18(C)A	15.3	5	17.1	18.9	1	25.2	24
P6KE20(C)A	17.1	5	19	21	1	27.7	22
P6KE22(C)A	18.8	5	20.9	23.1	1	30.6	20
P6KE24(C)A	20.5	5	22.8	25.2	1	33.2	18
P6KE27(C)A	23.1	5	25.7	28.4	1	37.5	16
P6KE30(C)A	25.6	5	28.5	31.5	1	41.4	14.4
P6KE33(C)A	28.2	5	31.4	34.7	1	45.7	13.2
P6KE36(C)A	30.9	5	34.2	37.8	1	49.9	12
P6KE39(C)A	33.3	5	37.1	41	1	53.9	11.2
P6KE43(C)A	36.8	5	40.9	45.2	1	59.3	10.1
P6KE47(C)A	40.2	5	44.7	49.4	1	64.8	9.3
P6KE51(C)A	43.6	5	48.5	53.6	1	70.1	8.6
P6KE56(C)A	47.8	5	53.2	58.8	1	77	7.8
P6KE62(C)A	53	5	58.9	65.1	1	85	7.1
P6KE68(C)A	58.1	5	64.6	71.4	1	92	6.5
P6KE75(C)A	64.1	5	71.3	78.8	1	103	5.8
P6KE82(C)A	70.1	5	77.9	86.1	1	113	5.3
P6KE91(C)A	77.8	5	86.5	95.5	1	125	4.8
P6KE100(C)A	85.5	5	95	105	1	137	4.4
P6KE110(C)A	94	5	105	116	1	152	4
P6KE120(C)A	102	5	114	126	1	165	3.6
P6KE130(C)A	111	5	124	137	1	179	3.3
P6KE150(C)A	128	5	143	158	1	207	2.9
P6KE160(C)A	136	5	152	168	1	219	2.7
P6KE170(C)A	145	5	162	179	1	234	2.6
P6KE180(C)A	154	5	171	189	1	246	2.4

型号	反向关断电压 U_R/V	反向漏电流 I_R/μA	击穿电压 U_{BR}/V		测试电流 I_T/mA	最大钳位电压 U_C/V	峰值脉冲电流 I_{PP}/A
			最小值	最大值			
P6KE200(C)A	171	5	190	210	1	274	2.2
P6KE220(C)A	185	5	209	231	1	328	1.9
P6KE250(C)A	214	5	237	263	1	344	1.8
P6KE300(C)A	256	5	285	315	1	414	1.5
P6KE350(C)A	300	5	332	368	1	482	1.3
P6KE400(C)A	342	5	380	420	1	548	1.1
P6KE440(C)A	376	5	418	462	1	602	1.0

选用 TVS 时应该注意以下几点。

① TVS 的反向关断电压 U_R 要稍大于或等于待保护电路的最大工作电压。

② 根据干扰（或浪涌）脉冲的波形、脉冲持续时间，确定有效抑制该干扰所需要的峰值脉冲功率。

③ 所选 TVS 的最大钳位电压 U_C 应低于被保护电路允许承受的最高电压。

④ 在尖峰电压抑制电路中，注意 TVS 能够承受的峰值脉冲电流。同一系列的 TVS，标称（击穿）电压越高，其允许的峰值脉冲电流就越小。

⑤ 注意环境温度的影响。TVS 的峰值脉冲电流及峰值脉冲功率标称值，都是在环境温度为 25℃ 时测量的，当实际使用环境温度升高时需要降额使用。通常当环境温度为 100℃ 时，其峰值脉冲电流及峰值脉冲功率将会下降到一半（50%）左右。

⑥ 注意 TVS 的平均功耗。例如 P6KE 系列 TVS，其标称稳态功耗（英文为 Steady State Power Dissipation）为 5W，在反激式开关电源的漏极吸收回路中使用时，即使是 1～2W 的功率消耗，也会使 TVS 的表面温度超过 100℃。也就是说，要想控制 TVS 的温度，其平均功耗也需要降额使用。

3.11.2 自恢复保险丝

传统的保险丝只能对电路进行一次性保护，一旦被烧断，必须由人工去更换。而电子设备开关机、拔插操作等电流冲击，电源出现过载或短路，又经常导致保险丝的烧毁。更换掉这些损毁的保险丝，实在是一项繁琐而重要的工作，而且也造成了大量的浪费。自恢复保险丝的问世，使这些问题迎刃而解。

自恢复保险丝多数以聚合物为基础掺加导体制成，也称为聚合物保险丝或可恢复保险丝。当流过保险丝的电流急剧增加时，自恢复保险丝的温度骤然上升，阻抗提高，通过保险丝的电流瞬间变小，电路如同开路，对后级电路达到保护的目的，当异常电流消失后，保险丝瞬时恢复成低阻抗状态，允许正常电流通过。和传统保险丝相比较，自恢复保险丝体积更小，反应速度更快，给设备提供更可靠的保护。当电路故障排除后，保险丝自动恢复导通，免去了人工更换元件的烦恼。自恢复保险丝外形如图 3-11-4 所示，其外形有些像高压陶瓷电容器。

（1）自恢复保险丝工作原理与主要参数

自恢复保险丝多数采用正温度系数的聚合物（Polymer Positive Temperature

Coefficient，PPTC）材料制成，是一种非线性的聚合物正温度系数热敏电阻，即非线性PTC热敏电阻。正常情况下，自恢复保险丝内的导电粒子在高分子基体中形成链状导电通路，电阻值较低，电流可正常通过；当通过保险丝的电流超过额定值时，产生的热量增加，使基体温度上升、体积膨胀，导电粒子的链状通路被切断，电阻急剧上升，电流急剧下降，从而保护电子设备不会出现过电流损坏。当过电流现象消除以后，保险丝的温度下降、体积缩小，导电粒子的链状通路重新形成，电阻又会迅速降低，回到正常状态。自恢复保险丝电阻随温度的变化曲线如图 3-11-5 所示。

图 3-11-4　自恢复保险丝外形

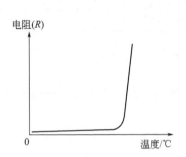

图 3-11-5　自恢复保险丝的电阻与温度曲线

自恢复保险丝的主要参数如下。

① 维持电流（也称保持电流），用 I_H 表示。25℃静止空气环境中，不触发电阻突变的最大电流。自恢复保险丝的维持电流应大于线路的正常工作电流，否则会影响电子线路的正常工作。也可以将此参数理解为额定工作电流。

② 触发电流（也称动作电流），用 I_T 表示。25℃静止空气环境中，自恢复保险丝从低阻抗转为高阻抗的所需电流的最小值。

③ 最大电压，用 $U_{\max}$ 表示。自恢复保险丝能够承受的最大电压值。

④ 最大电流，用 $I_{\max}$ 表示。自恢复保险丝能够承受的最大电流值。

⑤ 动作时间，用 T_{TRIP} 表示。在规定的电流（一般为维持电流的 5 倍）下，自恢复保险丝从低阻抗转为高阻抗所需时间的最大值。

⑥ 动作功率，用 P_D 表示。25℃环境温度时，自恢复保险丝在已动作状态下消耗的功率值。即自复保险丝在高阻抗状态下的稳态功耗。

⑦ 最大阻值，用 $R_{\max}$ 表示。自恢复保险丝初始（未动作时）电阻的最大值。

⑧ 最小阻值，用 $R_{\min}$ 表示。自恢复保险丝初始（未动作时）电阻的最小值。

（2）自恢复保险丝选择与使用

自恢复保险丝适用于各种电器设备和电子产品，包括计算机及相关设备、通信设备、小型电器、微电机、电池组等。表 3-11-2 中给出了 RLVR240 系列自恢复保险丝的特性参数，供读者选用时参考。

选择与使用自恢复保险丝时，应该遵循以下原则。

① 自恢复保险丝实际承受的最高电压应小于其参数表中的最大电压值（$U_{\max}$）。否则会造成自恢复保险丝失效。

② 自恢复保险丝实际承受的最大电流应小于其参数表中的最大电流值（$I_{\max}$）。否则会造

成自恢复保险丝失效。

表 3-11-2 RLVR240 系列自恢复保险丝的特性参数表

产品型号	维持电流 I_H/A	触发电流 I_T/A	最大电压 $U_{max}(AC)/V$	最大电流 I_{max}/A	电阻值	
					R_{min}/Ω	R_{max}/Ω
RLVR240-012	0.12	0.24	240	10	3	12
RLVR240-025	0.25	0.50	240	10	1.3	3.8
RLVR240-040	0.40	0.80	240	10	0.6	1.9
RLVR240-075	0.75	1.45	240	10	0.25	0.69
RLVR240-100	1.0	2.0	240	10	0.18	0.47
RLVR240-135	1.35	2.7	240	10	0.11	0.30
RLVR240-200	2.0	4.0	240	10	0.075	0.205

③ 自恢复保险丝实际使用的环境温度对其维持电流影响较大，需要根据环境温度修正后再选择合理的维持电流定额。

图 3-11-6 给出了自恢复保险丝的维持电流与环境温度的关系。可以看出，在 25℃ 环境温度时，自恢复保险丝的实际维持电流与标称值相同，其数值为标称维持电流的 100%。随着环境温度的升高，实际维持电流会有所下降。当环境温度上升到 80℃ 时，实际维持电流只有标称维持电流的 50% 左右。

 小贴示

　　不同厂家的产品或不同型号（参数）的自恢复保险丝，其维持电流随环境温度变化情况可能有一定的差异，读者需要查阅相关产品的详细技术资料。

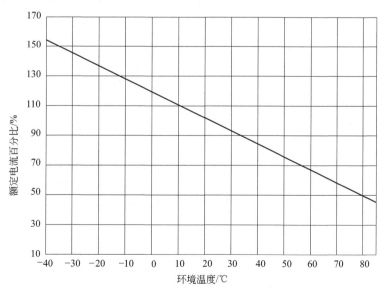

图 3-11-6 自恢复保险丝的维持电流与环境温度的关系

第4章

开关电源的控制电路

开关电源常用的控制方式有脉冲宽度调制（PWM）、脉冲频率调制（PFM）和混合调制三种。其中，PWM方式具有固定开关频率，这就为设计滤波电路提供了方便，当今开关电源大多采用这种方式。为便于开关电源的设计，众多厂家将PWM控制器设计成集成电路芯片，以便用户选择使用。通常我们将PWM控制器芯片称为开关电源的控制电路。

4.1 开关电源控制电路类型与特点

不同拓扑结构和工作原理的开关电源，通常要用不同类型的控制电路，也有许多PWM控制器芯片，可以用在多种拓扑结构中。开关电源的常用拓扑结构和工作原理，详见本书的第2章相关内容。下面详细介绍几种开关电源控制电路的类型与特点。

4.1.1 单端输出通用型

单端输出通用型PWM控制电路只有一个PWM信号输出端，可用于单端反激式、单端正激式、降压式、升压式和极性反转式（也称降压/升压式）开关电源，是小功率开关电源中使用最多的控制电路。典型的单端输出通用型PWM控制芯片型号是UC3842、UC3843、UC3844和UC3845。这4个芯片的引脚兼容，只是启动电压和PWM信号最大占空比不同。该型号的控制电路有国内外多家半导体公司生产，它们引脚兼容，可以直接互换。

由UC3842组成的典型应用电路如图4-1-1所示。该电路构成了典型的单端反激式开关电源，其输入为115V交流电压，输出电压有+5V和±12V。其中+5V与±12V电气隔离。UC3842的电源端通过启动电阻R_1接直流高压电源，反馈电压来自高频变压器的反馈绕组。基准电压输出端接有$0.01\mu F$的退耦电容，定时电阻R_T为$10k\Omega$和定时电容C_T为4700pF。振荡频率约40kHz。UC3842的输出端与开关管栅极之间串联一只22Ω电阻，可以衰减由MOSFET输入电容和在栅-源电路中的任何串联引线电感所产生的高频寄生振荡。电流取样电阻R_2为0.5Ω，可限定最大开关电流在2A以内，电阻R_3和电容C_1组成RC型低通滤波器，用来抑制取样电压中的尖峰脉冲。

该电源的次级电压稳定值是由反馈线圈和次级线圈匝数比及取样分压电阻值决定的。根据次级反馈线圈和5V线圈的匝数比，可得反馈电压约为$5\times10/4=12.5V$，经电阻R_4和R_5分压得到$4.7\times12.5/(18+4.7)=2.59V$，与误差放大器同相端电压（2.5V）基本相等。同理，可以反过来推算输出电压值。有关UC3842的工作原理将在本章后续内容中详细介绍。

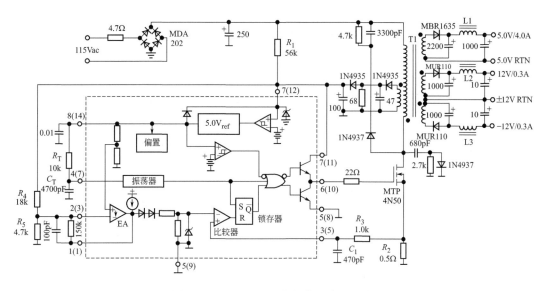

图 4-1-1   UC3842 组成的典型应用电路

4.1.2   双端输出通用型

双端输出通用型 PWM 控制电路有两个互补的 PWM 信号输出端, 广泛用于推挽式、全桥式和半桥式开关电源中。当使用其中一个 PWM 信号输出端时, 也可用于单端反激式、单端正激式、降压式、升压式和极性反转式 (也称降压/升压式) 开关电源。可见, 双端输出通用型 PWM 控制电路应用范围更为广泛。

常见的双端输出通用型 PWM 控制芯片型号是 UC3525、TL494 和 UC3846 等。这些 PWM 控制芯片有国内外多家半导体公司生产, 它们引脚兼容, 可以直接互换。有些芯片型号的前缀不同, 但引脚与功能相同, 也可以互换使用。例如 SG3525 与 UC3525 可以直接互换。

由 TL494 组成的推挽式 DC/DC 变换器电路如图 4-1-2 所示。该电路输出两路互补的 PWM 脉冲信号, 用于驱动 PNP 型功率开关管。因功率开关管采用发射极输出结构 (射极跟随器), 故省去了基极限流电阻。输出电压的取样通过电阻 R_1 和 R_2 分压得到, 加到误差放大器 1 的同相输入端 (1 脚), 其反相输入端经 R_3 连接基准电压端 (14 脚), 误差放大器的输出端 (3 脚) 接有增益控制电阻和相位校正网络。电路的输出电压为:$U_O = U_{REF}(1 + R_1/R_2) = 5.0(1 + 22k/4.7k) = 28.4V$。

R_4 为电流取样电阻, R_5 和 R_6 将基准电压分压得到 $5 \times 240/(4.7k + 240) = 0.24V$ 的偏置电压。此电压加到误差放大器 2 的反相输入端 (15 脚), 其同相输入端 (16 脚) 接地。当电流取样电阻流过大于 0.24A 的电流时, 将产生 $-0.24V$ 以上的电压与偏置电压抵消, 使误差放大器 2 的反相输入端 (15 脚) 电压低于 0V, 误差放大器 2 会输出高电平将输出关断, 从而起到过流保护的作用。这个功能是充分利用 TL494 误差放大器具有的 $-0.3V$ 到 $(U_{CC} - 2.0V)$ 共模输入范围实现的。

4.1.3   移相全桥控制器

移相全桥 PWM 控制电路能够产生两组互补的 PWM 信号, 共有 4 个 PWM 信号输出

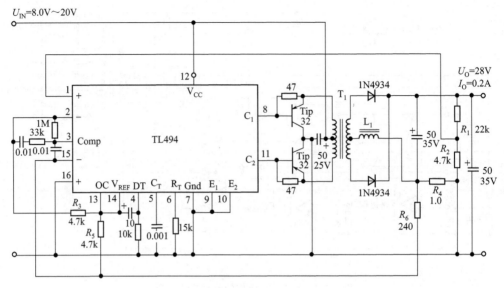

图 4-1-2　TL494 组成的推挽式 DC/DC 变换器

端，专门用于移相全桥式开关电源的控制。这种控制电路能够实现软开关操作（零电压开关，简称 ZVS），可以降低功率开关管的开关损耗，提高开关电源的效率，适用于功率较大的开关电源。移相全桥 PWM 控制电路的型号有 UC3875、UCC3895 和 UCC28950 等。此外，还有 ISL6752、ISL6753 和 ISL6754 等 PWM 控制芯片，与移相全桥控制电路原理类似，也能够实现全桥式开关电源的 ZVS 操作。

　　由 UCC3895 组成的移相全桥式开关电源的基本原理如图 4-1-3 所示。该芯片有 OUTA、OUTB、OUTC 和 OUTD 共 4 个 PWM 信号输出端。其中 OUTA 与 OUTB，OUTC 与

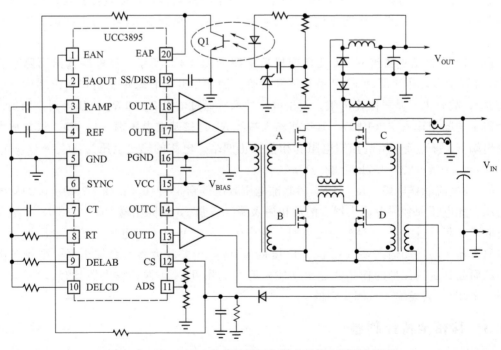

图 4-1-3　UCC3895 组成的移相全桥式开关电源基本原理

OUTD 为两组互补的 PWM 信号。通过改变 OUTA 与 OUTC 信号的相位，可以调节功率开关管 A 与 D（或者 B 与 C）重叠导通时间（即 PWM 占空比），从而实现 PWM 控制。

需要说明的是：单独测量每一个 PWM 信号输出波形时，都将看到接近 50% 的占空比。只有观测 OUTA 与 OUTC（或者 OUTB 与 OUTD）的相位差，才能得到 PWM 信号输出占空比。当然，直接观测高频变压器输出绕组的电压波形，也能更直观地看到 PWM 信号的占空比。但是，移相全桥电路有占空比丢失现象，变压器输出绕组的真实占空比要比 PWM 信号占空比略小一些。

4.1.4 谐振半桥控制器

移相全桥开关电源只能实现初级侧功率开关管的软开关操作（ZVS），不能实现次级侧整流管的软开关操作（零电流开关，简称 ZCS），而谐振变换器既能够实现初级侧 ZVS，又能实现次级侧 ZCS，减小了整流二极管损耗，因此整机效率要比移相全桥方式高一些。

谐振型变换器有串联谐振（英文为 Series Resonance Circuit，简称 SRC）、并联谐振（英文为 Parallel Resonance Circuit，简称 PRC）和串-并联谐振（英文为 Series-Parallel Resonance Circuit，简称 SPRC，又称 LLC）三种。其中 LLC 谐振变换器工作性能较好，应用最为广泛。特别是近几年，各大半导体公司推出了众多的 LLC 谐振半桥控制器芯片。例如 TI 公司的 UCC25600、飞兆（Fairchild）半导体公司的 FAN7621B、ST 公司的 L6599、英飞凌（Infineon）公司的 ICE2HS01G、安森美（ON）半导体公司的 NCP1397B 等。

此外，飞兆半导体公司还推出了 FSFR-XS 系列半桥谐振转换器功率模块，将功率开关管和 PWM 控制器集成在一个模块中，使外围电路更为简单。该模块可应用于串联谐振、并联谐振和 LLC 谐振半桥转换器拓扑结构。

由 UCC25600 组成的 LLC 谐振半桥式开关电源基本原理如图 4-1-4 所示。该芯片有 GD1 和 GD2 两个 PWM 信号输出端，通过驱动变压器后直接控制半桥电路中的高端和低端功率开关管。利用主变压器的漏感和励磁电感，配合谐振电容实现 LLC 谐振。LLC 谐振半桥式开关电源的另一个特点是没有输出滤波电感，能够减小电源的体积和重量。

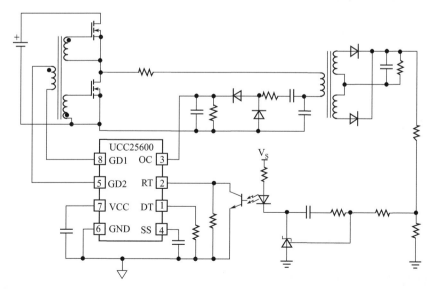

图 4-1-4 UCC25600 组成的 LLC 谐振半桥式开关电源基本原理

4.1.5 准谐振控制器

从 2005 年起，欧盟要求额定输出功率为 $0.3 \sim 50W$ 的电源设备空载功率损耗为 $0.3W$、额定输出功率为 $15 \sim 70W$ 的空载功率损耗为 $0.75W$。为了符合欧盟等组织针对产品功耗而制定的种种规范，让开关电源在负载很小或空载处于待机状态时能够以较低损耗操作，很多新技术应运而生。准谐振控制器就是这种技术之一，它能使开关电源在宽的输入电压和输出功率范围内实现更高的转换效率。

准谐振控制器通常用于反激式开关电源，其工作原理是在功率开关管关断期间，检测高频变压器绕组的输出电压，如果电压很低或处于振荡的波谷时，则认为该时刻变压器励磁磁通耗尽，可以开启下一个开关周期。这样可以强制开关电源工作在临界导通模式（CRM）、不连续导通模式（DCM）以及频率调制模式（FFM），使功率开关管实现零电流（ZCS）以及接近零电压（ZVS）导通，以便降低开关损耗，从而提高开关电源的效率。这类控制器通常在开关电源轻载（或空载）时采用突发工作模式，使开关电源的空载功率损耗大幅度降低。

特别是近 10 年，各大半导体公司推出了众多的准谐振控制器芯片。例如 TI 公司的 UCC28600、英飞凌（Infineon）公司的 ICE2QS03G、安森美（ON）半导体公司的 NCP1207 和 NCP1340 等。飞兆（Fairchild）半导体公司还推出了集成功率开关管的 FSCQ 系列产品（例如 FSCQ0565RT）。

由 NCP1207 组成的准谐振式开关电源基本原理如图 4-1-5 所示。这是一个典型的反激式开关电源拓扑结构，辅助绕组 N_a 的电压信号通过电阻 R 连接到 NCP1207 的 1 脚，用于高频变压器的磁复位检测。当检测到 NCP1207 的 1 脚电压低于 $50mV$ 时，认为已完成磁复位，可以启动下一个开关周期。该引脚还具有过压保护检测（OVP）功能。

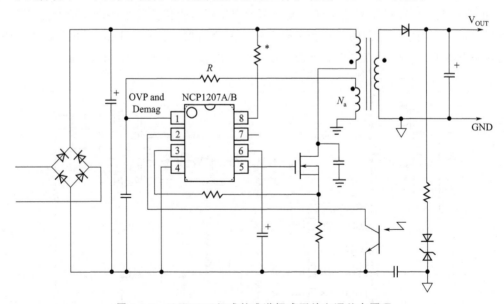

图 4-1-5 NCP1207 组成的准谐振式开关电源基本原理

4.1.6 有源钳位控制器

有源钳位控制器主要用于单端正激式开关电源中，能够实现零电压软开关工作模式，从而减少了开关元件和高频变压器的损耗，降低了电压和电流的变化率，改善了电磁兼容性，在低电压输入（例如 48V 的电信电源系统）的开关电源中应用广泛。

有源钳位控制器芯片 TI 公司的 UCC2897、UCC3580、LM5025，Intersil 公司的 ISL6726，安森美（ON）半导体公司的 NCP1562 等。

由 LM5025 组成的有源钳位开关电源基本原理如图 4-1-6 所示。这是典型的正激式开关电源拓扑结构。LM5025 有两组互补的 PWM 信号输出，其中 OUT-A 为主功率管驱动信号；OUT-B 为钳位功率管驱动信号。VT_1 为 N 沟道主开关功率 MOS 管，VT_2 为 P 沟道钳位功率 MOS 管，C_C 为钳位电容。该电源的高频变压器次级还采用了同步整流技术。

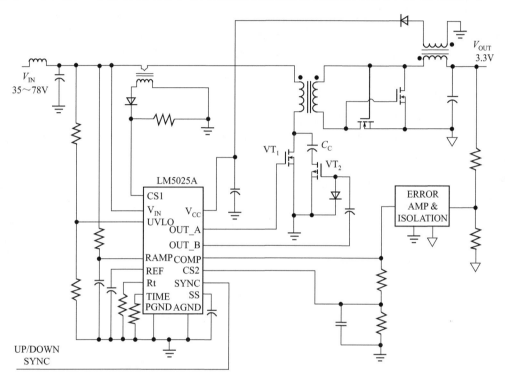

图 4-1-6　LM5025 组成的有源钳位开关电源基本原理

4.1.7　功率因数校正（PFC）控制器

传统的开关电源（例如普通节能灯及电子镇流器），其输入端是典型的桥式整流，电容滤波结构。这样的结构还广泛用于早期的个人电脑（PC）主机、CRT 电视机及电脑显示器的开关电源中。对电网来说，这类开关电源被称为整流器负载。整流器负载的输入电流已经不是正弦波的形状，而是间断的脉冲波形（也称为畸变波形）。传统开关电源（整流器负载）的功率因数值仅为 0.6 左右。

对电力系统（电网）来说，如果负载的功率因数较低，要产生相同输出功率，所需要的输入电流就会增大。当输入电流增大时，电网的能量损失就会增加，而且输电线路及相关电力设备的容量也要随之增加。为了提升功率因数，许多国家对开关电源的谐波电流有明确的限制标准。例如欧盟标准 EN61000-3-2 规定，所有输出功率大于 75W 的开关电源至少要具有被动功率因数校正（Passive PFC）机能。而由美国能源署出台的"80PLUS"开关电源认证中，要求功率因数必须到达 0.9 以上的水平。

提高开关电源功率因数的最佳方案是采用有源功率因数校正（Active PFC）技术，也称为主动式 PFC。有源 PFC 电路采用专用的 PFC 控制器芯片，其校正后的功率因数能达到 0.95～0.99，能够满足所有认证标准的要求，在现代开关电源中已经开始广泛的应用。

由于有源 PFC 控制器也是采用 PWM 技术实现功率因数校正的，也是开关电源控制电路的一种，因此在这里提及。有关功率因数校正（PFC）的详细介绍及应用实例，请参考本书第 10 章的内容。

4.1.8　单片开关电源芯片

单片开关电源是 20 世纪 90 年代开始逐渐流行的开关电源技术，它将组成开关电源的 PWM 控制器、过流保护电路、过热保护电路、功率开关管等，集成在一片集成电路中，明显减少了开关电源的外围元件数量，从而得到广泛的应用。现在，国内为众多的半导体器件公司推出了各种系列的单片开关电源芯片。这些芯片包括用于非隔离式开关电源的 DC/DC 变换器和隔离式 AC/DC 或 DC/DC 开关电源。

单片开关电源主要用于小功率的电器设备或电器设备待机电源，也有一些数百瓦功率的芯片。常见的有 ST 公司的 VIPer12 和 VIPer22，安森美（ON）半导体公司的 NCP1010 系列和 NCP1050 系列，飞兆（Fairchild）半导体公司的 KA5L0380，PI（Power Integrations）公司的 TOPSwitch、TinySwitch 和 LinkSwitch 系列等。

由 TNY276 组成的单片开关电源基本原理如图 4-1-7 所示。这是典型的正激式开关电源拓扑结构。TNY276 属于 TinySwitch-III 系列产品，可以看出，由其组成的开关电源外围元件很少。该芯片支持宽范围的输入电压，在电路前端加入整流滤波电路，即可构成通用输入电压（85VAC～265VAC）的隔离式 AC/DC 开关电源。

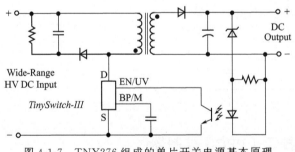

图 4-1-7　TNY276 组成的单片开关电源基本原理

4.2　电压模式 PWM 工作原理

随着电源技术的不断发展，新型拓扑结构诞生和应用，PWM 控制电路也推出了许多新的产品。按照 PWM 控制电路的控制模式，可分为电压模式和电流模式两种类型。电压模式 PWM 控制器是最早推出的控制模式，虽然目前比较流行的是电流模式 PWM 控制器，但传统的电压模式 PWM 控制器依然在很多领域继续广泛使用。而且有些电压模式控制器凭借新型电路和制造工艺得以更新，使当今的高性能电源设计者获益多多，并成为一种颇具竞争力的实用候选方案。下面详细介绍电压模式 PWM 控制器的工作原理与特点。

电压模式 PWM 控制电路是第一代 PWM 控制 IC 普遍采用的控制模式，其代表性产品有 TL494、SG3524 和 KA7500 等。电压模式 PWM 控制电路的工作原理如图 4-2-1 所示。

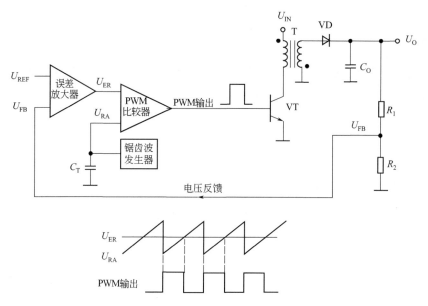

图 4-2-1　电压模式 PWM 控制电路的工作原理

图中给出了由电压模式 PWM 控制器组成的单端反激式开关电源的基本电路结构。

　　电压模式 PWM 控制电路主要由误差放大器、锯齿波发生器和 PWM 比较器组成。误差放大器将开关电源的输出反馈电压 U_{FB} 和基准电压 U_{REF} 进行比较放大，产生误差电压 U_{ER}。锯齿波发生器通过定时电容 C_T 产生固定频率的锯齿波电压 U_{RA}。PWM 比较器将误差电压 U_{ER} 和锯齿波电压 U_{RA} 进行比较，产生脉冲宽度不同的 PWM 输出信号。按照图中的控制波形，在锯齿波电压 U_{RA} 低于误差电压 U_{ER} 的期间 PWM 比较器输出高电平，功率开关管 VT 导通；当锯齿波电压 U_{RA} 高于误差电压 U_{ER} 时，PWM 比较器输出低电平，功率开关管 VT 关断。误差电压 U_{ER} 越高，PWM 比较器输出的脉冲宽度就越大；误差电压 U_{ER} 越低，PWM 比较器输出的脉冲宽度就越小。可见，电压模式 PWM 控制电路由 PWM 比较器直接控制脉冲宽度。误差放大器根据输出反馈电压 U_{FB} 的大小来改变误差电压 U_{ER} 的高低，进而改变 PWM 比较器输出的脉冲宽度，保持输出电压 U_O 稳定不变。

　　电压模式 PWM 控制器是最早的开关电源设计时所采用的方法，而且多年来很好地满足了业界的需要。这种设计只有一个电压反馈回路，PWM 信号是通过将电压误差信号与一个恒定斜率的锯齿波电压进行比较来完成的。功率开关管的电流限制需要通过额外的电流检测及过流保护电路来完成。电压模式 PWM 控制电路的优点如下：

　　① 采用一个反馈环路，比较容易设计和分析；

　　② 较大幅度的锯齿波电压提供了充分噪声裕量，便于实现稳定的 PWM 信号；

　　③ 功率变换级输出阻抗较低，多路输出时负载调整率较好。

　　电压模式 PWM 控制电路也有许多缺点，例如：

　　① 输入电压或负载电流中的任何变化都必须通过输出电压变化来检测，然后再由反馈环路来校正。这经常造成缓慢的响应速度。

　　② 输出滤波器给控制环路增加了两个极点，因而在误差放大器的补偿电路设计时就需要将主导极点低频衰减，或在补偿中增加一个零点。

③ 由于环路增益会随着输入电压的变化而改变，因而使补偿电路设计进一步地复杂化。

　　新型的电压模式 PWM 控制器，例如 TI 公司的 UCC35705/6，通过采用电压前馈技术和其他的校正方法，缓解了电压控制模式的许多问题。

　　下面以电压模式 PWM 控制器的代表性产品 TL494 和 SG3525 为例，介绍电压模式 PWM 控制器的特点、工作原理和典型应用。

4.2.1　TL494 电压模式 PWM 控制电路

　　TL494 是最早问世的 PWM 控制器之一，由美国德州仪器（Texas Instruments，简称 TI）公司生产，具有 16 个引脚，属于电压模式 PWM 控制集成电路芯片。它是一种性能优良的脉宽调制器件，可作为单端式、推挽式、半桥式和全桥式开关电源控制器，被广泛应用于开关电源中，是开关电源的核心控制器件。安森美（ON Semiconductor）、飞兆（Fairchild Semiconductor，也称仙童）等多家半导体公司也生产 TL494 芯片，另有 KA7500 型 PWM 控制器芯片与之引脚和功能完全相同，可以相互替换。TL494 有 DIP-16 和 SO-16 等多种封装形式，以适应不同场合的要求。其主要特性如下。

　　① 集成了全部的脉宽调制电路。
　　② 内置线性锯齿波振荡器，外部仅需两个元件（一只定时电阻和一只定时电容）。
　　③ 内置两个误差放大器，可实现输出电压和电流的双重控制。
　　④ 内置 5V 基准电压源。
　　⑤ 可调整死区时间。
　　⑥ 内置功率晶体管可提供 500mA 的驱动能力。
　　⑦ 具有推或拉两种输出方式。

　　（1）TL494 的内部结构与引脚功能

　　TL494 的内部结构如图 4-2-2 所示。它由振荡器、死区比较器、PWM 比较器、两个误差放大器（放大器 1 和放大器 2）、欠压锁定电路、基准电压源、触发器及逻辑电路和输出驱动晶体管等组成。其引脚功能如下：

　　1、2 脚分别是误差放大器 1 的同相和反相输入端；

　　3 脚为 PWM 比较器的输入端，也是两个误差放大器的输出端，需要通过反馈电阻和电容连接到误差放大器的反相输入端，用于相位校正和增益控制；

　　4 脚为死区时间控制端，其上加 0～3V 电压时，可使占空比从最大线性变化到零，即死区时间由最小变化到完全截止，因此该引脚也可用于开关电源的开、关机控制；

　　5、6 脚分别用于外接振荡电容和振荡电阻；

　　7 脚为接地端；

　　8、9 脚和 11、10 脚分别为 TL494 内部两个末级输出三极管的集电极和发射极；

　　12 脚为芯片供电电源端；

　　13 脚为输出控制端，该脚接地时为并联单端输出方式，接 14 脚时为推挽输出方式；

　　14 脚为 5V 基准电压输出端，最大输出电流为 10mA；

　　15、16 脚是误差放大器 2 的反相和同相输入端。

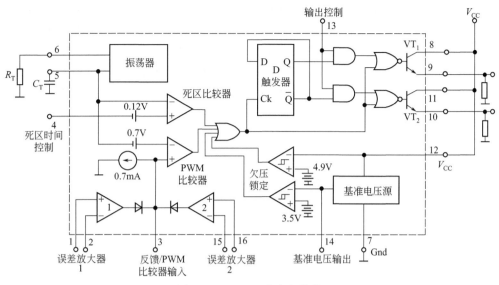

图 4-2-2　TL494 的内部结构

（2）TL494 的工作原理与时序波形

TL494 是一个固定频率的脉冲宽度调制电路，内置了线性锯齿波振荡器，振荡频率可通过外部的一只电阻和一只电容进行调节，其振荡频率约为 $f_{OSC} = 1.1/(R_T \cdot C_T)$。

输出脉冲的宽度是通过电容 C_T 上的正极性锯齿波电压与另外两个控制信号进行比较来实现。功率输出管 VT_2 和 VT_1 受控于或非门。当 D 触发器的时钟信号为低电平时才会被选通，即只有在锯齿波电压大于控制信号期间才会被选通。从图 4-2-2 中可以看出，只有死区比较器和 PWM 比较器均输出低电平时，D 触发器的时钟信号才可能为低电平。因此，输出脉冲宽度受死区比较器和 PWM 比较器双重控制。当控制信号电压升高时，输出脉冲的宽度将减小。TL494 的相关时序波形参见图 4-2-3。

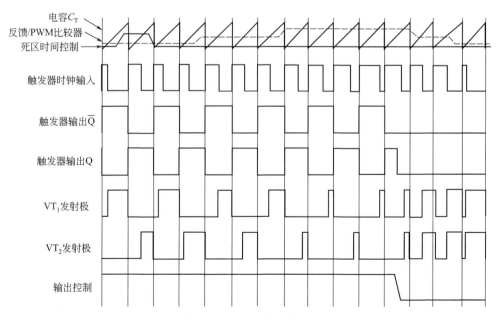

图 4-2-3　TL494 的时序波形

控制电压由集成电路外部输入，可以送至死区时间比较器（4 脚）、误差放大器的输入端或 PWM 比较器的输入端（3 脚）。死区时间比较器具有 120mV 的输入补偿电压，它限制的最小输出死区时间约等于锯齿波周期的 4%，当输控制端（13 脚）接地，即低电平时，最大输出占空比为 96%，而输出控制端（13 脚）接基准电压输出端（14 脚），即高电平时，最大占空比为 48%。从图 4-2-3 中功率输出管发射极和输出控制端的波形可以看出，输出控制端为高电平时，输出频率为振荡器频率的 1/2；输出控制端为低电平时，输出频率为振荡器的频率。当把死区时间控制输入端接上 0~3.3V 之间的固定电压时，即可在输出脉冲上产生附加的死区时间。

脉冲宽度调制比较器为利用误差放大器调节输出脉宽提供了一种方法。当反馈端（3 脚）电压从 0.5V 变化到 3.5V 时，输出的脉冲宽度从被死区时间确定的最大占空比逐渐下降到零。两个误差放大器都具有从 $-0.3V$ 到（$V_{CC} - 2.0V$）的共模输入范围，这使测量开关电源的输出电压和输出电流更为方便。两个误差放大器的输出端均为高电平有效，它在脉冲宽度调制器的反相输入端进行"或"运算，正是这种电路结构，使放大器能在最短的时间内完成环路控制。

当定时电容 C_T 放电，一个正脉冲出现在死区比较器的输出端，控制 D 触发器翻转，同时停止输出管 VT_2 和 VT_1 的工作。如果输出控制端接到基准电压输出端（14 脚），输出端工作在推挽模式，调制脉冲交替输出至两个输出晶体管，输出频率等于脉冲振荡器的一半。此时每个晶体管输出的最大占空比为 48%。在单端工作模式下，当需要更高的驱动电流输出时，可将 VT_2 和 VT_1 并联使用，这时要将输出模式控制脚（13 脚）接地，以关闭触发器的输出。这种状态下，输出的脉冲频率将等于振荡器的频率，此时晶体管输出的最大占空比为 96%。

TL494 内置一个 5.0V 的基准电压源，可为外部偏置电路提供高达 10mA 的负载电流，该基准电压源允许偏差为 ±5%，在 0~70℃ 温度范围内典型的温漂小于 50mV。

（3）TL494 的应用电路

TL494 自问世以来，被广泛应用于各种开关电源中，由于其具有交替输出的两个输出晶体管，更加适合用作推挽式、半桥式和全桥式开关电源的控制器。前文图 4-1-2 已经介绍了由 TL494 组成的推挽式 DC/DC 变换器电路，下面介绍由 TL494 组成的降压式 DC/DC 变换器电路。

由 TL494 组成的降压式 DC/DC 变换器电路如图 4-2-4 所示。该电路采用单端工作模式，两只输出晶体管并联后，从集电极输出 PWM 脉冲，驱动 PNP 型功率开关管。因功率开关管采用集电极输出结构，故需要接入基极限流电阻 R_2。输出电压通过取样电阻 R_3 直接加到误差放大器 1 的同相输入端（1 脚），其反相输入端经 R_4 连接基准电压端（14 脚），误差放大器的输出端（3 脚）接有增益控制电阻和相位校正网络。电源输出电压为：$U_O = U_{REF} = 5.0V$。

过流保护电路工作原理和图 4-1-2 电路相同，R_1 为电流取样电阻，R_5 和 R_6 将基准电压分压得到 $5 \times 150/(5.1k + 150) = 0.14V$ 的偏置电压。此电压加到误差放大器 2 的反相输入端（15 脚），其同相输入端（16 脚）接地。当输出电流大于 1.4A 的电流时，误差放大器 2 输出高电平关断输出，从而起到过流保护作用。

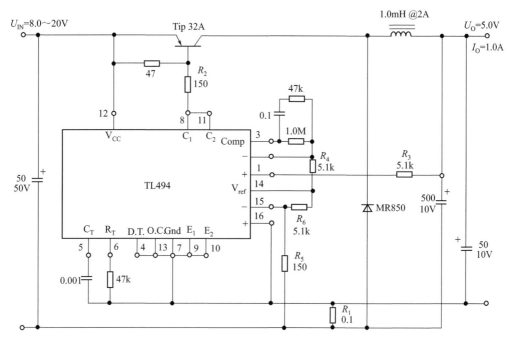

图 4-2-4　TL494 组成的降压式 DC/DC 变换器电路

4.2.2　SG3525 电压模式 PWM 控制电路

SG3525 属于第二代电压模式 PWM 控制集成电路芯片,其第一代产品 SG3524 与 TL494 功能和性能类似。SG3525 提供了改良的性能并减少了外围元件数量,可用于所有类型开关电源的控制。其典型的生成厂商是 ST (意法半导体) 公司,其他半导体公司也有生产,其中美国 UNITRODE 公司 (已被 TI 收购) 生产的 UC3525 与之引脚和功能完全相同,可以相互替换。SG3525 有 DIP-16 和 SO-16 等多种封装形式,其主要特性如下。

① 工作电压范围 8～35V。

② 5.1V 基准电压,精度±1%。

③ 振荡器频率范围 100Hz～400kHz。

④ 具有振荡器同步信号输入端。

⑤ 死区时间可调。

⑥ 内置软启动电路。

⑦ 带滞后电压的输入欠压锁定。

⑧ 逐个脉冲关断。

⑨ 具有 PWM 锁存功能,禁止多脉冲。

⑩ 双路灌电流/拉电流输出端。

(1) SG3525 的内部结构与引脚功能

SG3525 的内部结构如图 4-2-5 所示。它由振荡器、PWM 比较器、误差放大器、欠压锁定电路、基准电压源、触发器、锁存器和输出驱动级等组成。其引脚功能如下。

1 脚 (INV. input):误差放大器的反相输入端,该引脚通常接电压反馈信号。

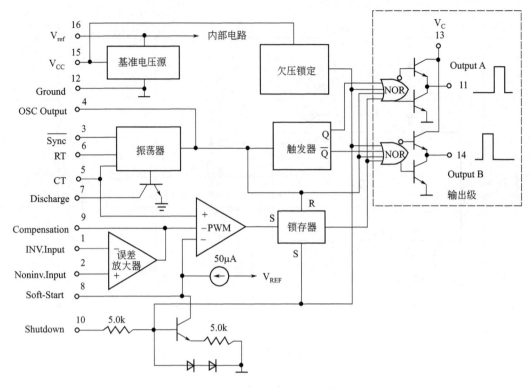

图 4-2-5　SG3525 的内部结构

2 脚（Noninv. input）：误差放大器同相输入端，该引脚通常接给定电压信号或基准电压。

3 脚（Sync）：振荡器外接同步信号输入端，该端接外部同步脉冲信号可实现与外电路同步。

4 脚（OSC. Output）：振荡器输出端，可为其他电路提供同步信号。

5 脚（CT）：振荡器定时电容接入端。

6 脚（RT）：振荡器定时电阻接入端。

7 脚（Discharge）：振荡器放电端，该端与 5 脚之间外接一只放电电阻，构成放电回路，可以用来调节死区时间。

8 脚（Soft-Start）：软启动输入端，该引脚通常对地接一只 5μF 的软启动电容。

9 脚（Compensation）：PWM 比较器补偿信号输入端，在该端与 1 脚之间接入不同类型的反馈网络，可以构成比例式、比例积分式和积分式等类型的调节器。

10 脚（Shutdown）：外部关断信号输入端，该端接高电平时控制器输出被禁止，该端可与保护电路相连，以实现故障保护。

11 脚（Output A）：输出端 A，引脚 11 和引脚 14 是两路互补输出端。

12 脚（Ground）：接地端。

13 脚（V_C）：输出级电源接入端。

14 脚（Output B）：输出端 B。

15 脚（V_{CC}）：芯片供电电源接入端。

16 脚（Vref）：基准电源输出端，该端可输出温度稳定性很好的基准电压。

（2）SG3525 的工作原理

如图 4-2-5 所示，SG3525 的振荡器在 RT 和 CT 引脚的基础上增加了放电端（7 脚）。RT 和 CT 引脚分别外接定时电阻 R_T 和定时电容 C_T，R_T 阻值决定了内部恒流源对 C_T 充电电流的大小，使 C_T 的电压线性的上升，而 C_T 的放电则由 5 脚和 7 脚之间的外接放电电阻 R_D 决定。C_T 周期性的充电和放电从而形成锯齿波电压。SG3525 将充电回路和放电回路分开，有利于通过引脚 5 和引脚 7 之间的外接电阻 R_D 来调节死区时间。SG3525 的振荡频率约为：$f_{OSC}=1/C_T(0.7R_T+3R_D)$。SG3525 的振荡器还增加了同步信号输入端和振荡器输出端。允许一个或多个器件与外部系统时钟信号同步，也可将一个 SG3525 的振荡器输出作为其他器件的外部时钟信号，为设计提供了较大的灵活性。需要注意：同步信号的幅度为 2.8V，同步过程将在 200ns 内完成，从芯片（被同步的 SG3525 芯片）的 R_TC_T 时间常数值必须比主芯片的大 10%～20%。

SG3525 的 PWM 比较器有 3 个输入端，同相端接定时电容 C_T 形成的锯齿波电压，一个反相端接误差放大器的输出，另一个反相端接软启动电路。当同相端的锯齿波电压高于任何一个反相端电压时，PWM 比较器就会输出高电平，置位 PWM 锁存器，使输出关断。来自误差放大器的输出（9 脚）电压与锯齿波电压比较，该电压将决定 PWM 脉冲的占空比。

SG3525 的软启动端（8 脚）上通常对地接一只 $4.7\mu F$ 的软启动电容，上电过程中，由内部 $50\mu A$ 电流源给软启动电容充电，使电容的电压线性缓慢升高，PWM 比较器将输出从零逐渐变到最大占空比的 PWM 脉冲，从而完成软启动过程。启动后的 PWM 脉冲占空比由误差放大器的输出（9 脚）电压控制。

PWM 锁存器受振荡器、PWM 比较器和外部关断信号控制。PWM 锁存器在每个振荡器周期被复位，使输出级产生驱动脉冲输出，通常根据占空比的不同，由 PWM 比较器对其进行置位，将输出脉冲关断，完成半个 PWM 周期。触发器的输出在每半个 PWM 周期翻转一次，使输出脉冲交替出现在两个脉冲输出端（11 脚和 14 脚）。一个 PWM 周期为振荡器周期的 2 倍。当关断信号（10 脚）为高电平时，PWM 锁存器将立即动作（置位），禁止 SG3525 的输出，即实现逐个脉冲关断功能。同时，软启动电容将开始放电。如果该高电平持续，软启动电容将充分放电，直到关断信号结束，才重新进入软启动过程。注意，外部关断引脚不能悬空，应通过接地电阻可靠接地，以防止外部干扰信号耦合而影响 SG3525 的正常工作。无论因为什么原因造成 PWM 脉冲终止，输出都将被禁止，直到下一个时钟信号到来，PWM 锁存器才会被复位。

SG3525 的输出端是由或非门驱动的，只有或非门的全部输入引脚为低电平时，输出端才会产生高电平脉冲。即来自欠压锁定电路、振荡器、触发器和锁存器的任何一个高电平，都可以关断输出级。SG3525 的输出端采用图腾柱式结构，其灌电流/拉电流能力超过 200mA，关断速度更快，更适合驱动场效应功率管 MOSFET。

外接关断信号对输出级和软启动电路都起作用。欠电压锁定功能同样作用于输出级和软启动电路。如果电源电压过低，在 SG3525 的输出被关断同时，软启动电容将开始放电，实现了输入欠压锁定功能。

实际应用中，基准电压通常是接在误差放大器的同相输入端上，而输出电压的采样电压则加在误差放大器的反相输入端上。SG3525 内置了 5.1V，偏差仅为 1.0% 的精密基准电源。基准电压在误差放大器共模输入电压范围内，可直接连接误差放大器，无须外接分压电阻。当输出电压因输入电压的升高或负载的变化而升高时，误差放大器的输出电压将减小，这将导致 PWM 比较器输出高电平的时间变长，PWM 锁存器输出高电平的时间也变长，使输出晶体管的导通时间变短，即降低了输出占空比，从而使输出电压回落到额定值，实现了稳压过程。反之亦然。

SG3525 的充、放电时间与 R_T、R_D 关系见图 4-2-6，读者可以根据图中的充、放电时间，快速查出所需要的 R_T 和 R_D 参数值，简化参数的计算。图中的放电时间就是死区时间，充、放电时间之和就是振荡周期，充电时间与振荡周期的比值就是最大占空比（D_{max}）。其中，充电时间曲线是在 R_D 为零（短路）时测量的。

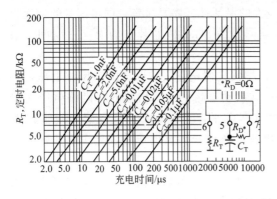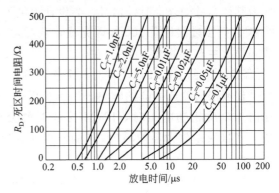

图 4-2-6　SG3525 的充、放电时间与 R_T、R_D 关系

（3）SG3525 的应用电路

SG3525 可用于所有类型开关电源的控制，其典型应用电路如图 4-2-7 所示。其中图（a）是输出并联单端应用电路，SG3525 的两个输出端接地，13 脚（V_C）通过限流电阻 R_2 接 PNP 型功率开关晶体管 VT_1 的基极，配上输出滤波器，即可组成降压式 DC/DC 变换器。当 SG3525 的两个输出端驱动晶体管交替导通时，13 脚会被拉低到地端，使 VT_1 导通，从而向输出滤波电路传输能量。输出并联单端应用时，PWM 周期与振荡器周期相同，最大占空比可达 100％。

图（b）是推挽结构的应用电路，SG3525 的两个输出端分别通过限流电阻 R_2 和 R_3 接 NPN 型功率开关晶体管 VT_1 和 VT_2 的基极，C_1 和 C_2 为加速电容，可以缩短功率晶体管的关断时间，以便降低开关损耗。R_1 为公共限流电阻，可以限制 VT_1 和 VT_2 的基极电流。推挽式应用时，PWM 周期是振荡器周期的 2 倍，最大占空比接近 50％（需要留有足够的死区时间）。

图（c）是驱动场效应功率管 MOSFET 的推挽式应用电路，SG3525 的两个输出端分别直接与 VT_1 和 VT_2 的栅极连接，低输出阻抗可使 MOSFET 的栅极输入电容快速充、放电，以便降低开关损耗。R_1 为公共阻尼电阻，可以消除 MOSFET 栅极的振铃现象。该电路需要的外围元件最少。

图（d）是半桥式结构的应用电路，SG3525 能够直接驱动小功率变压器。变压器初级绕组的两端分别直接接到 SG3525 的两个输出端上，在死区时间内可使变压器输出零电压，并且呈现低阻抗状态，有利于功率开关管的关断。R_3 为变压器初级限流电阻。半桥式应用时，PWM 周期是振荡器周期的 2 倍，最大占空比必须小于 50％（需要留有足够的死区时间）。

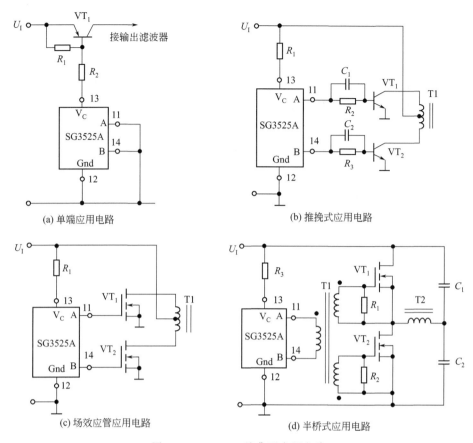

(a) 单端应用电路　　　　　(b) 推挽式应用电路

(c) 场效应管应用电路　　　　(d) 半桥式应用电路

图 4-2-7　SG3525 的典型应用电路

4.3　电流模式 PWM 工作原理

　　电流模式 PWM 控制器是一种优越的控制方法，大有全面取代电压模式 PWM 控制器的趋势。然而事实情况是没有哪一种控制类型对所有应用来说都是最佳的。下面详细介绍电流模式 PWM 控制器的工作原理与特点。

　　针对电压模式 PWM 控制电路的缺点和不足，众多的半导体器件厂家陆续推出了电流模式的 PWM 控制 IC，简称电流模式 PWM 控制器。其代表性产品有 UC3842、UC3845、UC3846、TEA1733 和 NCP1377 等。为了便于和电压模式 PWM 控制电路进行比较，依然以单端反激式开关电源的基本电路结构为例，分析电流模式 PWM 控制电路的工作原理。

　　电流模式 PWM 控制器的工作原理如图 4-3-1 所示。PWM 控制器由误差放大器、时钟发生器、PWM 比较器和锁存器组成。其中，误差放大器的作用和工作原理与电压模式 PWM 控制器相同。锁存器有一个置位控制端 S、一个复位控制端 R 和一个输出端 Q。时钟发生器产生一个固定频率时钟脉冲（窄脉冲），在每个 PWM 周期开始时使锁存器置位，Q 端输出高电平使功率开关管 VT 导通。功率开关管 VT 的发射极串联一只取样电阻 R_S 用于检测 VT 的电流，从而形成电流反馈信号 U_S。

　　PWM 比较器将误差放大器的输出信号 U_{ER} 与电流反馈信号 U_S 进行比较。当 U_S 的峰值达到 U_{ER} 的电压时，PWM 比较器的输出翻转，使锁存器复位，Q 端输出低电平使功率开

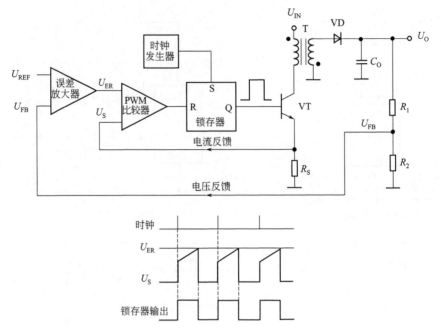

图 4-3-1　电流模式 PWM 控制电路的工作原理

关管 VT 截止。在特定的输入电压 U_{IN} 下，VT 导通后变压器初级电流是按固定斜率上升的。U_{ER} 越高，U_S 上升到 U_{ER} 电压的时间就越长，对应的占空比就越大，反之亦然。可见，该模式是通过控制功率开关管 VT 的电流大小实现 PWM 的，因此被称为电流模式 PWM 控制器。与电压模式 PWM 控制电路不同，这里的 PWM 比较器并没有直接产生 PWM 信号，PWM 信号是由锁存器 Q 端产生的。时钟脉冲使锁存器置位，PWM 比较器使锁存器复位，脉冲宽度是由时钟发生器和 PWM 比较器共同控制的。

由图 4-3-1 还可以看出，电流模式 PWM 控制器有电流反馈和电压反馈两个反馈环路。电流模式 PWM 控制器有以下优点。

① 由于电感器（即变压器初级绕组）电流以一个由 U_{IN} 所确定的斜率上升，因此，对于输入电压 U_{IN} 的变化该波形将立即做出响应，从而消除了响应延迟以及随着 U_{IN} 变化而发生的环路增益变化。

② 由于误差放大器用于控制电感器电流而非输出电压，在正激式拓扑结构中，输出滤波电感器的影响被降至最低，而且在正常工作区域中，滤波器此时只给反馈环路提供了单个极点。与类似的电压模式 PWM 控制电路相比，这既简化了补偿，又获得了较高的增益带宽。

③ 电流模式 PWM 控制电路具有逐个脉冲电流限制功能（只需对来自误差放大器的控制信号进行钳位即可实现），不需要设计额外的过流保护电路。并且在多个电源单元并联时，很容易实现负载均衡。

④ 固有的电流限制功能可以避免高频变压器发生磁饱和现象，这在推挽式电路结构中非常重要。

尽管电流模式 PWM 控制电路所提供的改进之处令人印象深刻，但这项技术也存在其特有的问题，必须在设计过程中予以解决。该电路的一些缺点如下。

① 具有两个反馈环路，因而增加了电路分析和设计的难度。

② 当占空比大于50％时,控制环路将变得不稳定,需要另外采取斜坡补偿措施,解决环路稳定性问题。

③ 由于PWM基于从电感电流中得到的信号,因此功率级中的谐振会将噪声引入控制环路。

④ 一个特别讨厌的噪声源是前沿电流尖峰,通常是由变压器绕组杂散电容和输出整流二极管反向恢复电流引起的。

⑤ 由于采用控制环来实施电流驱动,因此负载调整率变差,而且在多路输出时需要增加耦合电感器,以便获得可以接受的交叉调制性能。

通过对两种PWM控制器的工作原理与优缺点的分析,可以看出:虽然电流控制模式放宽了电压控制模式的许多限制,但也将给设计者带来诸多新的难题。因此,电流模式PWM控制器并没有完全取代电压模式控制器。利用近期功率控制技术发展中所获得的知识,半导体器件厂家对电压控制模式进行了重新评估,针对中低功率、隔离、初级侧控制应用进行了优化,改进了电压模式PWM控制器的性能,推出了改进模式的电压控制模式PWM控制器。读者可以根据具体电路要求进行合理选择。

下面以使用最为广泛的UC3842为例,介绍电流模式PWM控制器的特点、工作原理和典型应用。

UC3842是一种高性能固定频率的电流型PWM控制集成电路芯片,美国Unitrode(已被TI收购)、安森美、ST等公司都有同型号产品,彼此可以互相替换。UC3842是UC384X系列中的一款产品,该系列产品共有UC3842、UC3843、UC3844和UC3845四种型号。其中UC3842和UC3843的最大PWM占空比接近100％;UC3844和UC3845的最大PWM占空比接近50％。UC3842和UC3844的启动电压/关断电压大约为16V/10V;UC3843和UC3845的启动电压/关断电压大约为8.4V/7.6V。其他参数与特性基本相同。

UC3842采用单端大电流图腾柱式输出级,是驱动功率MOSFET的理想器件,亦可直接驱动双极型晶体管和IGBT等功率半导体器件。芯片专门为离线式开关电源和DC/DC变换器应用而设计,具有管脚数量少、外围电路简单、安装调试简便、性能优良等诸多优点。可提供8脚双列直插(DIP-8)和14脚表面贴装(SO-14)等封装形式,广泛应用于计算机、显示器、电视机等产品的开关电源控制电路中。其主要特性如下。

① 经过修整的振荡器放电电流,可精确控制占空比。

② 在电流模式下工作,振荡器频率可达500kHz。

③ 自动电压前馈补偿。

④ 锁存式PWM,可实现逐个周期的限流关断。

⑤ 带滞后电压的输入欠压锁定。

⑥ 内置5.0V基准电压源,带欠压锁定。

⑦ 大电流图腾柱输出,灌电流/拉电流可达1.0A(峰值)。

⑧ 低启动电流和低工作电流。

(1) UC3842的内部结构与引脚功能

UC3842的内部结构如图4-3-2所示。虚线框内为UC3842的内部结构,它由振荡器、误差放大器、电流检测比较器、PWM锁存器、基准电压源、内部偏置电路、欠压锁定电路和输出驱动级等组成。其引脚及功能如下(括号内为SO-14封装时的引脚编号）。

1（1）脚：输出/补偿端，该引脚是内部误差放大器的输出端，可外接阻容元件进行环路补偿，以确定误差放大器的增益和带宽。

2（3）脚：电压反馈输入端，该引脚是内部误差放大器的反相输入端，该引脚通常通过分压电阻连接开关电源的输出端。

3（5）脚：电流检测（取样）端，通常在功率开关管的源极串联一只小阻值的取样电阻，当采样电阻上的电压超过给定值（由误差放大器决定，最大值为1V）时，UC3842就关闭输出端。

4（7）脚：RT/CT端，该引脚是外部定时电阻 R_T 与定时电容 C_T 的公共端。通过将电阻 R_T 连接至 V_{ref}（8脚）以及电容 C_T 连接至地，使振荡器频率和最大输出占空比可调，工作频率可达500kHz。

5（8、9）脚：接地端，DIP-8封装时，该引脚是控制电路和电源的公共地。SO-14封装时，8脚是电源地端，9脚是控制电路地线返回端，并在内部连接到电源地端，用于减少控制电路中瞬态开关噪声的影响。

6（10）脚：输出端，该输出可直接驱动功率MOSFET的栅极，具有拉电流和灌电流的双向驱动能力，峰值电流高达1.0A。

7（11、12）脚：V_{CC} 电源端，DIP-8封装时，该引脚是内部控制电路和输出晶体管的公共电源端。SO-14封装时，12脚是芯片内部控制电路的电源端（V_{CC}），11脚是输出晶体管的电源端（V_C），通过分离的电源连接，可以减小瞬态开关噪声对控制电路的影响。

8（14）脚：V_{ref} 输出端，该引脚为内部基准电压输出端，它通过电阻 R_T 向电容 C_T 提供充电电流。该输出端具有短路保护功能，能向外部附加控制电路提供超过20mA的电流输出。

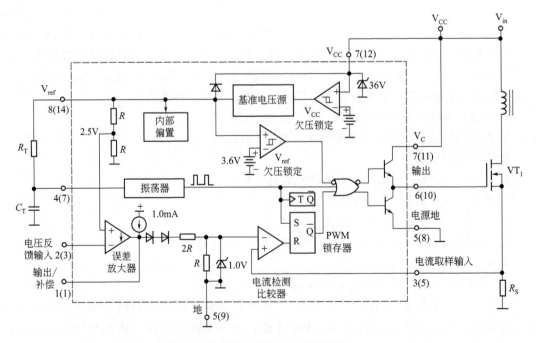

图4-3-2　UC3842的内部结构

（2）UC3842 的工作原理与时序波形

如图 4-3-3 所示，UC3842 的振荡器频率由定时元件 R_T 和 C_T 的选择值决定。电容 C_T 由 5.0V 的基准电压通过电阻 R_T 充电，充电至大约 2.8V 时，再由一个内部电流下拉放电至 1.2V。在 C_T 放电期间，振荡器产生一个内部消隐脉冲保持"或非"门的中间输入为高电平，这导致输出为低状态，从而产生了一个可控的输出死区时间。图 4-3-3(a) 显示 R_T 与振荡器频率关系曲线，图 4-3-3(b) 显示输出死区时间与频率关系曲线，它们都是在给定的 C_T 值时得到的。需要注意，尽管不同的 R_T 和 C_T 值都可以产生相同的振荡器频率，但只有一种组合可以得到在给定频率下的特定输出死区时间。振荡器门限电压具有温度补偿电路，放电电流在 $T_J=25℃$ 时被微调并确保在 $\pm10\%$ 之内，这些内部电路的优点是能减小振荡频率及最大输出占空比随温度的变化。

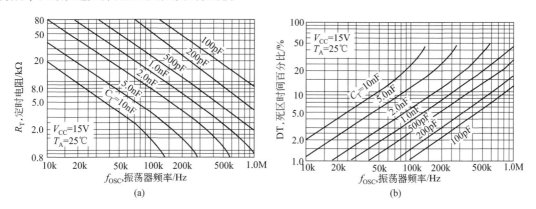

图 4-3-3　UC3842 的 R_T、死区时间与振荡器频率的关系

UC3842 的误差放大器是一个提供了反相输入和输出端引脚的全补偿误差放大器。此放大器具有 90dB 的典型直流电压增益和 1.0MHz 的单位增益带宽。如图 4-3-2 所示，同相输入端在内部偏置于 2.5V（基准电压的 1/2），没有引出管脚。典型应用时，电源变换器的输出电压通过一个电阻分压器分压后连接到反相输入端，从而实现电压取样和反馈。误差放大器的最大输入偏置电流为 $-2.0\mu A$，它将引起输出电压误差。该误差电压等于输入偏置电流和分压器等效输入电阻的乘积。误差放大器输出（1 脚）用于外部环路补偿。输出电压经两只二极管降压约 1.4V，并在连接至电流取样比较器的反相输入之前被分压到三分之一。这是为了在 1 脚处于其最低状态时（U_{OL}），保证在输出端（6 脚）不出现驱动脉冲。这种情况会在电源正在工作时负载开路，或者在软启动过程的开始时发生。误差放大器仅有灌电流能力，相当于 OC 门输出结构，其输出高电压是由 1.0mA 的上拉电流源提供的。因此，误差放大器反馈电阻最小值受限于上拉电流，其最小数值约为 8.8kΩ，通常取值应在 10kΩ 以上。

电流检测（取样）比较器和脉宽调制（PWM）锁存器是 UC3842 控制核心。UC3842 作为电流模式控制器工作，输出开关的导通从一个振荡器周期开始，当外部主电路的电感峰值电流到达误差放大器的输出/补偿端（1 脚）建立的门限电平时中止。这样完成了在逐周期的基础上，由误差电压信号控制电感的峰值电流。电流取样比较器及 PWM 锁存器的使用，可确保在任何给定的振荡器周期内，仅有一个单脉冲出现在输出端。电感电流通过一个与输出开关管 VT_1 的源极串联后接地的取样电阻 R_S 转换成电压。此电压由电流取样输入端（3 脚）引入并与来自误差放大器的输出电平相比较。在正常的工作条件下，电感峰值电流由 1 脚上的电压控制，其电流为：$I_{PK}=(U_{(PIN1)}-1.4V)/3R_S$。当电源输出过载或者输出电压取样信号丢失时（例如反馈回路开路），异常的工作条件将出现。在这些条件下，电流取样比较器门限将被内部钳位至 1.0V。因此，开关管 VT_1 的最大峰值电流为：$I_{PK(max)}=1.0V/R_S$。通常在电流波形的前沿可以观察到一个尖脉冲，当输出负载较轻时，它可能会引起电源不稳定。这个尖脉冲的产生是由于电源变压器匝间电容和输出整流管的恢复时间造成的。如图 4-3-4 所示，通常在电流取样输入端增加一个 RC 滤波器，组成电流波形尖峰脉冲抑制电路，使它的时间常数接近尖脉冲的持续时间，即可消除这种不稳定性。

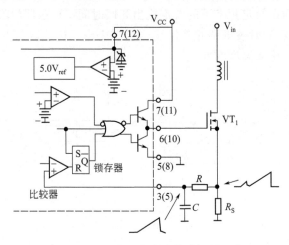

图 4-3-4 电流波形尖峰脉冲抑制电路

UC3842 的欠压锁定电路采用了两个欠压锁定比较器，保证在输出级被驱动之前，全部控制器已经正常工作。电源端（V_{CC}）和基准电压输出（V_{ref}）各由分离的比较器监视。每个比较器都具有内部的滞后，以防止在它们各自的门限电压时产生错误输出动作。V_{CC} 比较器上、下门限分电压为 16V/10V。V_{ref} 比较器高、低门限电压为 3.6V/3.4V。较大的滞后电压和较小的启动电流，使 UC3842 特别适合在需要自举启动技术的离线式变换器中应用。一只 36V 的齐纳二极管作为一个并联稳压管，从 V_{CC} 连接至地。它的作用是保护集成电路，避免因系统启动期间产生的过高电压而损坏。UC3842 的最小工作电压为 11V。

UC3842 采用单端图腾柱式输出级，是专门设计用来直接驱动功率 MOSFET 的，在 1.0nF 电容负载时，它能提供高达 ±1.0A 的峰值驱动电流和典型值为 50ns 的上升、下降时间。还附加了一个内部电路，使得任何时候只要欠压锁定有效，输出就进入灌电流模式，这个特性使外部不再需要下拉电阻。

UC3842 的时序波形如图 4-3-5 所示。其中图 4-3-5（a）是采用较大定时电阻 R_T 和较小定时电容 C_T 时的相关波形，图 4-3-5（b）是采用较小定时电阻 R_T 和较大定时电容 C_T 时的相关波形。参见图 4-3-2，振荡器的输出连接到 PWM 锁存器的置位端（S）和输出驱动或非门的输入端。该脉冲高电平时置位 PWM 锁存器，使其输出（$\overline{Q}$）为低电平，连接到或非门的下方输入端。因或非门的中间输入端为高，输出驱动端暂为低电平。振荡器输出的高电平脉冲过后，或非门的中间输入端变为低电平，经或非门反相，输出驱动晶体管导通，输出端才变为高电平，开通外部功率开关管。振荡器输出为高电平的期间内，输出驱动晶体管暂时不能导通，这段时间就是死区时间，也就是 C_T 的放电时间。

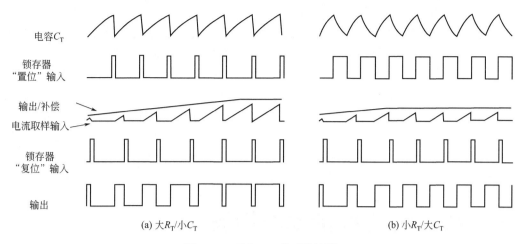

電容 C_T
鎖存器"置位"輸入
輸出/補償
電流取樣輸入
鎖存器"複位"輸入
輸出

(a) 大 R_T/小 C_T　　　　　　(b) 小 R_T/大 C_T

图 4-3-5　UC3842 的时序波形

外部功率开关管开通后，电感电流逐渐升高，其源极取样电阻压降逐渐增大，该电压送到电流检测比较器与误差放大器输出电压（补偿端电压）比较。取样电阻压降达到补偿端电压后，电流检测比较器输出高电平脉冲，将 PWM 锁存器复位，使其输出（$\overline{Q}$）为高电平，关断输出驱动晶体管，一个完整的 PWM 周期结束。

当 R_T 较大、C_T 较小时，C_T 充电时间长，放电时间短，振荡器输出为高电平时间较短的窄脉冲，对应的死区时间就小，最大占空比就较大。当 R_T 较小、C_T 较大时，C_T 充电时间变短，放电时间变长，振荡器输出为高电平时间较长的宽脉冲，对应的死区时间就大，最大占空比就较小。另一个方面，当负载较轻时，输出电压升高，通过误差放大器放大，使电流检测比较器反相端电压降低，可在电感电流较小时就关断输出驱动晶体管，减小 PWM 占空比，从而使输出电压回落，完成稳压过程。可见，UC3842 是通过控制外部功率开关管的电流（即电感电流）大小来实现占空比调节的，因此称之为电流模式的 PWM 控制器，也叫电流型 PWM 控制器。这种控制模式本身就具备了过电流保护功能，不必设计额外的过流保护电路。

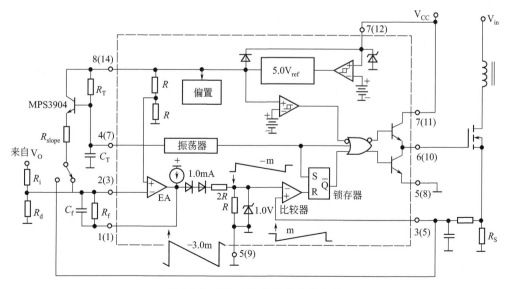

图 4-3-6　UC3842 的斜坡补偿电路

UC3842 是专门为离线式（Off - Line）开关电源和 DC/DC 变换器应用而设计的，其典型应用电路见本章前文图 4-1-1。当电流模式变换器工作在占空比大于 50% 和连续电感电流条件下，会产生分谐波振荡，这种不稳定性与稳压器的闭环特性无关，它是由固定频率和峰值电流取样同时工作状况所引起。为了避免这种不稳定，通常要加入斜坡补偿电路。

UC3842 的斜坡补偿电路如图 4-3-6 所示，有两种方法可以进行斜坡补偿。一种方法是将定时电容 C_T 上的锯齿波电压通过射极跟随器引出，经过斜坡补偿电阻 R_{slope} 连接到误差放大器的反相输入端，将会在电流检测比较器的反相输入端产生斜率为 $-m$ 的斜坡补偿电压。另一种方法是将锯齿波电压经过斜坡补偿电阻 R_{slope} 连接到电流检测比较器的同相输入端，使其产生斜率为 m 的斜坡补偿电压。通过改变 R_{slope} 的阻值，即可改变补偿电压斜率。

4.4 输出电压反馈电路原理

输出电压反馈电路属于开关电源控制电路的一部分。在输入与输出不需要电气隔离的场合，可直接利用电阻分压得到反馈电压，这种方法最简单实用。在输入与输出需要电气隔离的场合，可在高频变压器增加反馈绕组，从反馈绕组获得电压反馈信号。也可以采用光耦合器实现电气隔离，通过光耦合器获得电压反馈信号。不同电压反馈电路的性能特点有一定的差异。

4.4.1 电阻分压反馈电路

电阻分压式反馈电路常用于输出与输入端不需要电气隔离的场合，输出电压通过分压电阻降压后直接连接到误差放大器。图 4-4-1 是电阻分压式反馈电路的基本原理。其中，图（a）是输出电压为正极性时的电路结构。电源的输出电压经电阻 R_1 和 R_2 分压后连接到误差放大器的同相端，误差放大器的反相端连接基准电压（U_{REF}），此时输出电压的计算公式为：$U_O = U_{REF}(1 + R_1/R_2)$。图（b）是输出电压为负极性时的电路结构。电源的输出电压经电阻 R_1 和 R_2 连接基准电压（U_{REF}），分压点连接到误差放大器的反相端输入，误差放大器的同相端直接接地，此时输出电压的计算公式为：$U_O = -U_{REF}(R_1/R_2)$。

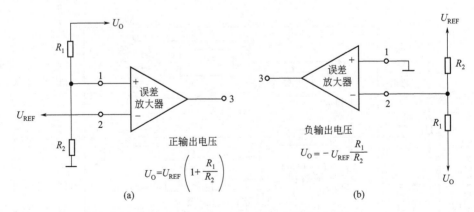

图 4-4-1　电阻分压式反馈电路的基本原理

电阻分压式反馈电路的应用参见图 4-1-2（TL494 组成的推挽式 DC/DC 变换器），该电路为正极性输出，输出电压为：$U_O = U_{REF}(1 + R_1/R_2) = 5.0(1 + 22k/4.7k) = 28.4V$。

电阻分压式反馈电路的结构简单，PWM 控制器由输入电源供电，成本最低，稳压性能也很好。其缺点是输出与输入端必须有公共参考地，适合用在非隔离式 DC/DC 变换器中。用在需要电气隔离的场合时，需要增加辅助电源为 PWM 控制器供电，PWM 控制器与输出端共地，功率开关管的驱动信号通过脉冲变压器耦合，实现输入与输出的电气隔离。这时的电路结构复杂，在半桥式和全桥式 DC/DC 变换器中应用较多。早期的个人电脑（PC）开关电源大多采用这种结构。

4.4.2 变压器辅助绕组反馈电路

变压器辅助绕组反馈电路适用于反激式开关电源中，其典型应用如图 4-4-2 所示。变压器辅助绕组反馈电路的基本原理是电磁感应定律。根据电磁感应原理，同一个变压器绕组中的感应电压与其匝数成正比。反馈绕组与输出（次级）绕组的匝数比，就是反馈电压和输出电压的电压比。虽然反馈绕组与输出绕组在电气上是隔离的，但只要检测出反馈绕组的电压，就可以知道输出绕组的电压。只要反馈绕组的电压稳定了，输出绕组的电压也就相应的稳定。

图中，R_2 为启动电阻，N_3 为辅助反馈绕组，N_2 为输出绕组，其匝数比为 11/4 = 2.75。N_3 具有两个作用，一个是提供输出电压的反馈信息；另一个是提供 UC3842 工作电源。N_3 上的电压经 VD$_1$ 整流、C_2、C_3 滤波得到反馈电压，N_2 经 VD$_4$ 整流、C_{10} 滤波得到输出电压。反馈电压给 UC3842 供电的同时，经 R_3 和 R_4 分压连接到 UC3842 电压反馈引脚（2 脚）。该电路直接稳定反馈电压（即 UC3842 电源引脚电压），间接稳定输出电压。按照 UC3842 工作原理，稳定之后的反馈电压应为：$2.5(1+R_3/R_4)=2.5\times(1+20/4.7)=13.1\text{V}$。输出电压应为：$13.1/2.75=4.8\text{V}$（2.75 为 N_3 与 N_2 的匝数比，即 11T/4T = 2.75），与输出电压（+5V）十分接近。实际应用中，可通过改变 R_3 和 R_4 的阻值，间接调节输出电压值。

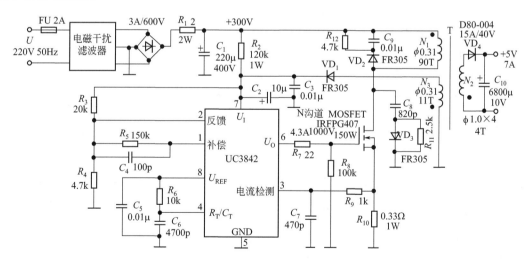

图 4-4-2　变压器辅助绕组反馈电路的应用

变压器辅助绕组反馈电路结构较为简单，可实现输入与输出的电气隔离。但由于是间接稳定输出电压，当负载电流变化时，输出绕组的直流电阻及输出整流二极管造成的压降不会反映到反馈电路中，因此其负载调整率较差，适用于输出电流变化较小或者对输出电压精度要求不高的场所。

4.4.3 光耦合器反馈电路

光耦合器简称光耦,是开关电源电压反馈电路中常用的电子元件。光耦一般由红外发光二极管和光敏三极管两部分构成。光耦中的发光二极管在通过电流时发光,光线照射到光敏三极管后产生集电极电流,从而实现了电流传输。由于光敏三极管的电流是通过光线照射而产生的,发光二极管一侧的电路与光敏三极管一侧的电路不需要直接的电气连接,从而实现了电气隔离。有关光耦的详细介绍请参考本书第 3 章的相关内容。

根据光耦型号的不同,发光二极管和光敏三极管之间可以承受 $500\sim5000\mathrm{V}$ 的 DC 或 AC 电压,称之为隔离电压。发光二极管一侧为输入端,输入电流为发光二极管的正向电流 I_F;光敏三极管一侧为输出端,输出电流为光敏三极管的集电极电流 I_C。电流传输比 (CTR) 是光耦合器的重要参数,其定义为光耦中光敏三极管(接收管)的输出电流 I_C 与发光二极管(发射管)的输入正向电流 I_F 之比,通常用百分数表示,即 $CTR=(I_C/I_F)\times100\%$。

光耦的电流传输比一般是非线性的,例如常用的 4N25、4N26 型光耦,属于 4N×× 系列非线性光耦。开关电源中使用的光耦一般要求具有较高的线性度,并且应选择电流传输比 $CTR=50\%\sim200\%$ 的产品。常用的型号有 PC817A、CNY17-2 等。

光耦反馈电路中还要有基准电压,以便构成误差放大器。在输出电压精度要求不高的场合,基准电压可由稳压二极管产生。输出电压精度要求较高时,需要使用基准电压源(如 TL431 型可调式精密并联稳压器)。

使用稳压管的光耦反馈电路如图 4-4-3 所示。图中偏置绕组 N_B 产生的感应电压经 VD_3 高频整流、C_4 滤波后形成偏置电压,为光耦中的光敏三极管提供电源,该电源与变压器初级(N_1)电路共地。由稳压管 VD_Z、电阻 R_1、光耦中的 LED 构成取样电路和误差放大器,该部分与变压器次级(N_2)电路共地,通过光耦与初级电路实现电气隔离。

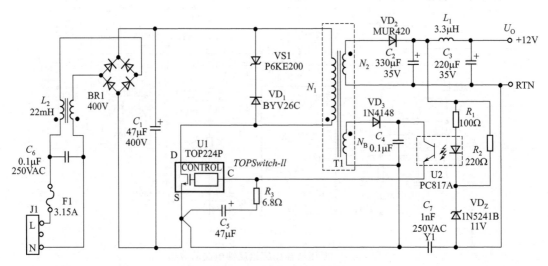

图 4-4-3　使用稳压管的光耦反馈电路

当输出电压 U_O 升高,使稳压管 VD_Z 击穿,在光耦的输入 LED 产生电流时,光耦的输出端便会产生电流 I_C,该电流就是 TOP224P(U_1)控制电流。输出电压 U_O 为 VD_Z 的击穿电压(11V)、光耦的 LED 正向压降(约 1.0V)及电阻 R_1 压降之和。因 R_1 阻值较小,其压降可以忽略，故本电路的输出电压为 12V。R_2 为 VD_Z 的偏置电阻，使 VD_Z 流过合适的工作电流，改善其稳压特性。R_1 是光耦中 LED 的外部限流电阻。实际上 R_1 除了限流作用之外，它对控制环路的增益也有调节作用。这是因为改变 R_1 的阻值，也就相当于改变了控制环路的直流放大倍数。

当由于某种原因使输出电压 U_O 升高时，会造成 R_1 两端电压升高，其电流（也是光耦中 LED 的电流 I_F）也增大。这会使光耦的输出端电流 I_C 增大，从而使 TOP224P 的占空比 D 减小，使输出电压 U_O 回落，完成稳压过程。

使用 TL431 的光耦反馈电路如图 4-4-4 所示。TL431 为可调式精密并联稳压器，也称为可调基准电压源。在构成光耦反馈电路时，其作用是外部误差放大器。由于 TL431 具有很高的放大倍数，因此可以得到很好的稳压性能，其稳压精度可与电阻分压式反馈电路媲美，在高精度开关电源中应用非常广泛。

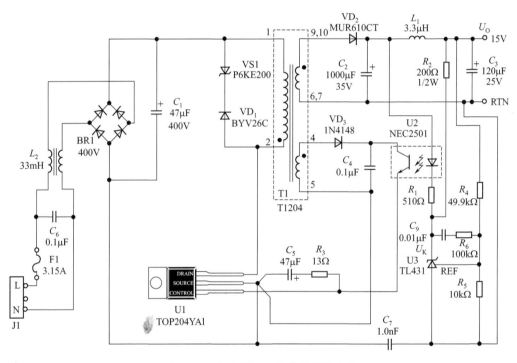

图 4-4-4　使用 TL431 的光耦反馈电路

如图所示，电阻 R_4 和 R_5 分压后连接到 TL431 的 REF 端，该端的正常工作电压等于其内部基准电压 U_{REF}（2.50V），开关电源的输出电压由 R_4 和 R_5 分压比决定。输出电压的计算公式为：$U_O = U_{REF}(1 + R_4/R_5)$。可以算出，本电路输出电压 U_O 为 15V。改变 R_4 和 R_5 分压比就可以调节输出电压。当电网电压或输出负载变化引起输出电压 U_O 改变时，REF 端电压将会随之改变，这会引起 TL431 的阴极电压 U_K 也产生相应的变化，进而使光耦中 LED 的工作电流 I_F 改变，最终通过控制端电流 I_C 的变化来调节占空比 D，使 U_O 产生相反的变化，从而抵消了 U_O 的波动。上述稳压过程亦可归纳成：

$$U_O \uparrow \rightarrow U_{REF} \uparrow \rightarrow U_K \downarrow \rightarrow I_F \uparrow \rightarrow I_C \uparrow \rightarrow D \downarrow \rightarrow U_O \downarrow \rightarrow 最终使 U_O 保持不变$$

电路中 R_1 是光耦中 LED 的限流电阻，R_2 为 TL431 的偏置电阻，使 TL431 流过合适的工作电流，改善其稳压性能。C_9、R_6 为环路补偿网络，可防止稳压环路产生振荡。

4.4.4 远端电压反馈电路

有些开关电源，例如电池充电器，输出电流可达几十安培，尽管连接线选的较粗，但其线路压降也不能忽略。即使连接线电阻仅为 $10m\Omega$，当其通过 $20A$ 电流时，电压降落就为 $0.2V$。如果在开关电源的输出端（电路板上）测量输出电压，线路压降会使负载端的实际电压降低，造成测量误差，这在精度要求较高的场合是不允许的。为了解决这个问题，在大电流充电器中，通常采用远端电压反馈技术，也叫 4 线检测模式。

远端电压反馈电路原理如图 4-4-5 所示。在电源输出连接线中增加两条较细的电压检测线，分别连接到负载端（电池组）的正、负极上。然后用差动放大器直接测量 U_B+ 和 U_B- 之间的电压。这样就可以消除线路压降造成的误差，达到精确测量电池电压的目的。

在由运放 U_{1A} 组成的差动放大器中，通常要求 $R_1=R_2$，$R_3=R_4$。这样电池组电压 U_B 与差动放大器输出电压 U_{FB} 之间关系为 $U_{FB}=(R_1/R_3)U_B$。在实际应用中，根据电池组电压的不同，合理选择 R_1 与 R_3 的比值，通常使反馈电压 U_{FB} 为 6V 左右，以便与 PWM 控制器的相关电路匹配。差动放大器还起到了双端输入，单端输出的作用。

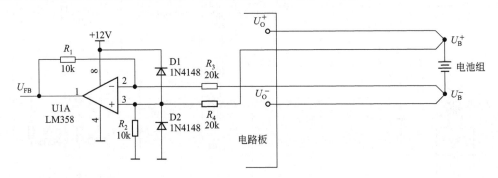

图 4-4-5　远端电压反馈电路

4.5　输出电流反馈电路原理

有些开关电源，例如电池充电器，除了稳定输出电压以外，还需要恒流工作模式，即需要稳定输出电流，这就需要在控制电路中增加电流反馈电路。电流反馈电路的基本原理是，在负载回路中串联一只电流取样电阻 R_S，再将 R_S 上得到的取样电压放大，形成电流反馈信号，用来控制 PWM 电路的输出占空比，从而达到稳定输出电流的目的。

一种输出电流反馈电路如图 4-5-1 所示。为了减小电流取样电阻 R_S 上的损耗，R_S 通常取值很小，仅为 $5\sim20m\Omega$。这样的阻值与电路板的印制导线电阻相当，为了消除印制导线电阻造成的测量误差，电流取样放大器通常也采用差动放大器结构。

电流取样电阻 R_S 在电路中的位置通常有两种选择，一种是串联在输出滤波电容 C 的后端，如图 4-5-1(a) 所示，称为输出电容后端取样；另一种是串联在输出滤波电容 C 的前端，如图 4-5-1(b) 所示，称之为输出电容前端取样。后端取样检测的是经过电容 C 滤波后的直流电流，几乎没有高频成分，对运放的带宽没有特殊要求。但由于 LC 滤波器的滞后作用，这种结构的反馈电路造成环路振荡。前端取样检测的是未经电容 C 滤波的输出电感电流，含有开关电源工作频率 2 倍的高频成分，对运放的带宽要求较高。通常要在电流取样放大器

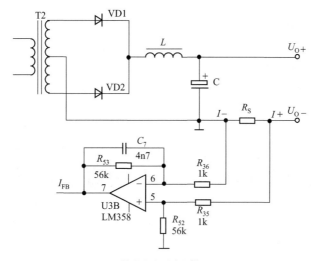

(a) 输出电容后端取样

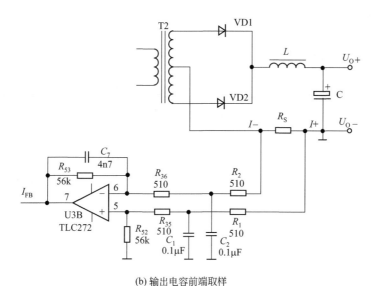

(b) 输出电容前端取样

图 4-5-1　输出电流反馈电路

的输入端接入 RC 低通滤波器，如图 4-5-1（b）中的 R_1、C_1 和 R_2、C_2。用来滤除高频成分，以便降低对运放带宽的要求。前端取样电路直接检测电感平均电流，几乎没有滞后现象，控制环路稳定性好，因此应用较多。

因为电流取样电阻 R_S 阻值很小，要得到较高的反馈电压 I_{FB}（这里用 I_{FB} 表示，以便与输出电压反馈 U_{FB} 区分），电流取样放大器通常具有 50~100 倍的放大倍数。图 4-5-1（a）中的放大倍数为 R_{53}/R_{36}＝56 倍，图 4-5-1（b）中的放大倍数也约为 56 倍。放大倍数的取值应使反馈电压 I_{FB} 为 6V 左右，以便与 PWM 控制器相关电路匹配。

第5章

开关电源的辅助电路

开关电源的拓扑结构决定了功率变换电路，同时也决定了 PWM 控制器及输出整流滤波电路的类型，这些都是开关电源的主电路，对开关电源的性能起决定作用。根据不同的拓扑结构，开关电源还需要一些辅助电路才能正常工作。有些辅助电路可能包含在主要电路环节当中。本章介绍开关电源中常用辅助电路的工作原理、特点及应用场所。

5.1 尖峰电压吸收电路

尖峰电压吸收电路是反激式开关电源必需的辅助电路。当开关电源的功率 MOSFET 由导通变成截止时，在高频变压器的一次绕组上就会产生尖峰电压和感应电压。其中的尖峰电压是由于高频变压器存在漏感（即漏磁产生的自感）而形成的，这种情况在反激式开关电源中最为明显，它与直流输入电压 U_1 和感应电压 U_{OR} 叠加后施加到 MOSFET 的漏极，很容易损坏开关电源的功率 MOSFET。为此，必须在反激式开关电源中增加漏极或集电极保护电路，对尖峰电压进行钳位或者吸收。因此，尖峰电压吸收电路也叫漏极或集电极保护电路。

尖峰电压吸收电路主要有三种设计方案：①利用齐纳二极管和超快恢复二极管（SRD）组成齐纳钳位电路；②利用阻容元件和超快恢复二极管组成的 RCD 软钳位电路；③由阻容元件构成 RC 缓冲吸收电路。尖峰电压吸收电路的结构如图 5-1-1 所示。吸收电路可以并联到高频变压器的一次绕组上，也可连接在功率 MOSFET 的漏极与地线之间。

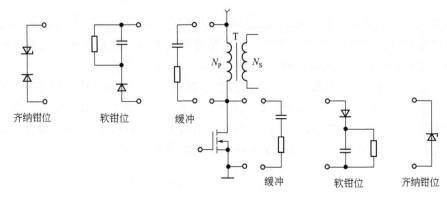

图 5-1-1　尖峰电压吸收电路的结构

缓冲吸收电路和钳位电路的作用截然不同。如果错误使用，会对开关电源的功率开关管造成较大的损害。缓冲电路用于降低尖峰电压幅度和减小电压波形的变化率，这有利于功率管工作在安全工作区（SOA）。该电路还能降低射频干扰（RFI）辐射的频谱，从而减少射频辐射的能量。钳位电路仅用于降低尖峰电压的幅度，它没有影响电压波形的变化率（dU/dt）。因此，它对减少射频干扰的作用不大，钳位电路的作用是防止功率管因电压过高造成雪崩击穿。软钳位电路的参数选择合理时，可以同时起到钳位和缓冲的作用。

双极型功率晶体管会遭受电流聚集现象，这是一个瞬时的故障形式。在晶体管关断过程中，如果出现大于 75% 额定 U_{CEO} 的尖峰电压，它可能有过大电流聚集的压力。这时电压变化率和尖峰电压的峰值必须同时控制，需要使用缓冲电路，使晶体管处在反向偏置安全工作区（RBSOA）之内。

钳位电路与缓冲电路的效果对比如图 5-1-2 所示。钳位电路专门对漏极电压进行钳位，可以限制尖峰电压的峰值，但对波形的频率没有任何影响。缓冲电路不但可以限制尖峰电压的峰值，还降低了尖峰电压的频率。

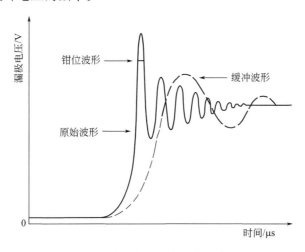

图 5-1-2　钳位电路与缓冲电路的效果对比

实际应用时，钳位电路中的齐纳二极管可用瞬态电压抑制器（TVS）代替，这样能充分发挥 TVS 响应速度极快、可承受瞬态高能量脉冲的优点。当开关电源的输出功率较大时，往往同时使用钳位电路和缓冲吸收电路，以便更好地保护功率开关管。通常将钳位电路并联到高频变压器的一次绕组上，将缓冲吸收电路连接在功率 MOSFET 的漏极与地线之间。

钳位电路的能量消耗主要在齐纳二极管或瞬态电压抑制器，软钳位电路和缓冲电路的能量消耗主要是电阻器。承受能量消耗的元件要有足够的功率，以免产生过高的温度，其额定功率应为吸收能量的 2 倍以上。

此外，在功率很大的开关电源、逆变器及 DC/DC 变换器中，功率开关管的连接线电感造成的尖峰电压可能高达数百伏以上，经常造成开关管过压击穿而损坏。这里所说的连接线就是直流高压的正、负极到功率开关管（通常是 IGBT 模块）之间的连接线，通常也称之为电源母线。其正极用"P"表示，负极用"N"表示，连接线的电感称之为主电路寄生电感。为了消除寄生电感造成的尖峰电压，通常在 IGBT 模块的相应引脚之间加入缓冲电路。因为缓冲电路实际上是加在电源母线上，因此称为集中式缓冲电路。常见的集中式缓冲吸收电路如图 5-1-3 所示。

其中，图 5-1-3(a) 为 C 型缓冲电路，只用一只缓冲电容 C_S。这种电路简单易行，但主电路电感与缓冲电容器容易发生 LC 谐振，造成母线电压产生振荡。图 5-1-3（b）为 RCD 型缓冲电路，由于缓冲二极管 VD 的单向导电特性以及电阻 R 的阻尼作用，可以消除母线电压振荡，特别是在母线配线较长的情况下效果明显。因此，RCD 型缓冲电路比较常用。

需要说明：这里的缓冲电容 C_S 将承受几十乃至几百安培的脉冲电流，必须使用专用的缓冲电容器。图 5-1-4 给出了几种缓冲电容器的外形，这些电容能够承受数百安培的脉冲电流。有些缓冲电容器的引脚尺寸与 IGBT 模块相同，

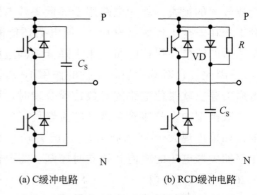

(a) C缓冲电路　　　　(b) RCD缓冲电路

图 5-1-3　集中式缓冲吸收电路

可以直接用螺栓安装在 IGBT 模块上，以便使电容器的引线长度减到最小。缓冲二极管 VD 应为快恢复二极管，其浪涌电流 I_{FSM} 应为 IGBT 模块峰值电流的 2～3 倍。阻尼电阻 R 通常为 10～20Ω，其功率消耗可达几十瓦以上，也需要安装在散热器上。

图 5-1-4　几种缓冲电容器的外形

为了便于元件选择，有些半导体器件厂商根据自己的产品特性，给出了集中式缓冲电容量的参考数据。表 5-1-1 列出了几种 IGBT 模块使用的缓冲电容量数据，供读者参考。

表 5-1-1　集中式缓冲电容量的参考数据

器件参数		驱动条件		主电路寄生电感 /μH	缓冲电容 C_S /μF
U_{CES}/V	I_C/A	$-U_{GE}$/V	R_G/Ω		
600	50	≤15	≥68	—	0.47
	75		≥47		
	100		≥33		
	150		≥24	≤0.2	1.5
	200		≥16	≤0.16	2.2
	300		≥9.1	≤0.1	3.3
	400		≥6.8	≤0.08	4.7
1200	50	≤15	≥22	—	0.47
	75		≥9.1		
	100		≥5.6		
	150		≥4.7	≤0.2	1.5
	200		≥3.0	≤0.16	2.2
	300		≥2.0	≤0.1	3.3

5.2 尖峰电流抑制电路

当开关电源的开关频率较高（100kHz 及以上）时，在功率开关管导通时，高频变压器初级的分布电容和次级输出整流二极管的反向恢复过程，都会在功率开关管集电极产生尖峰电流。次级输出整流二极管也会产生反向尖峰电流。尖峰电流可能损坏功率开关管和整流二极管，还会产生开关噪声，增加电磁辐射。

虽然在整流二极管两端并上由阻容元件串联而成的 RC 吸收电路，能对开关噪声起到一定的抑制作用，但效果仍不理想，况且在电阻上还会造成功率损耗。较好解决的办法是在功率开关管的集电极和次级输出整流电路中串联一只磁珠。

磁珠是一种小型的铁氧体或非晶合金磁性材料，其外形呈管状，引线穿心而过。常见磁珠的外形尺寸有 $\phi 2.5 \times 3$（mm）、$\phi 2.5 \times 8$（mm）、$\phi 3 \times 5$（mm）等多种规格。开关电源中使用的磁珠，电感量一般为零点几至几微亨。磁珠的直流电阻非常小，一般为 $0.005 \sim 0.01\Omega$。通常噪声滤波器只能吸收已发生了的噪声，属于被动抑制型；磁珠的作用则不同，它能抑制尖峰电流的产生，因此属于主动抑制型，这是二者的根本区别。磁珠还可广泛用于高频开关电源、录像机、电子测量仪器以及各种对噪声要求非常严格的电路中。

开关电源中常用的几种磁珠外形如图 5-2-1 所示。空心的管状磁珠可以直接穿在直插型功率开关管或整流二极管引脚上。

图 5-2-1　几种磁珠的外形图

5.3 过电压保护电路

开关电源的过电压保护包括输入过电压保护和输出过电压保护。其中，输入过电压又分为浪涌过电压和电源电压过高两种情况。浪涌过电压主要是遭遇雷击或者电源系统中较大负载的接通和断开形成的操作过电压。因此，浪涌过电压保护电路常称为防雷击单元。浪涌过电压保护一般采用氧化锌压敏电阻（VDR）或瞬态抑制二极管（TVS），其电路原理如图 5-3-1所示。

图 5-3-1(a) 为压敏电阻组成的浪涌电压保护电路，压敏电阻 RV_1 和 RV_2 用于电网的共模浪涌电压钳位，RV_3 用于电网的差模浪涌电压钳位。FU 为保险管，当浪涌电压持续时间较长时可熔断，从而断开电源，确保相关电路不受损坏。

图 5-3-1(b) 为 TVS 组成的浪涌电压保护电路，TVS_1 和 TVS_2 用于电网的共模浪涌电压钳位，TVS_3 用于电网的差模浪涌电压钳位。FU 为保险管，当浪涌电压持续时间较长时

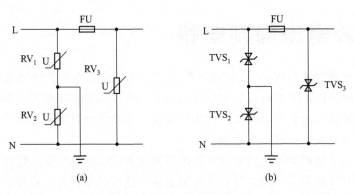

图 5-3-1 浪涌过电压保护电路

可熔断,从而断开电源,确保相关电路不受损坏。

对于电源电压过高造成的过电压,通常是在输入整流滤波之后加入电压检测电路,当直流高压过高时,使开关电源停止工作,避免产生过高的反射及尖峰电压。保护功率开关管不会因过压而击穿损坏。有些单片开关电源本身就具有过压保护功能。适用于 UC3842 的输入过压保护电路如图 5-3-2 所示。

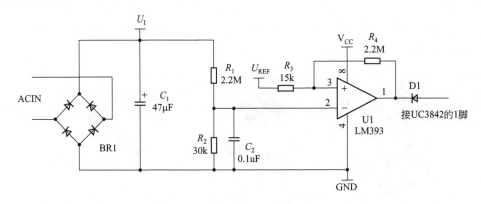

图 5-3-2 输入过电压保护电路

保护电路的取样电压来自输入滤波后的直流高压 U_I。U_I 经电阻 R_1 和 R_2 分压后得到取样电压,连接到电压比较器 LM393 的 2 脚,如果取样电压高于比较器 3 脚的基准电压(来自 UC3842 的 U_{REF},即 5.0V),比较器 1 脚将输出低电平,去控制 UC3842 的 1 脚,使其关断,电源无输出。按照图中的参数,当输入直流高压 U_I 大于 $(R_1+R_2)5.0/R_2 =$ 372V 时,LM393 的 1 脚将输出低电平。这相当于交流电源电压大于 372V/1.414=263VAC 时,过压保护电路开始动作。为了避免在过压保护点频繁的动作,通常需要在动作点加入回差电压,图中电阻 R_3 和 R_4 便起到回差的作用,按照图中的参数,回差电压大约为 7%。如果保护电路在 263VAC 动作,那么恢复正常时的电源电压约为 245VAC。这两个电压的差值就称为回差电压。回差电压可以通过调整 R_3 或 R_4 的阻值改变,例如增大 R_4 的阻值,回差减小;减小 R_4 的阻值,回差增大。

输出过电压保护电路一般有限压型和短路型两种典型的结构。当电压反馈电路出现故障,使输出失控而造成输出过电压时,可采用限压型过压保护电路,该电路在反激式开关电源中应用较多。当输出电压过高时,辅助绕组 N_F 上的反射电压会同步升高。如图 5-3-3 所示,N_F 上的电压升高会使 U_{FB} 升高,造成稳压管击穿,从而产生附加的控制电流,使开关电源的占空比下降，使输出电压不再上升，起到限压保护的作用。改变稳压管的稳压值，就可改变输出电压的限压值。

短路型过压保护电路主要用于数字电路负载的系统中，其典型应用是计算机的＋5V电源过压保护。数字电路过电压的承受能力较小，很容易造成过电压损坏，而且很多数字电路（如CPU、存储器等）价格比较昂贵。当电源过电压时，需要立刻降低电源电压，从而保护数字电路。这时就需要采用短路型过压保护电路。如图5-3-4所示，当输出电压升高时，会造成稳压管VD_Z击穿导通，从而触发晶闸管SCR导通，使电源急剧短路，从而保护输出电路。这时还要求开关电源本身具有短路保护功能，避免自身损坏。短路型过压保护电路动作之后，一般处在锁定状态，需要将开关电源关闭，稍后重新启动，才能恢复正常工作。

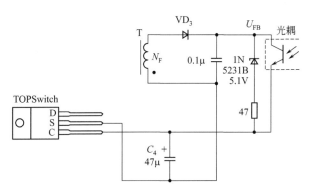
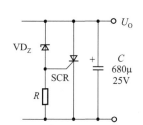

图 5-3-3　限压型输出过电压保护电路　　　　图 5-3-4　短路型输出过电压保护电路

5.4　过电流保护电路

开关电源的过电流保护也分为输入过电流和输出过电流两种情况。但输入电流和输出电流通常存在固定的比例关系，因此既可以将过电流保护设计在输入电路中，也可以设计在输出电路中。当过电流保护设计在输入电路时，可以同时起到输入和输出过电流保护的作用。但过电流保护设计在输出电路时，便于控制过电流设置的精确度，以便满足负载特性的要求。例如电池充电器的恒流控制。

有些开关电源控制芯片本身就具有过电流保护的功能，只要合理选择芯片型号或者取样电阻，就可以起到很好的过电流保护效果。由TL494组成的推挽式DC/DC变换器电路（参见图4-1-2）中的R_4和UC3842的典型应用电路（参见图4-1-1）中的R_2就是电流取样电阻。合理选择这些电阻的阻值，就能得到很好的过电流保护效果。单片开关电源一般使用内部开关管的导通电阻R_{ON}来实现电流取样，还可以避免取样电阻造成的附加损耗，从而提高开关电源的效率。

一种输出过电流保护电路如图5-4-1所示。R_1为输出电流取样电阻，R_2为晶体管VT的基极限流电阻。当输出电流流过R_1时，将产生压降。该压降达到0.7V（VT的b-e结偏置电压）时，VT导通，产生集电极电流。该电流流过光耦IC_2的LED，从而产生IC_1附加的控制端电流I_C，使开关电源的占空比下降，使输出电压降低，输出电流将保持恒定，起到限流保护的作用。该电路可用于电池充电器电路中。输出最大电流值约为：$0.7V/R_1 = 0.7/0.5 = 1.4A$。

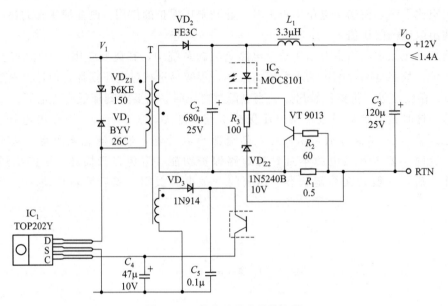

图 5-4-1　输出过电流保护电路

在半桥/全桥式开关电源中，还可以在高频变压器的初级加入电流互感器，用于检测初级电流的大小，从而实现功率开关管的过流保护，这种电路有时对负载短路及次级整流管短路也能起到良好的保护作用。高频变压器初级过流检测电路原理如图 5-4-2 所示。图中 T_1 为电流互感器，互感器初级绕组串联在开关电源高频变压器的初级绕组中。互感器次级绕组连接电阻 R_1、整流二极管 $VD_2 \sim VD_4$、$R_2 \sim R_5$ 等。互感器变比为 $100 \sim 200$，将较大的初级电流转换为较小值，该电流流过 R_1、$VD_2 \sim VD_4$ 在电阻 R_2 上产生脉动直流电压。R_2 上的电压与互感器初级电流成正比，该电压经过 R_2、R_4 和电容 C_1 滤波变为平滑的直流电压接到 PWM 电路中。

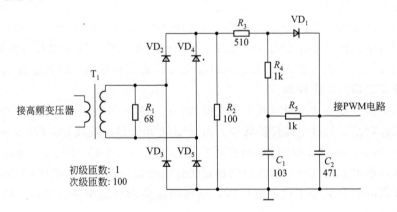

图 5-4-2　高频变压器初级过流检测电路

当高频变压器初级电流增加时，电容 C_1 上的电压会增大，C_1 上的电压通过 R_5 和 C_2 连接 PWM 控制电路，该电压达到一定幅度后使 PWM 电路关闭，从而实现过流保护的作用。当高频变压器初级电流很大时，互感器次级绕组电压很高，可使二极管 VD_1 导通，电容 C_2 上的电压迅速升高，瞬间关闭 PWM 电路，可实现短路保护的作用。C_2 容量较小，用于滤除噪声电压，可防止电路误动作。

此外，大多数 IGBT 驱动模块具有过流保护功能，其工作原理是通过检测 IGBT 的导通压降来实现过流保护。当 IGBT 过流时，其饱和压降 U_{CES} 必然升高，当 U_{CES} 达到一定阈值电压的时候，保护电路启动，关断 IGBT。有关 IGBT 驱动模块的工作原理详见 5.8 节的相关内容。

5.5 欠电压保护电路

开关电源的欠电压保护通常是指输入欠电压保护，当输入电压过低时，会造成输出电压降低及输入电流增大，不但会影响电路正常工作，还可能造成元器件损坏。与输入过压保护电路类似，通常采用电压比较器电路来实现输入欠电压保护功能。有些单片开关电源本身也具有欠压保护功能。

适用于 UC3842 的输入欠电压保护电路如图 5-5-1 所示。保护电路的取样电压来自输入滤波后的直流高压 U_I。U_I 经电阻 R_1 和 R_2 分压后得到取样电压，该电压通过电阻 R_3 连接到电压比较器 LM393 的 5 脚，如果取样电压低于比较器 6 脚的基准电压（来自 UC3842 的 U_{REF}，即 5.0V），比较器 7 脚将输出低电平，去控制 UC3842 的 1 脚，使其关断，电源无输出。按照图中的参数，当输入直流高压 U_I 小于 $(R_1 + R_2)5.0/R_2 = 255\text{V}$ 时，LM393 的 1 脚将输出低电平。这相当于交流电源电压小于 $255\text{V}/1.414 = 180\text{VAC}$ 时，欠压保护电路开始动作。为了避免在欠压保护点频繁的动作，通常需要在动作点加入回差电压，图中电阻 R_3 和 R_4 便起到回差的作用，回差电压可以通过调整 R_3 或 R_4 的阻值改变，例如增大 R_4 的阻值，回差减小；减小 R_4 的阻值，回差增大。

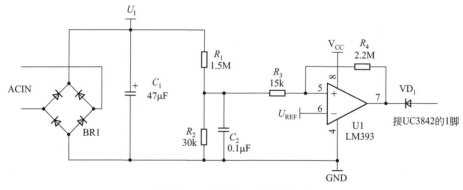

图 5-5-1　输入欠电压保护电路

 小贴示

因为回差电压通过正反馈电路实现，所以回差电阻必须连接在电压比较器的同相输入端（"+"端）。

5.6 功率开关管驱动电路

5.6.1 双极型晶体管（BJT）的驱动电路

双极型晶体管属于电流控制型器件，驱动控制比较简单，通常可由 PWM 控制器直接驱动。图 4-1-2 中示出了 TL494 直接驱动 PNP 型晶体管（Tip32）的电路。

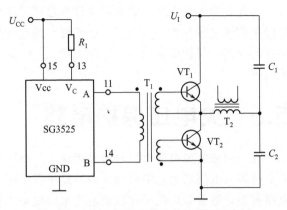

图 5-6-1 脉冲变压器驱动晶体管的原理图

双极型晶体管的另一种驱动方式是采用脉冲变压器，其电路原理如图 5-6-1 所示。主电路为半桥拓扑结构，T_2 为高频变压器。T_1 为脉冲变压器，其次级绕组同名端位置相反，可以保证开关管 VT_1 和 VT_2 不会同时导通。由于变压器绕组具有电气隔离作用，因此能够分别驱动高端（VT_1）和低端（VT_2）的功率开关管。R_1 为脉冲变压器初级绕组的限流电阻，可通过调整其阻值和脉冲变压器变比来改变晶体管的基极电流。但脉冲变压器的脉冲宽度一般不能超过 50%，因此在半桥/全桥式开关电源中应用较多。

对于大功率晶体管模块，需要采用专用驱动器。由于晶体管模块在当今开关电源中已经不再使用，这里不做介绍。其工作原理与 IGBT 驱动模块基本相同，读者可以参考相关内容。

5.6.2　功率 MOSFET 的驱动电路

功率 MOSFET 是当今开关电源最常用的功率开关管，其驱动电路也比较简单，众多 PWM 控制器芯片都可以直接驱动 MOSFET。图 4-1-1 给出了 UC3842 直接驱动 MOSFET 的电路。

MOSFET 属于电压控制型器件，几乎不需要静态驱动电流。但其需要较高的驱动电压，通常为 10~15V，典型值为 12V。由于 MOSFET 的栅极具有 600~6000pF 不等的输入电容 C_{iss}，当 MOSFET 开通时，需要给 C_{iss} 快速充电到 10V 以上。而在 MOSFET 关断时，又需要快速将 C_{iss} 放电到 0V。因此，功率 MOSFET 的驱动电路必须能够输出较大的脉冲电流，为输入电容 C_{iss} 快速充、放电，以便减小 MOSFET 的开关时间，从而降低其开关损耗。为此，众多的半导体器件厂家，推出了性能各异的 MOSFET 专用驱动芯片。

IR2110 是具有代表性的 MOSFET 专用驱动芯片之一，该芯片由美国的国际整流器（英文为 International Rectifier，简称 IR）公司生产，提供 DIP-14 和 SOIC-16 两种封装。IR 公司已被英飞凌（Infineon Technologies）公司收购。

DIP-14 封装的 IR2110 的引脚与功能如下。

1 脚（LO）：低端栅极驱动器输出引脚，该引脚通过一只电阻连接到低端 MOSFET 的栅极 G。

2 脚（COM）：低端电源公共地引脚，即低端驱动器的接地端，该引脚直接连接到低端 MOSFET 的源极 S。

3 脚（V_{CC}）：低端电源输入引脚，该引脚是低端驱动器的电源接入端。

4 脚：空脚，该引脚无内部连接。

5 脚（V_S）：高端浮动电源地线引脚，即高端驱动器的接地端，该引脚直接连接到高端 MOSFET 的源极 S。

6 脚（V_B）：高端浮动电源输入引脚，该引脚是高端驱动器的电源接入端。

7脚（HO）：高端栅极驱动器输出引脚，该引脚通过一只电阻连接到高端 MOSFET 的栅极 G。

8脚：空脚，该引脚无内部连接。

9脚（V_{DD}）：逻辑电源输入引脚，该引脚是内部逻辑电路的电源接入端。

10脚（HIN）：高端驱动器的逻辑输入引脚，该引脚为高电平时，高端栅极驱动器输出端（HO）为高，可使高端 MOSFET 导通。

11脚（SD）：外部关断信号输入引脚，该引脚接高电平时所有输出都被禁止，该端可与保护电路相连，以实现故障保护。

12脚（LIN）：低端驱动器的逻辑输入引脚，该引脚为高电平时，低端栅极驱动器输出端（LO）为高，可使低端 MOSFET 导通。

13脚（V_{SS}）：逻辑地线引脚，该引脚是内部逻辑电路的地线接入端。

14脚：空脚，该引脚无内部连接。

IR2110 的内部结构如图 5-6-2 所示。左侧为逻辑电路，控制信号 HIN、SD 和 LIN 为 CMOS 电平。逻辑电路的电源（V_{DD}）电压范围为 3.3～20V，能够与低电压的单片机、DSP 及 FPGA 芯片直接连接，实现数字 PWM 控制。内部"V_{DD}/V_{CC} 电平移动"电路允许逻辑电路的地线（V_{SS}）引脚与低端电源公共地（COM）引脚之间承受±5V 的电压，能够有效抑制功率地与信号地之间的噪声干扰。"高压电平移动"电路允许高端驱动器的地线（V_S）引脚在 0～500V 的电压范围内浮动，能够满足大多数开关电源的高端驱动要求。

图 5-6-2 右侧为高端驱动器和低端驱动器，驱动器输出级采用推挽结构，可以输出高达 2A 的峰值拉电流和灌电流，能够驱动 500V/30A 等级的功率 MOSFET。内部"欠压检测"电路能够在驱动器电源电压过低时关闭输出级，可以避免 MOSFET 因驱动电压不足而损坏。其中低端的"欠压检测"电路还能通过"脉冲产生"电路关断高端驱动器。"脉冲滤波"电路用于滤除噪声干扰。"延时"电路用于匹配高端驱动器前级的"高压电平移动"等电路产生的延时。

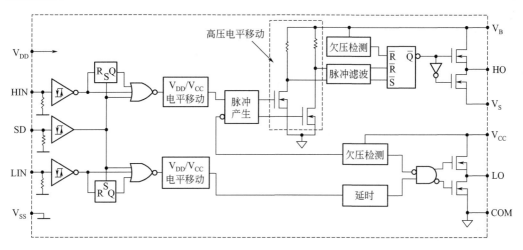

图 5-6-2 IR2110 的内部结构

IR2110 的典型电路连接如图 5-6-3 所示。其中 C_1 为逻辑电路的电源滤波电容，C_2 为高端驱动器的电源滤波电容，C_3 为低端驱动器的电源滤波电容。R_1 和 R_2 分别是高端 MOSFET（VT_1）和低端 MOSFET（VT_2）的栅极电阻，R_1 和 R_2 的阻值要根据

MOSFET 的输入电容 C_{iss} 大小来选择。该电路中的高端驱动器电源采用自举升压结构，当 VT_2 导通的时候，V_S 引脚为低电平（接近 0V），VD 导通，低压驱动器电源 V_{CC} 通过 VD 给 C_2 充电，使 C_2 电压约为 V_{CC} 电压。当 VT_2 关断，VT_1 导通时，VD 处于反向截止状态，C_2 存储的能量为高端驱动器提供电源。当 VT_2 再次导通的时候，继续为 C_2 充电，补充 C_2 的能量消耗。

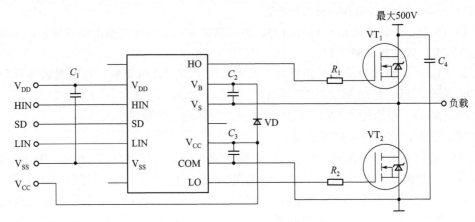

图 5-6-3　IR2110 的典型电路连接

随着 MOSFET 应用的日益普及，相应的专用驱动器芯片也层出不穷，仅 IR 公司的 IR21XX 系列芯片就有 10 种以上。安森美公司的 MC34151 和 MC34152，TI 公司的 TPS2811 和 UCC27424-Q1，飞兆半导体（Fairchild Semiconductor）公司的 FAN73932、FAN7171 _ F085 和 FAN7190 _ F085 等，都是常用的 MOSFET 驱动器芯片。其中，FAN7171 _ F085、FAN7190 _ F085 和 UCC27424-Q1 能够提供 4A 以上的峰值电流，可以驱动功率更大的 MOSFET。

在 MOSFET 的驱动电路中，不同型号 MOSFET 需要不同阻值的栅极电阻 R_G，其数值通常为 10～20Ω。R_G 的选择可参考相应 MOSFET 数据表中的相关参数值，表 5-6-1 中给出了几种 MOSFET 开关特性测试时采用的相关参数值，供读者参考。

表 5-6-1　几种 MOSFET 开关特性测试时采用的相关参数值对比

型号	测试电压 U_D/V	测试电压 I_D/A	输入电容 C_{iss}/pF	栅极电阻 R_G/Ω
IRF830	250	3.1	610	12
IRF840	250	8	1300	9.1
4N90	450	4	960	25
IRFP450	250	7	2600	4.7
IXFH28N50F	250	14	3000	2
SPP20N60C2	380	20	3000	3.6
SPW47N60C3	380	47	6800	1.8
FCA22N60N	380	11	1950	4.7

栅极电阻 R_G 的大小对 MOSFET 的开关时间及开关损耗影响较大，图 5-6-4 和图 5-6-5 分别给出了英飞凌（Infineon Technologies）公司的 SPP20N60C2 型 MOSFET 的开关时间及开关损耗与栅极电阻的关系曲线。可以看出 R_G 越大，相应的开关时间就越长，开关损耗

也就越大。SPP20N60C2 数据表中给出的开关时间参数是在 $R_G = 3.6\Omega$ 时测量的,从图中可以看出,当 $R_G = 10\Omega$ 的时候,相应的开关时间会增加一倍左右。开关损耗也增加了许多。但是,实际应用时,并不是开关时间越短越好。当开关速度过快时,将产生很高的 dU/dt 和 dI/dt,造成更大的射频干扰和 MOSFET 的开关应力。因此,R_G 的取值需要折中考虑。通常可以参照表 5-6-1 中给出的 R_G 值选择,也可以选的稍大一些。

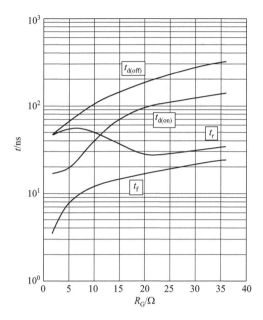

图 5-6-4　SPP20N60C2 的开关时间与
栅极电阻的关系曲线

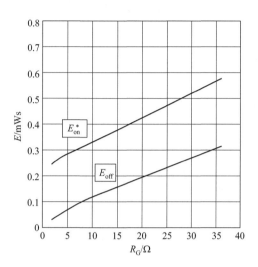

图 5-6-5　SPP20N60C2 的开关损耗与
栅极电阻的关系曲线

注:图中的 E_{on} 包含了内置二极管的反向恢复损耗值。

5.6.3　IGBT 的驱动电路

IGBT 功率开关管在中、大功率开关电源及逆变器中最常用,特别是大功率 IGBT 模块,几乎是当今大功率变频器及 UPS 的唯一选择。IGBT 的输入端与 MOSFET 具有相同的结构,属于电压控制型器件,几乎不需要静态驱动电流。因此,可以用 MOSFET 驱动电路来驱动中、小功率的 IGBT 功率开关管。有些输出驱动电流较大的 PWM 控制器芯片,例如 UC3842/3 和 UC3844/5 等,也可以直接驱动小功率的 IGBT 开关管。

对于大功率的 IGBT 模块,为了使其在关断时不发生误导通的情况,通常要在 IGBT 的栅极施加 8~15V 的负电压。因此,大功率的 IGBT 模块通常要用专用的 IGBT 驱动器。常见的 IGBT 驱动器采用厚膜集成电路的形式,采用光耦合器传输 PWM 控制信号,使用隔离(悬浮)电源供电,具有输入与输出电气隔离的特点。以前,常见的 IGBT 驱动器,例如 EXB840、EXB841、M57962 和 M57959 等均为国外产品。现在,国内也有一些厂家生产性能各异的 IGBT 驱动器,完全可以取代国外产品。北京落木源电子技术有限公司就是专门生产 IGBT 驱动器的厂家之一,其产品系列非常丰富,下面以该公司生产的 IGBT 驱动器 TX-K841 为例,介绍 IGBT 的驱动电路的特点、工作原理及其与 IGBT 功率开关管的电路连接。

TX-K841 是中、大功率 IGBT 驱动器,采用 15 引脚单列直插型厚膜集成电路的封装形式,其外形尺寸与引脚排列如图 5-6-6 所示。TX-K841 是 EXB841 的改进型产品,具有延迟时间短、工作频率高、驱动能力强等特点，其保护电路参数的缺省值与 EXB841 基本相同，可以直接代换。

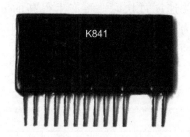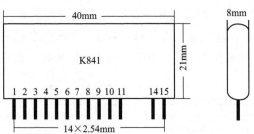

图 5-6-6　TX-K841 的外形尺寸与引脚排列

TX-K841 的引脚定义与功能如下。

1 脚（COM）：驱动器内部的正负电源的参考点（即参考地），该引脚通过一只电阻 R_E 连接到 IGBT 的发射极 E。

2 脚（V_{CC}）：驱动器辅助电源 U_P 的正极输入引脚，也是驱动器内部的正电源端。

3 脚（V_O）：驱动器的输出端，该引脚通过一只电阻 R_G 连接到 IGBT 的栅极 G。

4 脚（Reserved）：保留端。

5 脚（Fault）：故障信号输出端，IGBT 出现过电流故障时，该引脚输出低电平。可通过光耦将该信号传送到 PWM 控制电路。

6 脚（Detect）：IGBT 电流检测端，该引脚通过快恢复二极管连接到 IGBT 的集电极 C。

7、8 脚（NC）：空脚，该引脚无内部连接。

9 脚（V_{EE}）：驱动器辅助电源 U_P 的负极输入引脚，也是驱动器内部的负电源端。

10、11 脚（Reserved）：保留端。

12、13 脚（N/A）：空脚，未引出。

14 脚（GND）：输入 PWM 信号地线端，该引脚接 PWM 控制电路地线。

15 脚（PWM）：PWM 信号输入端，该引脚通过一只限流电阻接 PWM 信号，该信号与驱动器输出相位相同。

TX-K841 的内部结构如图 5-6-7 所示。15 脚输入的 PWM 信号经光耦隔离后进入放大器，放大器输出经推挽结构的输出驱动电路产生输出驱动信号。内部稳压管将驱动器辅助电源 U_P 的电压分成两部分，在稳压管负极引出 COM 端（1 脚），以便在驱动输出端（3 脚）产生正、负驱动电压。"过电流保护电路"通过 6 脚检测 IGBT 的导通压降，当该压降大于内部阈值（典型值为 8.5V）时，保护电路动作，关断驱动器的输出，并在 5 脚输出故障信号。

TX-K841 使用单一 20V 电源供电，驱动器输出峰值电流可达 6A，最小栅极电阻 R_G 为 2Ω，最高开关频率为 60kHz，可驱动一只 300A/1200V 等级的 IGBT。TX-K841 的典型应用电路如图 5-6-8 所示。2 脚和 9 脚接入隔离的辅助电源 U_P，其电压通常为 20V。$C_3 \sim C_8$ 为电源滤波电容，C_3、C_4、C_5 应选 $0.1 \sim 0.47 \mu F$ 的瓷片电容或独石电容，C_6、C_7、C_8 可选 $47 \mu F$

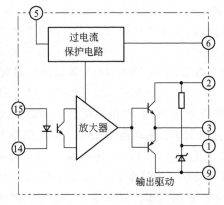

图 5-6-7　TX-K841 的内部结构

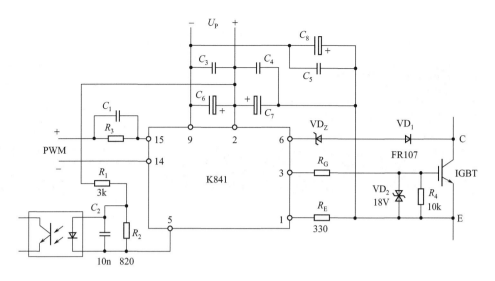

图 5-6-8　TX-K841 的典型应用电路

的电解电容。

R_3 为输入信号限流电阻，该电阻上的电压为 PWM 信号电压与 TX-K841 内部光耦 LED 压降（可按 1.2V 计算）的差值。应根据实际输入电压计算 R_3 的阻值，使输入电流为 10mA 左右。C_1 为加速电容，通常可选 470pF。C_1 能够提高驱动器的响应速度，但有时也会引入干扰。

驱动器的输出端（3 脚）通过外部电阻 R_G 与 IGBT 的栅极相连，参考端 COM（1 脚）通过电阻 R_E 与 IGBT 的发射极 E 相连。IGBT 的栅极和发射极之间并联电阻 R_4，防止在未接驱动引线的情况下，栅极感应电压使 IGBT 非正常导通。R_4 取值通常为 $10 \sim 100k\Omega$。VD$_2$ 为双向 TVS，可防止 IGBT 的栅极电压过高而造成击穿损坏。根据 IGBT 的电压/电流额定值不同，栅极电阻 R_G 取值范围为 $2 \sim 47\Omega$，读者可查询相应 IGBT 器件资料选取。驱动器到 IGBT 的连线要尽量短，不宜超过 200mm，栅极和发射极引线应使用绞线。

在 IGBT 导通时，过流保护检测端（6 脚）与参考点 1 脚（即 IGBT 的发射极）的电位差升高到 8.5V（内部保护阈值 U_n）时，内部过流保护电路启动。为了调整保护点，通常在快恢复二极管 VD$_1$ 上串联一只稳压管 VD$_Z$。这时驱动器的实际保护阈值 U_{n1} 与稳压管 VD$_Z$ 的稳压值 U_{DZ} 及快恢复二极管 VD$_1$ 的正向压降（按 0.7V 计算）关系为

$$U_{n1} = 8.5 - U_{DZ} - 0.7 = 7.8 - U_{DZ}$$

例如，VD$_Z$ 的稳压值为 2.7V 时，实际保护点 $U_{n1} = 8.5 - 2.7 - 0.7 = 5.1V$。$U_{n1}$ 通常取值为 IGBT 正常导通压降的 $2 \sim 2.5$ 倍。

当过流保护电路动作之后，驱动器的 5 脚输出低电平报警信号，通常需要接一只光耦，将信号传送给 PWM 控制电路。一般情况下，出现过流信号时，应关闭电路中所有的 IGBT，避免故障进一步扩大。光耦可采用 TLP521 或 PC817 等型号，相关元件参数值见图 5-6-8。

第6章

开关电源的设计流程

开关电源设计要求设计者具有丰富的实践经验，既要完成设计制作，又要懂得调试、测试与分析等。通常从选择拓扑结构开始，然后选择控制电路及相关辅助电路，还要进行PCB设计和安装调试。本章介绍开关电源设计的基本步骤和方法。

6.1 选择拓扑结构

无论是 AC/DC 开关电源还是 DC/DC 开关电源，其核心都是 DC/DC 变换器。DC/DC 变换器的结构也称开关电源拓扑结构，该结构有多种类型。拓扑结构也决定了与之配套的 PWM 控制器和输出整流/滤波电路。开关电源中常用的 DC/DC 变换器拓扑结构如下。

① 降压式变换器（Buck Converter），也称降压式稳压器，简称 Buck 变换器。

② 升压式变换器（Boost Converter），也称升压式稳压器，简称 Boost 变换器。

③ 降压/升压式变换器（Buck-Boost Converter），也称极性反转式变换器。

④ 反激式变换器（Flyback Converter），也称回扫式变换器。

⑤ 正激式变换器（Forward Converter）。

⑥ 半桥式变换器（HalfBridge Converter）。

⑦ 全桥式变换器（FullBridge Converter）。

⑧ 推挽式变换器（Push-pull Converter）。

降压式变换器和升压式变换器主要用于输入/输出不需要隔离的 DC/DC 开关电源中；反激式变换器主要用于输入/输出需要隔离的小功率 AC/DC 或 DC/DC 开关电源中；正激式变换器主要用于输入/输出需要隔离的较大功率 AC/DC 或 DC/DC 开关电源中；半桥式变换器和全桥式变换器主要用于输入/输出需要隔离的大功率 AC/DC 或 DC/DC 开关电源中，其中全桥式变换器能够提供比半桥式变换器更大的输出功率；推挽式变换器主要用于输入/输出需要隔离的，输入电压较低的 DC/DC 开关电源或 DC/AC 开关电源中。

顾名思义，降压式变换器的输出电压低于输入电压，升压式变换器的输出电压高于输入电压。在反激式、正激式、半桥式、全桥式和推挽式等具有隔离变压器的 DC/DC 变换器中，可以通过调节高频变压器的初、次级匝数比，很方便地实现电源的降压、升压和极性变换。此类变换器既可以是升压型，也可以是降压型，还可以是极性变换型。在设计开关电源时，首先要根据输入电压、输出电压、输出功率的大小及是否需要电气隔离，选择合适的拓扑结构。几种常用拓扑结构的详细工作原理参见本书第 2 章。

不同的拓扑结构具有各自的优点，分别适用于不同的场合。前文提到的几种拓扑结构对比见表 6-1-1。

表 6-1-1　几种拓扑结构对比

拓扑结构	功率范围/W	输入电压/V	输入/输出	典型效率/%	相对成本
降压式	0～1000	5～1000	非隔离	75～90	1.0
升压式	0～150	5～400	非隔离	78～90	1.0
降压/升压式	0～150	5～400	非隔离	78～90	1.0
正激式	0～250	5～400	隔离	75～85	1.4
反激式	0～150	5～400	隔离	78～90	1.2
推挽式	100～1000	10～200	隔离	72～85	2.0
半桥式	100～500	50～1000	隔离	72～85	2.2
全桥式	400～2000	50～1000	隔离	69～80	2.5

表中给出了不同拓扑结构适用的功率和输入电压范围，输入与输出端是否隔离，典型效率及相对成本的对比情况。可以看出，在隔离型开关电源中，反激式拓扑结构具有最低的成本和最高的效率。因此，小功率开关电源几乎全部采用反激式拓扑结构。

需要说明，表中的数据并不是绝对的限制标准，仅具有一定的指导意义。随着半导体技术及磁性材料的发展，开关电源的性能和效率正在不断的提高，而成本却在逐渐地下降，这也带动了开关电源的进一步普及和应用。

不同的拓扑结构，对相应功率开关管的电压和电流要求也不尽相同。表 6-1-2 给出了几种拓扑结构对功率开关管和输出整流二极管参数要求的估算值。

表 6-1-2　几种拓扑结构与功率半导体元件主要参数的估算表

拓扑结构	双极型晶体管		MOSFET 功率管		输出整流二极管	
	U_{CEO}	I_{C}	U_{DSS}	I_{D}	U_{R}	I_{F}
降压式	U_{IN}	I_{O}	U_{IN}	I_{O}	U_{IN}	I_{O}
升压式	U_{O}	$\dfrac{2.0P_{\text{O}}}{U_{\text{IN}}}$	U_{O}	$\dfrac{2.0P_{\text{O}}}{U_{\text{IN}}}$	U_{O}	I_{O}
降压/升压式	$U_{\text{IN}}-U_{\text{O}}$	$\dfrac{2.0P_{\text{O}}}{U_{\text{IN}}}$	$U_{\text{IN}}-U_{\text{O}}$	$\dfrac{2.0P_{\text{O}}}{U_{\text{IN}}}$	$U_{\text{IN}}-U_{\text{O}}$	I_{O}
反激式	$1.7U_{\text{IN}}$	$\dfrac{2.0P_{\text{O}}}{U_{\text{IN}}}$	$1.5U_{\text{IN}}$	$\dfrac{2.0P_{\text{O}}}{U_{\text{IN}}}$	$10U_{\text{O}}$	I_{O}
正激式	$2.0U_{\text{IN}}$	$\dfrac{1.5P_{\text{O}}}{U_{\text{IN}}}$	$2.0U_{\text{IN}}$	$\dfrac{1.5P_{\text{O}}}{U_{\text{IN}}}$	$3.0U_{\text{O}}$	I_{O}
推挽式	$2.0U_{\text{IN}}$	$\dfrac{1.2P_{\text{O}}}{U_{\text{IN}}}$	$2.0U_{\text{IN}}$	$\dfrac{1.2P_{\text{O}}}{U_{\text{IN}}}$	$2.0U_{\text{O}}$	I_{O}
半桥式	U_{IN}	$\dfrac{2.0P_{\text{O}}}{U_{\text{IN}}}$	U_{IN}	$\dfrac{2.0P_{\text{O}}}{U_{\text{IN}}}$	$2.0U_{\text{O}}$	I_{O}
全桥式	U_{IN}	$\dfrac{1.2P_{\text{O}}}{U_{\text{IN}}}$	U_{IN}	$\dfrac{1.2P_{\text{O}}}{U_{\text{IN}}}$	$2.0U_{\text{O}}$	I_{O}

其中对双极型晶体管和 MOSFET 功率管的参数要求基本相同。早期的开关电源主要使用双极型晶体管作为开关元件，现代的开关电源几乎全部使用 MOSFET 或 IGBT 功率管了。表中涉及功率管电压 U_{CEO} 或者 U_{DSS} 的数据估算时，U_{IN} 或 U_{O} 取最大值；涉及功率管

电流 I_C 或者 I_D 的数据估算时，P_O 取最大值，U_{IN} 取最小值，以便计算出可能产生的最大电流；涉及输出整流二极管的电压及电流参数估算时，U_{IN}、U_O 和 I_O 全部按最大值计算。

小贴示

　　降压/升压式拓扑结构中功率管承受的电压为 $U_{IN} - U_O$，因为 U_O 为负值，实际承受的电压值应该是 U_{IN} 与 U_O 的电压绝对值相加。例如 U_{IN} 为 + 5V，U_O 为 - 12V，$U_{IN} - U_O$ 应为 17V。

6.2　确定控制电路

　　开关电源是通过控制功率晶体管或功率场效应管的导通与关断时间来实现电压变换的，其控制方式主要有脉冲宽度调制、脉冲频率调制和混合调制三种。脉冲宽度调制（Pulse Width Modulation）方式，简称脉宽调制，缩写为 PWM；脉冲频率调制（Pulse Frequency Modulation）方式，简称脉频调制，缩写为 PFM；混合调制方式，是指脉冲宽度与开关频率均不固定，彼此都能改变的方式。

　　PWM 方式，具有固定的开关频率，通过改变脉冲宽度来调节占空比，因此开关周期也是固定的，这就为设计滤波电路提供了方便，所以应用最为普遍。目前，集成开关电源大多采用此方式。为便于开关电源的设计，众多厂家将 PWM 控制器设计成集成电路，以便用户选择。开关电源中常用的 PWM 控制器电路有：

　　① 自激振荡型 PWM 控制电路。

　　② TL494 电压模式 PWM 控制电路。

　　③ SG3525 电压模式 PWM 控制电路。

　　④ UC3842 电流模式 PWM 控制电路。

　　⑤ VIPer22 单片开关电源电路。

　　⑥ TinySwitch 系列单片开关电源电路。

　　自激振荡型 PWM 控制电路通过启动电阻，利用高频变压器的正反馈绕组实现功率开关管的饱和导通，利用功率管的退饱和特性实现功率开关晶体管的关断。通过控制功率开关管基极电流大小实现脉冲宽度调制。具有结构简单、成本低廉的特点，适合在小功率的反激式开关电源中应用，例如各种电器设备的待机电源、手机充电器等。

　　TL494 是电压模式 PWM 控制电路，具有固定振荡频率，它包含了开关电源所需的全部控制功能，广泛应用于推挽式、半桥式、全桥式拓扑结构的开关电源。内置功率晶体管可提供 500mA 的驱动能力，具有推或拉两种输出方式，适合驱动双极型功率开关晶体管。适合构成功率较大的开关电源。

　　SG3525 也是电压模式 PWM 控制电路，是 SG3524 的改进产品，SG3524 的功能与 TL494 基本相同。SG3525 内置软启动电路，具有输入欠电压锁定功能，可实现逐个脉冲关断。其驱动输出级采用了推挽式电路结构，灌电流/拉电流能力超过 200mA，关断速度更快。不但能够驱动双极型功率开关晶体管，更适合驱动场效应功率管（MOSFET），以便获得更高的开关频率和电源效率。

　　UC3842 是电流模式 PWM 控制电路，它具有引脚少、外围电路简单、性能优良、价格低廉等优点，适合构成小功率单端反激式开关电源，是目前单端 PWM 控制电路的一种优选型号。该电路具有欠电压锁定功能和大电流图腾柱式输出结构，适合驱动双极型功率管和场效应功率管（MOSFET）。其电流型控制模式，很容易实现对每个周期的峰值电流限制，能有效防止高频变压器的磁饱和，提高了开关电源的可靠性。

VIPer22 单片开关电源是意法半导体（简称 ST）推出的小功率单片开关电源专用 IC。内含振荡器、PWM 锁存器、高压启动电路、过压保护电路、场效应功率管（MOSFET）、过热保护电路等集成到一个芯片中，通过高频变压器即可实现输出端与电网完全隔离。外部仅需配整流滤波器、高频变压器、漏极缓冲保护电路、反馈电路和输出电路，即可构成反激式开关电源。

TinySwitch 系列单片开关电源是美国 PI 公司推出的一种高效率、小功率、低成本的四端单片开关电源专用 IC。因它所构成的开关电源体积很小，有"微型开关"之称。TinyS-witch 系列通过一个使能端来控制输出电压，其控制系统实际上是采用跳过周期的方式实现稳压过程的，等效为脉冲频率调制器（PFM），使用也更加方便、灵活。该系列产品特别适合制作 10W 以下的微型开关电源或待机电源。

在设计开关电源时，要根据主电路的拓扑结构、输出功率的大小、电源的应用领域等选择合适的 PWM 控制电路。

6.3 选择主电路元件

开关电源的主电路要通过较大的电流，其电路中所用元器件的参数计算及选择非常重要。因此，要根据主要电路的功率大小及功率变换器的拓扑结构，对相关电压和电流进行计算，然后合理选择电路中使用的功率开关管及整流二极管等半导体元件。

开关电源的主电路包括输入整流/滤波电路、功率变换电路和输出整流/滤波电路。有些开关电源还具有 PFC 电路。下面介绍相关电路元件的选择方法。

6.3.1 输入整流管（整流桥）的参数计算与元器件选择

（1）输入整流管的反向电压

开关电源的输入端一般为桥式整流电路，在桥式整流电路中，每个整流管承受的反向电压是相同的，其数值为交流电源电压的峰值。整流管承受的最大反向电压 U_M 由式（6-3-1）计算：

$$U_M = \sqrt{2}\, u_{ACmax} \tag{6-3-1}$$

式中，u_{ACmax} 为交流输入电压的最大值。当交流输入电压为额定值（AC220V）时，U_M 约为 311V。电网电压可能有 $+15\%$ 的波动，即 u_{ACmax} 为 $220 \times 1.15 = 253V$，此时 U_M 将为 357V。

考虑到电网电压波动及 1.5～2 倍的安全余量，在 AC220V 输入电路中，整流管的反向电压通常选取为 600～800V。

（2）输入整流管的电流

输入整流管的电流计算比较复杂，特别是其电流有效值，不仅与平均电流有关，还与导通时间有关，很难精确计算。整流电路的平均电流（电流平均值）I_{DC} 计算比较简单，该数值与开关电源的整流滤波输出电压 U_{DC} 和电源输出功率 P_O 有如下关系

$$I_{DC} = \frac{P_{IN}}{U_{DC}} = \frac{P_O}{\eta U_{DC}} \tag{6-3-2}$$

式中，P_{IN} 为电源输入总功率，η 为电源总体效率，U_{DC} 为整流滤波后的平均输出电压。由于整流桥中每个二极管仅在交流输入电压的半个周期内导通，因此流过每个二极管的平均电流为 I_{DC} 的一半。如果电源总体效率按 80% 计算，U_{DC} 按交流输入电压的峰值计算，流过整流管的平均电流 I_D 可按式（6-3-3）计算：

$$I_D = \frac{1}{2} \frac{P_O}{0.8\sqrt{2}\,u_{ACmin}} = \frac{0.44 P_O}{u_{ACmin}} \tag{6-3-3}$$

式中，u_{ACmin} 为交流输入电压的最小值。因为在电源效率和输出功率相同的时候，交流输入电压最低的时候，输入电流值最大，因此计算整流管的平均电流 I_D 时，要按最坏的情况考虑，即按 u_{ACmin} 来计算。

由于整流管的电流为尖脉冲形状，其电流有效值比平均值大很多，并且与整流管的导通时间有关，很难精确计算。但整流管的实际损耗是电流有效值与其正向压降的乘积，因此在选择整流管的时候，电流有效值更有参考价值。鉴于开关电源的功率因数典型值为 0.6 左右，流过整流电路的电流有效值（也是开关电源的输入电流有效值）I_S 可按下式近似计算

$$I_S = \frac{P_O}{0.6\,\eta\,u_{ACmin}} = \frac{2.08 P_O}{u_{ACmin}} \tag{6-3-4}$$

式中，电源效率 η 按 80% 计算。桥式整流电路中，每个整流二极管的电流有效值为 I_S 的一半，即 $I_S/2$。

（3）整流管的主要参数与元件选择

整流管的主要参数有重复峰值反向电压（Repetitive Peak Reverse Voltage）U_{RRM}、正向压降（Forward Voltage）U_F、平均整流电流（Average Forward Current）$I_{F(AV)}$、正向峰值浪涌电流（Peak Forward Surge Current）I_{FSM} 和反向漏电流（Reverse Current）I_R 等。

输入整流管的反向电压按照元件参数表中的重复峰值反向电压 U_{RRM} 来选择，U_{RRM} 简称为反向电压或反压，也叫耐压；输入整流管的电流按照元件参数表中的平均整流电流 $I_{F(AV)}$ 来选择，$I_{F(AV)}$ 也称为正向电流 I_F。整流管（整流桥）的详细参数及选择方法参见本书第 3 章的相关内容。

6.3.2 输入滤波电容的参数计算与元件选择

（1）输入滤波电容的容量计算

输入滤波电容的容量直接影响滤波输出电压 U_{DC} 的纹波大小，即纹波幅度的峰-峰值，该电压被称为纹波电压，通常用 ΔU 表示。ΔU 的大小主要与滤波电路的负载电流有关，该电流也是整流电路的平均电流 I_{DC}。滤波电容量 C 与纹波电压 ΔU、平均输出电流 I_{DC} 和电容放电时间 Δt 有以下关系

$$C = \frac{I_{DC}\,\Delta t}{\Delta U} \tag{6-3-5}$$

式中，负载电流平均电流 I_{DC} 可按式（6-3-2）计算。对于 50Hz 电源，其半波周期为 10ms，整流管的导通时间通常按 3ms 计算，则 Δt 可按 7ms 计算。例如，纹波电压 ΔU 选为 10V，负载电流 I_{DC} 为 0.2A，可得所需的滤波电容量 C 为 140μF。

在开关电源中，纹波电压 ΔU 的大小，一般用滤波输出电压 U_{DC} 平均值的百分数来表示，通常 ΔU 选取为 U_{DC} 的 $5\%\sim10\%$。滤波输出电压 U_{DC} 可用式(6-3-6)来估算：

$$U_{DC}\approx0.96\sqrt{2}\,u_{AC}=1.35u_{AC} \tag{6-3-6}$$

式中，u_{AC} 为交流输入电压。如果 u_{AC} 为 220V，则 U_{DC} 约为 297V，按 10% 的纹波比例计算，ΔU 约为 30V；如果 u_{AC} 为 110V，则 U_{DC} 约为 148V，按 10% 的纹波比例计算，ΔU 约为 15V。

为了进一步简化计算过程，美国 PI 公司推荐：当交流输入电压为 100/115V 或者通用输入电压为 $85\sim265V$ 时，滤波电容 C 的取值为 $2\sim3\mu F/W$。当交流输入电压为 220V 时，C 的取值可为 $1\mu F/W$。这样的经验数据来自系统成本和性能的综合考虑。更高的电容量取值只会增加电容的成本，并不会明显提高 U_{DC} 和减小纹波电压 ΔU。但更低的电容量取值会增加 U_{DC} 的纹波电压，如果控制回路增益受到限制，这样还会增加开关电源的输出电压纹波。

（2）输入滤波电容的主要参数与元件选择

开关电源的输入滤波电容通常为铝电解电容。铝电解电容的参数有：额定电压、静电容量（即标称容量）、工作温度范围、额定纹波电流、漏电流和损耗角正切值等。对于开关电源来说，需要关注的主要参数是额定电压、标称容量、工作温度范围和额定纹波电流。

在开关电源中，选择滤波电容时，应注意以下几点。

① 由于电解电容的容量误差较大，应选择标称容量大于计算容量的 $1\sim2$ 个等级。例如，计算容量为 $40\mu F$ 时，可选 $47\mu F$，推荐选择 $68\mu F$ 的容量。

② 电解电容的实际工作电压应按额定电压的 80% 选择。即工作电压为 80V 时，应选择额定电压为 100V 的电容。例如，前文提到 220V 电网电压可能有 $+15\%$ 的波动，即 u_{ACmax} 为 $220\times1.15=253V$，此时 U_{DC} 峰值将为 357V。应该选择额定电压为 400V 的电容。

③ 尽量选择额定纹波电流更大，且工作温度更高（例如 $105℃$）的耐高温电容。

6.3.3 功率开关管的电压/电流计算及元件选择

功率开关管是开关电源的关键元件之一，开关电源的拓扑结构不同，对功率开关管的电压/电流要求也不一样。下面介绍几种常用拓扑结构中，功率开关管的电压/电流计算及元件选择方法。

（1）降压式 DC/DC 变换器功率开关管的电压/电流计算

降压式 DC/DC 变换器的拓扑结构与工作原理详见 2.1 节的相关内容。其中，功率开关管的电压/电流波形如图 2-1-3 所示。

功率开关管 VT 的最大电压 $U_{CE}=U_I$，显然，当输入电压最高的时候，VT 所承受电压最大。因此，降压式 DC/DC 变换器功率开关管的电压可以按 $U_{CE}=U_{Imax}$ 计算。选择功率开关管时，通常留出 $30\%\sim50\%$ 的电压余量即可。

降压式 DC/DC 变换器通常设计在连续模式，其储能电感的纹波电流为额定输出电流的 $20\%\sim30\%$，峰值电流仅为额定输出电流 I_O 的 $1.1\sim1.15$ 倍。因此，降压式 DC/DC 变换器功率开关管的最大集电极电流 I_C 可以按额定输出电流 I_O 来计算。选择功率开关管时，通常留出 $1\sim2$ 倍的电流余量。

（2）升压式 DC/DC 变换器功率开关管的电压/电流计算

升压式 DC/DC 变换器的拓扑结构与工作原理详见 2.2 节的相关内容。其中，功率开关管的电压/电流波形如图 2-2-3 所示。

功率开关管 VT 所承受的最大电压 $U_{CE}=U_O$，因此，可以按 U_O 来选择功率开关管电压参数，通常留出 30%～50% 的电压余量即可。

升压式 DC/DC 变换器通常也设计在连续模式，其储能电感的纹波电流为额定输出电流的 20%～30%，最大集电极电流可按 $I_C=I_O/(1-D)$ 来计算。其中，输出电压 U_O 与 U_I 的关系为 $U_O=U_I/(1-D)$。这样，可得集电极电流 I_C 的计算公式为：$I_C=I_OU_O/U_I$。显然，如果输出电压稳定不变，当输入电压最小的时候，I_C 为最大值。因此，升压式 DC/DC 变换器功率开关管的最大集电极电流可以按 $I_C=I_OU_O/U_{Imin}$ 来计算。选择功率开关管时，通常留出 1～2 倍的电流余量。

（3）反激式开关电源功率开关管的电压/电流计算

反激式开关电源（即反激式 DC/DC 变换器）的拓扑结构与工作原理详见 2.4 节的相关内容。功率开关管 VT 承受的最大电压为 $U_{CE}=U_I+(N_P/N_S)U_O$。其中，$(N_P/N_S)U_O$ 也称为反射电压 U_{OR}，反射电压 U_{OR} 取值通常在 100V～200V 之间，典型值可按 135V 计算。显然，当输入电压最高的时候，U_{CE} 最大。考虑到高频变压器漏感造成的尖峰电压（一般按 50V 计算），功率开关管的最大电压可按 $U_{CE}=U_{Imax}+135+50V$ 来估算。对于交流输入电压为 110V 或者 220V 的开关电源来说，功率开关管的最大电压也可按 $U_{CE}=(1.5\sim1.7)U_{Imax}$ 来估算。

反激式开关电源功率开关管 VT 承受的最大电流计算比较复杂，该电流大小与电源的工作模式（这里指电流连续/不连续模式）、高频变压器初/次级匝数比和 PWM 输出占空比都有关系。反激式开关电源的输出电流 I_O 为高频变压器次级电流平均值 $I_{S(AV)}$，即 $I_O=I_{S(AV)}$。而高频变压器初/次级电流比为 N_S/N_P，考虑到最不利的情况，如果按峰值电流为 3 倍的平均电流来计算，可得功率开关管的峰值电流计算公式：

$$I_C=I_P=3\frac{N_S}{N_P}I_O \tag{6-3-7}$$

式中，N_S 为高频变压器次级匝数，N_P 为高频变压器初级匝数。选择功率开关管时，其 I_{CM} 通常应选为算值的 1.5～2 倍。

（4）正激式开关电源功率开关管的电压/电流计算

正激式开关电源（即正激式 DC/DC 变换器）的拓扑结构与工作原理详见 2.5 节的相关内容。功率开关管 VT 承受的最大电压为 $U_{CE}=2U_I$。显然，当输入电压最高的时候，U_{CE} 最大。考虑到高频变压器漏感造成的尖峰电压（一般按 50V 计算），功率开关管的最大电压可按 $U_{CE}=2U_{Imax}+50V$ 来估算。选择功率开关管时，通常留出 30%～50% 的电压余量。

正激式开关电源通常工作在电流连续模式，其功率开关管的最大集电极电流可按 $I_C=(N_S/N_P)I_O$ 计算。选择功率开关管时，通常留出 1～2 倍的电流余量。

（5）推挽式开关电源功率开关管的电压/电流计算

推挽式开关电源（即推挽式 DC/DC 变换器）的拓扑结构与工作原理详见 2.6 节的相关内容。推挽式开关电源功率开关管 VT 的最大电压为 $U_{CE}=2U_I$。功率开关管的最大电压计算及选择方法与正激式开关电源相同。

推挽式开关电源功率开关管的集电极电流计算公式及功率开关管的选择方法也与正激式开关电源相同。

（6）半桥/全桥式开关电源功率开关管的电压/电流计算

半桥式开关电源（即半桥式 DC/DC 变换器）的工作原理与推挽式基本相同，详细内容参见 2.7 节和 2.8 节。半桥式开关电源功率开关管的最大电压可按 $U_{CE}=U_{Imax}+50V$ 来估算。选择功率开关管时，通常留出 30%～50% 的电压余量即可。

半桥式开关电源功率开关管 VT 承受的最大集电极电流为 $I_C=(N_S/N_P)I_O$。功率开关管的选择方法也与正激式开关电源相同。

全桥式开关电源（即全桥式 DC/DC 变换器）的电路结构与工作原理参见第二章。全桥式开关电源功率开关管的电压/电流计算方法及元件选取原则与半桥式开关电源相同。但是，全桥式开关电源高频变压器初级电压为半桥式开关电源的 2 倍。在相同输出电压/电流时，其高频变压器初级绕组 N_P 的匝数为半桥式开关电源的 2 倍，这使得全桥式开关电源功率开关管的最大集电极电流降为半桥式开关电源的一半（即 1/2）。

常用功率开关管的类型、详细参数及选择方法参见本书第 3 章的相关内容。根据开关电源的拓扑结构，功率开关管和输出整流二极管参数估算值，也可参考本章表 6-1-2 中给出的数据。

6.3.4　输出整流/滤波电路的参数计算及元件选择

开关电源的拓扑结构不同，对输出整流管的电压/电流要求也不一样。下面介绍几种常用拓扑结构中，输出整流管的电压/电流计算方法及元件选择。

（1）降压式 DC/DC 变换器的输出整流管电压/电流计算

降压式 DC/DC 变换器的拓扑结构与工作原理参见 2.1 节的相关内容。其中，输出整流管的电压/电流波形如图 2-1-3 所示，这里所说的输出整流管就是指图中的续流二极管 VD。输出整流管 VD 的电压波形就是图中 U_E 的波形，当功率开关管 VT 导通时，输出整流管承受最大的反向电压，其数值为 U_I。因此，输出整流管反向电压可按 U_{Imax} 来计算。

输出整流管电流波形如图 2-1-3 所示的 I_F 波形。通常 I_F 的峰值电流仅为额定输出电流 I_O 的 1.1～1.15 倍。因此，降压式 DC/DC 变换器输出整流管的最大电流 I_F 可按额定输出电流 I_O 来估算。选择输出整流管时，留出 1～1.5 倍的电流余量即可。

（2）升压式 DC/DC 变换器的输出整流管电压/电流计算

升压式 DC/DC 变换器的拓扑结构与工作原理参见 2.2 节相关内容。其中，输出整流管（即整流二极管）VD 的电压/电流波形如图 2-2-3 所示。输出整流管 VD 的电压波形就是图中 U_C 的波形，当功率开关管 VT 导通时，输出整流管承受最大的反向电压，其数值为 U_O。因此，输出整流管反向电压可按 U_{Omax} 来计算。

输出整流管电流波形如图 2-2-3 所示的 I_F 波形。I_F 的平均值即为输出电流 I_O。因此，升压式 DC/DC 变换器输出整流管的平均电流 I_F 可按额定输出电流 I_O 来估算。选择输出整流管时，留出 1～1.5 倍的电流余量即可。

（3）反激式开关电源的输出整流管电压/电流计算

反激式开关电源（即反激式 DC/DC 变换器）的拓扑结构与工作原理参见 2.4 节相关内容。其中，输出整流管 VD 的电压波形就是图 2-4-3 中 U_S 的波形。当功率开关管 VT 导通时，输出整流管承受最大的反向电压，其数值为输出电压 U_O 与高频变压器次级电压 U_S 的叠加。因此，输出整流管反向电压为 $U_R=U_O+(N_S/N_P)U_I$。由于高频变压器漏感造成的尖峰与振荡，输出整流管实际承受的反向电压会更高，为了留出足够的安全余量，在表 6-1-2 中推荐的输出整流管反向电压为输出电压的 10 倍，即 $U_R=10U_O$。

反激式开关电源，通常也设计在电流连续工作模式，输出整流管电流波形如图 2-4-3 所

示的 I_F 波形。I_F 的平均值即为输出电流 I_O。因此，反激式开关电源输出整流管的平均电流 I_F 可按额定输出电流 I_O 来估算。选择输出整流管时，通常留出 1.5～2 倍的电流余量。

（4）正激式开关电源的输出整流管电压/电流计算

正激式开关电源（即正激式 DC/DC 变换器）的拓扑结构与工作原理详见 2.5 节的相关内容。其中，输出整流管的电压波形就是图 2-5-3 中 U_S 的波形。当功率开关管 VT 导通时，输出整流管 VD$_1$ 导通，续流二极管 VD$_2$ 承受反向电压；当功率开关管 VT 截止时，续流二极管 VD$_2$ 导通，输出整流管 VD$_1$ 承受反向电压。当负载电流很小的时候，开关电源将工作在电流断续模式，输出整流管 VD$_1$ 承受的反向电压最大，其数值为 $U_R = U_O + (N_S/N_P)U_I$。续流二极管 VD$_2$ 承受的反向电压与开关电源的工作模式无关，其数值为 $U_R = (N_S/N_P)U_I$。可见，续流二极管承受的反向电压比输出整流管 VD$_1$ 要低一些。为了便于元件选择，通常按较高的反向电压来选择这两个二极管，因此，正激式开关电源输出整流管的反向电压按 $U_R = U_O + (N_S/N_P)U_I$ 来计算。在多数情况下，正激式开关电源的最大占空比接近 50%，这意味着 $(N_S/N_P)U_I$ 应为输出电压 U_O 的 2 倍。因此在表 6-1-2 中推荐，正激式开关电源的整流管反向电压为输出电压的 3 倍，即 $U_R = 3.0U_O$。

正激式开关电源通常工作在电流连续模式，输出滤波电感的纹波电流约为输出电流 I_O 的 20%～30%。而输出电流为整流二极管 VD$_1$ 的电流 I_S 与续流二极管 VD$_2$ 的电流 I_F 之和。VD$_1$ 和 VD$_2$ 的峰值电流通常为输出电流 I_O 的 1.1～1.15 倍。如果开关电源的占空比为 D，则 $I_S = DI_O$，$I_F = (1-D)I_O$。当占空比 $D = 0.5$ 时，VD$_1$ 和 VD$_2$ 的平均电流各为输出电流 I_O 的一半，即 $I_S = I_F = I_O/2$。考虑到 1.5～2 倍的安全余量，正激式开关电源的整流管和续流管电流按输出电流选择即可。即选择 $I_S = I_F = I_O$。

（5）推挽式、半桥/全桥式开关电源的输出整流管电压/电流计算

推挽式开关电源（即推挽式 DC/DC 变换器）、半桥式开关电源（即半桥式 DC/DC 变换器）和全桥式开关电源（即全桥式 DC/DC 变换器）的拓扑结构与工作原理详见 2.6～2.8 节的相关内容。由于这三种开关电源的输出整流电路具有相同的结构与特点，这里一并讨论。在这里，输出整流管 VD$_1$ 和 VD$_2$ 具有相同的电压/电流波形与工作状态。其中，推挽式开关电源和全桥式开关电源中整流管的反向电压 $U_R = 2(N_S/N_P)U_I$；半桥式开关电源中整流管的反向电压 $U_R = (N_S/N_P)U_I$。考虑到 N_S 与 N_P 的比值选择，通常是在最大占空比接近 50% 时计算的，如果按 50% 计算，则有 $U_R = 2U_O$。因此在表 6-1-2 中推荐，这三种开关电源的整流管反向电压为输出电压的 2 倍，即 $U_R = 2.0U_O$。考虑到安全余量，通常可按 $U_R = 3.0U_O$ 来选择整流管。

这三种开关电源的整流管平均电流均为输出电流的一半，即 $I_{F1} = I_{F2} = I_O/2$。考虑到 1.5～2 倍的安全余量，整流管的额定电流按输出电流选择即可。即选择 $I_{F1} = I_{F2} = I_O$。

（6）输出整流管的主要参数与元件选择

开关电源中使用的输出整流管，必须是开关速度很快的高速二极管，一般采用快恢复二极管（FRD）、超快恢复二极管（SRD）和肖特基二极管（SBD）。它们具有开关特性好、反向恢复时间短、正向电流大、体积小、安装方便等优点。这类二极管的主要参数定义与普通整流管基本相同，但参数特性有较大差异。常用输出整流管的类型、详细参数及选择方法参见本书第 3 章的相关内容。

（7）输出滤波电容的选择

① 输出滤波电容的容量计算　输出滤波电容的容量大小对开关电源的输出纹波及控制

环路稳定性都有影响，通常要根据纹波电流和允许的纹波电压来计算输出滤波电容的最小容量。输出滤波电容量可按下式计算

$$C \geqslant \frac{\Delta I_{\mathrm{L}}}{8f\Delta U_{\mathrm{O}}} \qquad (6\text{-}3\text{-}8)$$

式中，C 为输出滤波电容的容量，单位为法拉（F）。ΔI_{L} 为滤波电感的纹波电流（也是滤波电容的纹波电流）峰-峰值，单位为安培（A）。该电流通常为额定输出电流的 10% ～ 30%。f 为纹波电流频率，单位为赫兹（Hz）。在降压/升压式 DC/DC 变换器及正激/反激式开关电源中，该频率与开关电源工作频率相同；而在推挽式及半桥/全桥式开关电源中，该频率是开关电源工作频率的 2 倍。ΔU_{O} 为滤波电容的纹波电压峰-峰值，单位为伏特（V）。例如，某开关电源要求纹波电压 ΔU_{O} 为 50mV，纹波电流 ΔI_{L} 为 1A，纹波电流频率 f 为 40kHz。通过式(6-3-8)计算可得，所需的滤波电容量 C 为 62.5μF。

式(6-3-8)是在理想电容器的情况下得到的计算公式，而实际电容器则等效为电阻 R_{O} 与理想电容 C_{O} 的串联，这个电阻称为等效串联电阻（ESR）。对于大多数电解电容器来说，等效电阻 R_{O} 与电容量 C_{O} 的乘积近似为常数，其数值多在 50～80$\Omega\mu$F。通常可按 $R_{\mathrm{O}}C_{\mathrm{O}}=$ 65$\Omega\mu$F 来计算。当 C_{O} 为 100μF 时，可得 R_{O} 为 0.65Ω。那么，纹波电流 ΔI_{L} 为 1A 时，等效串联电阻 R_{O} 上的纹波电压将高达 650mV。因此，当纹波电流 ΔI_{L} 较大时，决定纹波电压大小的并不是滤波电容量，而是其等效串联电阻 R_{O}。所以，式(6-3-8)仅是理论计算公式，实际选择电容器时，电容量选为式(6-3-8)计算值的 10 倍为好。因此，我们见到的开关电源，其输出电容量多数在 470～2200μF。减小 ESR 影响的另外一种方法，是采用多只电容并联，这在大功率数字电路（例如 PC 机）的开关电源及供电系统中普遍应用。

此外，滤波电容的纹波电流过大，还会造成电容器过热，影响其使用寿命。在电容器的参数中，都给出了允许的纹波电流，称为额定纹波电流。额定纹波电流通常用有效值来表示。滤波电容的纹波电流有效值 I_{CRMS} 与峰-峰值 ΔI_{L} 的关系如下

$$I_{\mathrm{CRMS}}=\frac{\sqrt{3}}{6}\Delta I_{\mathrm{L}}=0.289\Delta I_{\mathrm{L}} \qquad (6\text{-}3\text{-}9)$$

通常，容量越大的电容器，其允许的纹波电流越大。当滤波电容的纹波电流较大时，应选择容量更大的电容器，或者采用多只电容并联使用。

② 输出滤波电容的主要参数与元件选择　开关电源输出滤波电容的主要参数及选择方法与输入滤波电容完全相同，只是输出滤波电容的容量较大，额定电压较低。有关电容器详细资料、选择方法及注意事项，请参见第 3 章的相关内容。

6.4　确定辅助电路

根据不同的拓扑结构，开关电源还需要一些辅助电路才能正常工作。有些辅助电路可能包含在主电路环节当中，也可能属于在控制电路的一部分。开关电源中常见的辅助电路如下。

① 输出电压反馈电路。

② 输出电流反馈电路。

③ 尖峰电压吸收电路。

④ 尖峰电流抑制电路。

⑤ 过电压保护电路。

⑥ 过电流保护电路。

⑦ 功率开关管驱动电路。

⑧ EMI 滤波电路。

其中输出电压反馈电路是各类开关电源必须具有的辅助电路，一般作为控制电路的一部分出现在开关电源中。输出电流反馈电路通常出现在需要恒流控制的开关电源中，例如电池充电器和恒压/恒流开关电源。尖峰电压吸收电路是反激式开关电源必须的辅助电路，其他类型的开关电源也经常用到尖峰电压吸收电路。

尖峰电流抑制电路主要用于大功率的开关电源，用于减小脉冲电流的峰值，起到保护元器件和降低电磁干扰的作用。过电压/过电流保护电路可以避免电源本身或者负载电路的元器件损坏。功率开关管驱动电路主要用于功率较大的开关电源，这类开关电源使用的功率开关管需要更大的驱动电流，才能实现高速开关，以便降低开关损耗。现代开关电源的功率开关管驱动电路通常采用专用集成电路完成。

虽然 EMI 滤波电路连接在主电路的输入端，但它是为了改善开关电源性能而增加的电路组件，本书将它放到辅助电路中来讨论。有时还需要开关电源具有防雷击保护电路，输入过电压、欠电压保护电路等。读者可以根据设计要求进行适当的取舍。

6.5 整理电路原理图

开关电源的拓扑结构、控制电路和辅助电路确定以后，就可以整理、绘制电路原理图。以便确定所有元器件型号、参数及数量，完成各元件引脚之间的电路连接。电路原理图应按照信号流程和功能划分成不同区域，力求布线清晰、整洁，密度分配合理，信号流向清楚。然后确定所有元器件的封装，以便电路板设计时的元器件布局与布线。

电路原理图是在总框图、单元电路设计、参数计算和元器件选择的基础上绘制的，它是组装、调试、印刷电路板设计和维修维护的依据。绘制电路图需要使用专用软件完成，例如早期的 Protel99SE、ProtelDXP，其升级版本为 AltiumDesigner。绘图软件的使用方法请参考相关书籍。

绘制电路图时要注意以下几点。

① 总体电路图尽可能画在一张图上，同时注意信号的流向。一般从输入端画起，由左至右或由上至下按信号的流向依次画出各单元电路。对于电路图比较复杂的，应将主电路图画在一张或数张纸上，并在各图所有端口两端注上标号，依次说明各图纸之间的连线关系。

② 注意总体电路图的紧凑和协调，要求布局合理、排列均匀。图中元器件的符号应标准化，元件符号旁边应标出型号和参数。

③ 连线一般画成水平线或垂直线，并尽可能减少交叉和拐弯。对于连接电源负极的连线，一般用接地符号表示；对于连接电源正极的连线，仅需标出电压值。

6.6 制作高频变压器

高频变压器的设计与制作是开关电源的关键技术之一。在半桥式、全桥式和推挽式开关电源中，高频变压器通过的是交变的电流（双向磁化），不存在直流偏磁问题，设计方法和工频变压器基本相同，只是采用的磁心材料不同，设计起来相对简单一些。正激式开关电源的高频变压器与全桥式有相同之处，但存在直流偏磁（单向磁化）问题，磁心利用率较低。有源正激式开关电源不存在直流偏磁问题，磁心利用率与半桥式、全桥式和推挽式开关电源相同。反激式开关电源在小功率开关电源中应用最为普遍，但其高频变压器的设计也较为复杂，本书将单独介绍其设计方法。

6.6.1 高频变压器设计制作的基本步骤

设计高频变压器首先应该从选择磁心开始，然后是确定绕组的匝数。设计过程中需要了解与磁心相关的多种特性及参数，需要进行多种参数计算和校验。这些基本步骤适用于多种拓扑结构的开关电源。

6.6.1.1 选择磁心材料

常用于高频变压器的磁性材料有软磁铁氧体、坡莫合金和非晶态合金等。开关电源的高频变压器磁心一般是在低磁场下使用的软磁材料，应具有高磁导率、低矫顽力和高电阻率的特性。在众多的磁性材料中，几乎每一种磁心材料都可应用在电源中，但没有任何一种材料同时具备这三个特性，而且一些材料的价格昂贵。综合考虑，在工作频率为 $50\sim100\text{kHz}$ 的范围内，铁氧体材料是较好的选择，并在开关电源中广泛应用。

开关电源使用的铁氧体磁性材料应满足以下要求：

（1）具有较高的饱和磁通密度 B_s 和较低的剩余磁通密度 B_r

饱和磁通密度（也称磁感应强度）B_s 的高低，对变压器绕制结果有一定影响。从理论上讲，B_s 高，变压器的绕组匝数可以减小，铜损也随之减小。在实际应用中，根据开关电源的拓扑结构，高频变压器的工作形式可分为两大类：双极性和单极性。

双极性工作的拓扑结构有半桥、全桥、推挽式等。变压器一次绕组中正、负半周励磁电流大小相等，方向相反，因此变压器磁心的磁通变化，也是对称的上下移动，磁心中的直流分量能够抵消，磁通密度 B 的最大变化范围为 $\Delta B = 2B_m$。

单极性工作的拓扑结构有单端正激、单端反激式等。变压器一次绕组在每个周期施加单向的脉冲电压，变压器磁心单向励磁，磁通密度在最大值 B_m 到剩余磁通密度 B_r 之间变化，这时的 $\Delta B = B_m - B_r$，磁心中的直流分量不会抵消。若选用 B_r 较小，饱和磁通密度 B_s 较大的磁心，则可以提高 ΔB，从而降低绕组匝数，减小铜耗。

（2）具有较低的功率损耗

铁氧体的功率损耗（也称磁心损耗），不仅影响电源输出效率，同时会导致磁心发热，波形失真等不良后果。变压器的发热问题，在实际应用中极为普遍，它主要是由变压器的铜损和磁心损耗引起的。其中，铜损是指变压器绕组（线圈）的直流电阻产生的损耗；磁心损耗也称为铁损，是指变压器磁心的电涡流损耗。如果在设计变压器时，B_m 选择过低，绕组匝数就很多，就会导致绕组发热较多，并同时向磁心传输热量，使磁心发热。反之，若磁心发热为主体，也会导致绕组发热。

铁氧体的功率损耗，不仅与材料本身有关，还与工作频率成正比。选择铁氧体材料时，还要求功率损耗随温度的变化呈负温度系数关系。这是因为，假如磁心损耗为发热主体，使变压器温度上升，而温度上升又导致磁心损耗进一步增大，从而形成恶性循环，最终将使功率管和变压器及其他相关元器件烧毁。

（3）具有适中的磁导率

铁氧体的相对磁导率通常在 1000～3000 之间。从理论上讲，相对磁导率越高越好。但在工作频率升高的时候，相对磁导率越高，磁心的损耗就越大。因此，要根据实际电源的开关频率来决定相对磁导率的选择。一般相对磁导率为 2000 的材料，其适用频率在 300kHz 以下。对高于这一频率的开关电源，应选择磁导率偏低一点的磁性材料，例如 1300 左右。

（4）具有较高的居里温度

居里温度是表示磁性材料失去磁特性的温度，铁氧体的居里温度一般在 220℃ 左右，但是变压器的实际工作温度不应高于 80℃，这是因为在 100℃ 时，其饱和磁通密度 B_s 已跌至常温时的 70% 左右。过高的工作温度会使磁心的饱和磁通密度跌落的更多。再者，当高于 100℃ 时，其功耗随温度的变化已经呈正温度系数，会导致恶性循环。

开关电源使用的铁氧体磁性材多为锰-锌（MnZn）铁氧体，我国横店东磁公司的锰-锌功率铁氧体材料特性见表 6-6-1。常用功率铁氧体材料型号与主要参数见表 6-6-2，可供读者参考。

表 6-6-1　锰-锌功率铁氧体材料特性

参数		DMR17	DMR30	DMR40	DMR44	DMR50	R3K
初始磁导率 μ_i（±25%）		1700	2500	2300	2400	1400	3000
饱和磁感应强度 B_s/mT（$H=1194$A/m）	25℃	470	510	510	510	470	490
	100℃	380	390	390	400	380	370
剩磁 B_r/mT	25℃	210	127	95	130	140	127
	100℃	90	95	55	60	98	95
矫顽力 H_c/(A/m)	25℃	19.5	14	14	15	36.5	14
	100℃	10	8	9	6	27	8
功率损耗 P_c/(mW/cm³)	25℃	220*	130*	600**	600**	130***	165*
	60℃	140*	—	450**	400**	80***	—
	100℃	100*	100*	410**	300**	80***	150*
	120℃			500**	380**		
居里温度 T_c/℃		>240	>230	>215	>215	>240	>205
电阻率/Ω·m		3	10	6.5	2	—	10
密度 d/(g/cm³)		4.8	4.8	4.8	4.9	4.8	4.8

注：测试条件，"*"：25kHz，200mT；"**"：100kHz，200mT；"***"：500kHz，50mT。

表 6-6-2　常用功率铁氧体材料型号与主要参数

参数	测试条件	PC30	PC40	2500B	B25	3C8	N27
μ_i	—	2500	2300	2500	2300	2000	2000
B_s/mT	$H=1200$A/m	510	510	490	510	450	510
B_r/mT	$H=800$A/m	117	95	100	130	—	—
H_c/(A/m)		12	14.3	15.9	15.9	18.8	20
T_c/℃		>230	>215	>230	>220	>200	>220

参数	测试条件		PC30	PC40	2500B	B25	3C8	N27
P_c /（mW/cm³）	200mT 25kHz	23℃	130	600	95	600	900	48
		60℃	90	—	70	—	—	—
		100℃	100	—	75	—	—	—
	100mT 100kHz	60℃	—	450	—	450	—	—
		100℃	—	410	—	410	—	—
生产厂商	—		TDK	TDK	TOKIN	TOKIN	PHILIPS	SIEMENS

6.6.1.2 选择磁心尺寸

高频变压器磁心尺寸的选择与其工作频率、输出功率、绕组匝数和电路结构等诸多因素有关，也是高频变压器设计的难点之一。高频变压器的设计最常用是面积乘积法，简称 AP 法。AP＝A_w×A_e。AP 为面积乘积，A_w 为磁心可绕导线的窗口面积，A_e 为磁心有效截面积。根据计算出的 AP 值，查表找出所需磁性材料之型号或编号。

磁性材料生产厂家通常只给出磁心的 A_e 和 A_w 值，并不直接给出 AP 值。有些厂家也没有直接给出 A_w 值，这时就需要根据磁心的相关尺寸参数计算相应的 A_w 和 AP 值，从而完成磁心尺寸的选择。因此 AP 法使用起来并不方便。

除了使用 AP 法计算磁心尺寸以外，还有一些较为简单的方法来选择磁心尺寸。例如，有资料给出：

$$S_J = 0.15\sqrt{P_M} \tag{6-6-1}$$

式中，S_J 为磁心截面积，即前文所说的 A_e，其单位为 cm²。P_M 为高频变压器的最大输出功率，单位为 W。该公式适用于工作频率为 50kHz 左右的反激式开关电源变压器设计。

还有些厂家直接给出了磁心型号与输出功率的对应关系。常用磁心型号与输出功率的及变压器尺寸的对应关系见表 6-6-3 所示。表中分别给出了开关频率为 50kHz 和 100kHz 时的参考输出功率，其中外形尺寸和质量是指成品变压器的数据。可见，高频变压器的输出功率与开关频率有关，读者可根据开关电源的工作频率和输出功率快速地选择磁心型号，然后进行一些校验计算即可。

表 6-6-3　常用磁心型号与输出功率及变压器尺寸的对应关系

磁心型号	输出功率/V·A		变压器外形尺寸及质量			
	50kHz	100kHz	长/mm	宽/mm	厚/mm	质量/g
EI10	3	6	11	10	9	8
EI13	4	8	13	12	10	10
EI16	5	9	17	16	14	11
EI19	8	13	20	19	16	12
EI22	14	20	23	21	18	16
EI25	20	30	26	22	19	21
EI28	42	58	29	22	22.5	35
EI30	61	95	31	29	26	54
EI35	100	150	37	33	28.5	78

磁心型号	输出功率/V·A		变压器外形尺寸及质量			
	50kHz	100kHz	长/mm	宽/mm	厚/mm	质量/g
EI40	160	250	42	38	29	110
EI45	260	391	46	41	33	150
EI50	430	650	52	44.5	38	195
EE8	2	4	9	8	7	8
EE10	3	6	11	10	10	9
EE13	4	8	13	11	11	11
EE16	5	9	17	15	15	17
EE19	8	13	21	19	22	21
EE30	61	95	31	24	29	44
EE35	100	150	37	31	54	51
EE40	160	250	42	37	60	119

中小功率开关电源中的高频变压器大多采用 EI 和 EE 型磁心。EI 型磁心的外形及相关尺寸定义如图 6-6-1 所示,常用的 EI 型磁心尺寸参数见表 6-6-4。不同厂家生产的 EI 型磁心外形相同,但相关尺寸定义可能不同,给出的尺寸参数也有差异。确定实际磁心尺寸时,要参考生产厂家的技术资料或者实际测量并计算出相关参数。

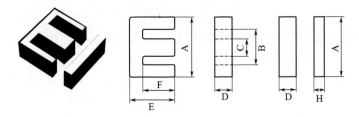

图 6-6-1 EI 型磁心的外形及相关尺寸定义

表 6-6-4 常用 EI 型磁心尺寸参数表

型号	A /mm	B /mm	C /mm	D /mm	E /mm	F /mm	H /mm	A_e /cm²	L_e /cm	质量 /g
EI12.5	12.5	9.2	2.5	5.0	7.5	5.0	1.6	0.154	2.12	1.9
EI16	16	11.8	4	4.8	12	10.87	2	0.19	3.59	3.6
EI19	19	14.2	4.85	4.85	13.6	11.3	2.4	0.227	3.96	4.5
EI22	22	13	5.75	5.75	14.55	10.55	4.5	0.414	3.96	10
EI25	25.4	19	6.35	6.35	15.8	12.5	3.2	0.4	4.8	10
EI28	28	18.7	7.2	10.6	16.75	12.25	3.5	0.83	4.86	23.5
EI30	30.25	20.1	10.65	10.65	21.3	16.3	5.5	1.09	5.86	33.5
EI33	33	23.6	9.7	12.7	23.75	19.25	5	1.18	6.75	40.6
EI40	40.5	26.8	11.7	11.7	27.3	21.3	6.5	1.43	7.75	59
EI50	50	34.5	15	15	33	24.5	9	2.27	9.5	112

6.6.1.3 计算绕组匝数

根据电磁感应定律，可以得到绕组匝数的通用计算公式：

$$N_1 = \frac{U_1 D}{A_e \Delta B f} \times 10^4 \tag{6-6-2}$$

式中，N_1 为绕组匝数；U_1 为绕组施加电压，单位为 V；D 为占空比；A_e 为磁心截面积，单位为 cm²；ΔB 为磁感应强度变化量，单位为 T；f 为开关频率，单位为 Hz。对开关电源来说，通常在输入电压最小（U_{IMIN}）时具有最大的占空比（D_{MAX}）。因此，式(6-6-2) 又可表示为

$$N_1 = \frac{U_{IMIN} D_{MAX}}{A_e \Delta B f} \times 10^4 \tag{6-6-3}$$

其中 ΔB 的取值与开关电源的拓扑结构有关。对于正激式拓扑结构，$\Delta B = B_m - B_r$；推挽式、半桥式和全桥式结构，$\Delta B = 2B_m$。因此，正激式开关电源的高频变压器绕组匝数计算公式可以表示为

$$N_1 = \frac{U_{IMIN} D_{MAX}}{A_e (B_m - B_r) f} \times 10^4 \tag{6-6-4}$$

同理，对于推挽式、半桥式和全桥式开关电源，其最大占空比（D_{MAX}）按 0.5 计算，则式(6-6-3) 又可表示为

$$N_1 = \frac{U_{IMIN}}{4 A_e B_m f} \times 10^4 \tag{6-6-5}$$

对于反激式开关电源，情况稍微复杂一些。高频变压器的初级电流波形分为连续模式和不连续模式。两种模式下高频变压器的磁滞回线如图 6-6-2 所示。其中，图 6-6-2(a) 是不连续模式时高频变压器的磁滞回线，其可以利用的 $\Delta B = B_m - B_r$。此时，高频变压器绕组匝数可按式(6-6-4) 计算。

图 6-6-2(b) 是连续模式时高频变压器的磁滞回线。由于高频变压器存在较大的直流偏磁，可以利用的 ΔB 会减小很多。可以看出，连续模式时可以利用的 $\Delta B = B_m - B_1$，此时的 ΔB 通常仅为（$B_m - B_r$）值的一半或者三分之一。因此，在连续工作模式时，高频变压器绕组匝数应按式(6-6-3) 计算，ΔB 取值应为（$B_m - B_r$）/2 或者（$B_m - B_r$）/3。这也说明，连续模式时高频变压器绕组匝数应为不连续模式时的 2~3 倍。高频变压器绕组匝数过多会占用更多的窗口空间，必然造成窗口面积不够用的情况。因此，连续模式时需要更大尺寸的磁心，高频变压器体积也更大一些。随着磁心尺寸的增加，通常其磁心截面积 A_e 会更大，此时需要的绕组匝数也可能会减小一些。

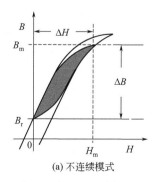
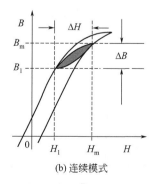

(a) 不连续模式 (b) 连续模式

图 6-6-2　反激式开关电源高频变压器的磁滞回线

 **小贴示**

　　绕组匝数计算中用到的 B_m 为最大磁感应强度（也称磁通密度），通常 B_m 取值为饱和磁感应强度 B_s 的 1/2～1/3。饱和磁感应强度 B_s 可以在厂家提供的磁心材料数据表中查到，一般为 500mT（即 0.5T）左右。

6.6.1.4　计算导线直径

　　导线直径的选取与流过导线的电流有效值和允许的电流密度有关。对于圆形截面的漆包线，其导线截面积（S）与直径（d）的关系为

$$S = \frac{\pi}{4}d^2 \tag{6-6-6}$$

　　流过导线的电流有效值 I_{RMS} 与导线截面积（S）和电流密度（J）的关系为

$$I_{RMS} = SJ$$

　　由此可得导线直径（d）的计算公式

$$d = \sqrt{\frac{4I_{RMS}}{\pi J}} \tag{6-6-7}$$

　　将变压器绕组的电流有效值代入式（6-6-7），即可计算出所需导线的直径。

 **小贴示**

　　变压器绕组的电流值可以通过前文计算出的功率开关管及输出整流管的电流值间接得到。

　　导线直径的选取也可根据绕组的有效值电流查表得到，表 6-6-5 列出了常用漆包线参数，读者可以按照所需的电流值直接查出对应导线的直径。高频变压器绕组的电流密度通常取值在 4～6A/mm²，散热条件较好（例如强迫风冷）时，可取 6～10A/mm²。

表 6-6-5　常用漆包线的规格参数

标称直径 d/mm	最大外径 /mm	铜芯截面 S/mm²	20℃时直流 电阻/(Ω/m)	近似英规 SWG 线号	载流量/A 电流密度 J/(A/mm²)		
					8	6	4
0.08	0.095	0.005027	3.487	44	0.0404	0.0302	0.0202
0.1	0.12	0.007854	2.237	42	0.0628	0.0472	0.0314
0.13	0.15	0.01327	1.322	39	0.106	0.0796	0.053
0.17	0.19	0.0227	0.773	37	0.1816	0.1362	0.0908
0.21	0.235	0.03464	0.506	35	0.2772	0.208	0.1386
0.25	0.275	0.04909	0.357	33	0.3928	0.294	0.1964
0.29	0.33	0.06605	0.265	31	0.528	0.396	0.264
0.35	0.39	0.09621	0.182	29	0.768	0.578	0.384
0.41	0.45	0.132	0.133	27	1.056	0.792	0.528
0.51	0.56	0.2043	0.0859	25	1.636	1.226	0.818
0.55	0.6	0.2376	0.0737	24	1.9	1.426	0.95
0.62	0.67	0.3019	0.058	23	2.416	1.812	1.208

标称直径 d/mm	最大外径 /mm	铜芯截面 S/mm²	20℃时直流 电阻/(Ω/m)	近似英规 SWG线号	载流量/A		
					电流密度 J/(A/mm²)		
					8	6	4
0.72	0.78	0.4072	0.043	22	3.256	2.44	1.628
0.8	0.86	0.5027	0.0348	21	4.04	3.02	2.02
1.04	1.12	0.8495	0.0206	19	6.8	5.1	3.4
1.2	1.28	1.131	0.0155	18	9.04	6.78	4.52

6.6.1.5 检验填充系数

变压器的填充系数 K_W 是指变压器绕组导线占用的总面积与窗口面积 A_W 的比值，即全部导线截面积总和与窗口面积的比值，也称为变压器窗口面积利用系数。填充系数 K_W 由下式计算：

$$K_W = \frac{N_1 S_1 + N_2 S_2 + N_3 S_3 + K}{A_W}$$ (6-6-8)

式中，窗口面积 A_W 的单位为 cm²，以便与磁心尺寸参数对应。N_1、N_2、N_3 等分别为初、次级绕组匝数。S_1、S_2、S_3 等分别为各绕组导线的截面积。导线的截面积可根据绕组导线直径由式(6-6-6) 计算，变压器所有绕组全部计算在内。

变压器的填充系数 K_W 一般取值为 0.2～0.4。对于小功率和多绕组变压器来说，K_W 取值应该小一些。填充系数 K_W 过大的结果是绕组尺寸太大，无法安装在磁心骨架中。

6.6.1.6 绕制高频变压器

确定了变压器绕组匝数及线径之后，就可以绕制高频变压器了。高频变压器绕制是否合理，对开关电源的性能也有较大影响。在绕制高频变压器的时候，应该注意以下几个方面的问题。

（1）高频变压器的绕组结构

高频变压器绕组的典型结构如图 6-6-3 所示。初级绕组 N_P 在最里层，紧挨着高频变压器的骨架。然后是次级绕组 N_S，最外层是辅助绕组 N_a。每一层绕组之间都有 1～3 层的绝缘带。每一层绕组的两端都有阻挡带，使绕组导线与骨架保持 3mm 的间距。这种结构使初

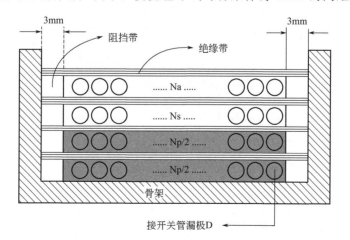

图 6-6-3 高频变压器绕组的典型结构

级绕组具有最小的导线长度，以便减少绕组的铜损。

（2）主绕组的绕制方法

主绕组（初级绕组）N_P 在最内层开始绕制。当主绕组有两层以上时，最内层绕组的引出端应该连接功率开关管的漏极（或集电极）引脚，如图6-6-3所示。这样连接能使主绕组起到一定的法拉第屏蔽作用，相当于其他绕组的屏蔽层，从而减少 EMI 噪声辐射。

（3）次级绕组的绕制方法

次级绕组绕紧挨着初级绕组绕制，如果变压器有多个次级绕组，其最高输出功率的次级绕组应放在最接近初级绕组的位置，以减少泄漏电感和最大限度地提高电源的转换效率。如果次级绕组有相对较少的匝数，应该将导线均匀绕制在整个骨架宽度范围，或者靠近骨架中心部分绕制，以便得到较好的耦合效果。最好的绕制方法是将绕组导线换成多股细线，并恰好排满一整层。图6-6-4给出了次级绕组为4匝的高频变压器采用3线并绕前后的结构对比。可以看出，3线并绕后的导线恰好排满一整层，这样有助于增加填充系数，并改善耦合效果。

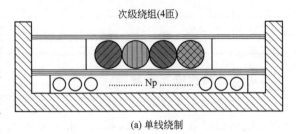

(a) 单线绕制

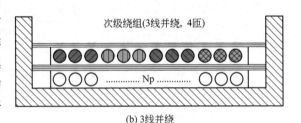

(b) 3线并绕

图 6-6-4　次级绕组 3 线并绕前后结构对比

（4）减小变压器漏感的方法

变压器绕组顺序对泄漏电感也有较大的影响，最常见的减小泄漏电感的有效方式是"三明治"绕线方法，也称"包绕"，其绕组结构如图6-6-5所示。

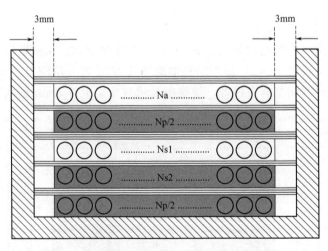

图 6-6-5　减小泄漏电感的"三明治"绕线方法

这种绕线方法将初级绕组分为均等的两部分，最内层绕制初级绕组一半的匝数，然后绕制次级绕组，次级绕组外侧再绕制初级绕组另一半的匝数，最外侧是辅助绕组。这样，两层初级绕组中间夹着次级绕组，像三明治一样，因此被称为"三明治"绕法。

此外，图6-6-4给出的多线并绕的方法，将次级绕组排满一整层，也能增加初、次级绕组的耦合程度，降低高频变压器的泄漏电感。

6.6.2 反激式开关电源的高频变压器设计

在设计反激式开关电源的高频变压器时，除了遵循高频变压器设计制作的基本步骤以外，还需要计算初级绕组电感量 L_P、合理选择磁心尺寸、计算次级绕组匝数 N_S、计算气隙长度、检验最大磁通密度 B_m 等几个环节。

（1）计算初级绕组电感量 L_P

从能量存储和传输的角度来看，反激式开关电源的高频变压器，每个开关周期传输的能量正比于绕组脉动电流 I_R 的平方值。如果开关频率为 f、输出功率为 P_O、电源效率为 η、变压器初级电感量为 L_P，则输入功率应为：

$$P = \frac{P_O}{\eta} = \frac{1}{2} I_R^2 L_P f$$

整理可得初级电感量的计算公式：

$$L_P = \frac{2P_O}{\eta I_R^2 f} \tag{6-6-9}$$

式中，脉动电流 $I_R = K_{RP} I_P$。脉动系数 K_{RP} 的取值通常在 $0.6 \sim 1$ 之间。对于相同的输出功率，K_{RP} 较大时，需要的 L_P 较小，有利于减小变压器的体积。但功率开关管的峰值电流将会增加。

（2）合理选择磁心尺寸

由于反激式开关电源高频变压器存在较大的直流偏磁，可以利用的 ΔB 较小，相对其他拓扑结构的开关电源来说，相同输出功率时，需要的磁心尺寸更大。特别是在宽电源电压范围应用时，为了保证高频变压器不出现磁饱和现象，需要选择更大尺寸的磁心。表 6-6-6 给出了通用电源电压反激式开关电源磁心尺寸快速选择表，表中的数据是在电源电压为 $85 \sim 265V$，开关频率为 $67kHz$，$12V$ 单路输出情况下得到的。可供读者选择磁心尺寸时参考。

表 6-6-6　通用电源电压反激式开关电源磁心尺寸快速选择表

输出功率	磁心型号			
	EI 型	EE 型	EPC 型	EER 型
$0 \sim 10W$	EI12.5 EI16 EI19	EE8 EE10 EE13 EE16	EPC10 EPC13 EPC17	
$10 \sim 20W$	EI22	EE19	EPC19	
$20 \sim 30W$	EI25	EE22	EPC25	EER25.5
$30 \sim 50W$	EI28 EI30	EE25	EPC30	EER28
$50 \sim 70W$	EI35	EE30		EER28L
$70 \sim 100W$	EI40	EE35		EER35
$100 \sim 150W$	EI50	EE40		EER40 EER42
$150 \sim 200W$	EI60	EE50 EE60		EER49

（3）计算次级绕组匝数 N_S

在反激式开关电源中，高频变压器的初级绕组匝数可按式（6-6-3）计算。在 D_{MAX} 没有确定之前，可先按 0.5 计算。需要说明：按式（6-6-3）计算出的初级匝数是满足电磁感应定律时的最小值，实际匝数取值应略大一些。式中计算出的 N_1 就是高频变压器的初级匝数 N_P。

反激式开关电源的次级绕组匝数选择要考虑反射电压和功率开关管能够施加的最大集电极（或漏极）电压。集电极（或漏极）最大电压是输入直流电压与次级反射电压（U_{OR}）和变压器漏感产生的尖峰电压之和。其中次级反射电压与初级匝数（N_P）、次级匝数（N_S）和次级输出电压（U_O）有如下关系：

$$U_{OR} = \frac{N_P}{N_S}(U_O + U_F)$$

在反激式开关电源中，次级反射电压（U_{OR}）是固定不变的，考虑到功率开关管的耐压情况，通常 U_{OR} 的取值为 85～160V 之间，典型值为 130V。式中 U_F 为次级整流二极管的正向压降。对于肖特基二极管通常取值 0.5V，快恢复二极管通常取值 1.0V。当次级输出电压（U_O）较高时，可以忽略整流二极管的正向压降 U_F。

初级绕组匝数 N_P 确定之后，即可计算次级绕组匝数 N_S

$$N_S = \frac{N_P}{U_{OR}}(U_O + U_{F1}) \tag{6-6-10}$$

如果高频变压器次级有多个绕组，可以按照不同的输出电压和相同的 U_{OR} 取值来计算其次级匝数。

（4）计算气隙长度 δ

在反激式开关电源中，为了防止高频变压器出现磁饱和，通常要在磁心中加入空气间隙，简称气隙。磁心加入气隙后可以和提高绕组的工作电流，高频变压器磁饱和电流将增大。而且加入气隙后剩磁 B_r 将会下降，磁感应强度的变化量 ΔB 会增加，这样还可以提高磁滞回线的利用率。此外，加入气隙还可将磁滞回线线性化，即相对磁导率变化减小，这使绕组电感量趋于恒定值。高频变压器加入气隙后，才能提高反激式开关电源的性能。

当气隙长度相对较小的时候，如果高频变压器初级绕组匝数为 N_P、电感量为 L_P，则变压器磁心气隙的计算公式为：

$$\delta \approx \frac{0.4\pi N_P^2 A_e}{L_P} \times 10^{-2} \tag{6-6-11}$$

式中，δ 的单位为 cm，A_e 的单位为 cm^2，L_P 的单位为 μH。

需要说明，这里计算出的气隙长度，是磁路中气隙长度的总和。对于 EI 和 EE 型磁心，通常采用加入一定厚度电工绝缘纸（例如青壳纸）的方法来产生气隙。如图 6-6-6 所示，气隙长度应是磁心中柱间隙和侧柱间隙的总和。因此磁心中的间隙（绝缘纸厚度）应为气隙长度的一半，即 $\delta/2$。

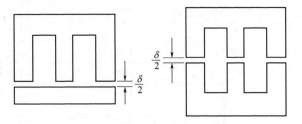

图 6-6-6　气隙长度与磁心间隙

（5）检验最大磁通密度 B_m

在反激式开关电源中，为了防止高频变压器出现磁饱和，必须限制初级绕组的峰值电流

I_P。在 UC3842 等电流模式控制器的开关电源中，I_P 由电流取样电阻 R_S 的阻值决定（参见第 4 章相关内容）。在单片开关电源中，I_P 一般由内部电流限制电路决定。在得知了峰值电流 I_P 之后，便可检验最大磁通密度 B_m 是否超过允许值。B_m 的计算公式为：

$$B_m = \frac{I_P L_P}{N_P A_e} \times 10^{-2} \tag{6-6-12}$$

式中，B_m 的单位为 T；I_P 的单位为 A；L_P 的单位为 μH；A_e 的单位为 cm^2。

最大磁通密度 B_m 的值通常应小于 0.3T。如果检验出的 B_m 值过大，则应选择 A_e 值稍大一些的磁心，重新进行计算和检验，直到满足设计要求为止。

6.7　设计印制电路板

印制电路板也称印刷电路板，英文为 Printed Circuit Board，简称印制板，缩写为 PCB。开关电源的印制板设计与一般电子线路的印制板设计既有相同之处，又有不同的特点。一般电子线路的印制板设计中提到的布局、布线及铜线宽度与通过电流的关系等原则，在开关电源的印制板设计中也同样适用。

开关电源中除了常用标准封装的电阻、电容以及集成电路以外，还包含着大量非标准封装的电感、高频变压器、大容量电解电容、大功率二极管、三极管以及各种尺寸的散热器等元件。这些元件的封装要在印制板设计之前自行确定，可以根据厂家提供的外形尺寸或实际测绘确定。开关电源的印制板设计还要特别注意以下问题。

① 元件布局问题。

② 地线布线问题。

③ 取样点选择问题。

开关电源中的元件布局，重点考虑主电路关键元件。开关电源中输入滤波电容、高频变压器的初级绕组和功率开关管组成一个较大脉冲电流回路。高频变压器的次级绕组、整流或续流二极管和输出滤波电容组成另一个较大脉冲电流回路。这两个回路要布局紧凑，引线短捷。这样可以减小泄漏电感，从而降低吸收回路的损耗，提高电源的效率。

开关电源中的地线回路，不论是初级还是次级，都要流过很大的脉冲电流。尽管地线通常设计的较宽，但还会造成较大的电压降落，从而影响控制电路的性能。地线的布线要考虑电流密度的分布和电流的流向，避免地线上的压降被引入控制回路，造成负载调整率下降。

开关电源中取样点的选择尤为重要，在取样回路中，既要考虑负载电流产生的压降，也要考虑整流或续流电路产生的脉冲电流对取样的影响。取样点应该尽量选择在输出端子的两端，以便得到最好的负载调整率。

6.7.1　开关电源的 PCB 布局

开关电源的 PCB 布局，首先要考虑主电路关键元件，然后是控制电路。开关电源中输入滤波电容、高频变压器初级绕组和功率开关管组成一个较大脉冲电流的回路。高频变压器次级绕组、整流或续流二极管和输出滤波电容组成另一个较大脉冲电流的回路。这两个回路要布局紧凑，引线短接。这样可以减小泄漏电感，从而降低吸收回路的损耗，提高电源的效率。控制电路的元器件布局，主要考虑信号的流向，电压取样点的位置，特别是接地点的选择。控制电路的元器件既要靠近主电路，又不要让主电路较大的脉冲电流对控制电路产生干扰。

　　在电路板布局的时候，还要考虑元器件散热的问题。发热量较大的元器件（如初级功率开关管、次级整流二极管等）不要靠得很近。对温度敏感的元器件要尽量远离发热量较大的元件。例如电解电容器，长期高温工作会造成电解液干涸失效。PWM控制芯片，温度过高会造成振荡频率漂移和基准电压偏差，从而影响开关电源的性能指标。

　　多数情况下，电路板的布局原则有冲突之处。例如，输入滤波电容、高频变压器和功率开关管要布局紧凑，引线短接。就会造成滤波电容和功率开关管的散热器距离很近，容易造成电解液干涸失效。这时就需要综合考虑元件布局情况，必要时可采用耐热性能更好地电解电容器（例如工作温度为105℃的电解电容器），以便满足设计要求。图6-7-1给出某开关电源的PCB图，图中可看出印制板布局、布线及元器件的封装等信息，可供读者设计PCB时参考。

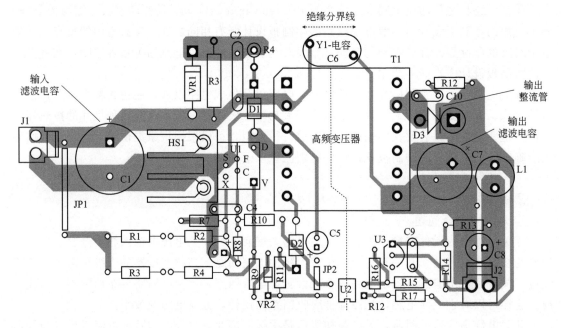

图 6-7-1　某开关电源的 PCB 图

　　在功率较大的开关电源中，功率器件的散热非常重要，这时经常需要在PCB的两侧安装散热器。这种情况下，应该根据功率器件的实际功耗合理进行器件布局，使两侧散热器的散耗功率基本相同，避免某一侧出现过热现象。

6.7.2　开关电源的 PCB 布线

　　开关电源的印制板设计与一般电子线路的印制板设计既有相同之处，又有不同的特点。一般电子线路的印制板设计中提到的布局、布线及铜线的宽度与通过电流的关系等原则在开关电源电路中也同样适用。

　　开关电源的电路板上通常安装有高电压、大功率器件，这些器件与低电压、小功率器件应保持一定间距，尽量分开布线。在大功率、大电流元件周围不宜布设热敏器件或运算放大器等，以免产生感应或温漂。

　　开关电源中的地线回路，不论是初级还是次级，都要流过很大的脉冲电流。尽管地线通常设计的较宽，但还会造成较大的电压降落，从而影响控制电路的性能。地线的布线要考虑电流密度的分布和电流的流向，避免地线上的压降被引入控制回路，造成负载调整率下降。交流回路中（整流桥与滤波电容）的地线与直流地线要严格分开，以免相互干扰，影响系统正常工作。

开关电源中输出电压取样点的选择尤为重要，在取样回路中，既要考虑负载电流产生的压降，也要考虑整流或续流电路产生的脉冲电流对取样的影响。取样点应该尽量选择在输出端子的两端，以便得到最好的负载调整率。

在开关电源的功率开关管漏极 D（或者集电极 C）引脚上会有高达几百伏特的脉冲电压，如果漏极引线过长，将会造成很大的电磁干扰。此外，该脉冲电压耦合到功率开关管栅极还会增加米勒效应，并影响 PWM 控制电路的稳定性。因此，要尽量避免功率开关管漏极 D 与栅极 G 之间的长距离平行走线。图 6-7-2 给出了两种 PCB 布线功率开关管漏极与栅极的耦合情况对比。可以看出，图 6-7-2(a) 中漏极与栅极的耦合区域（白色折线部分）长达5cm，而图 6-7-2(b) 中的耦合区域不足 1cm。

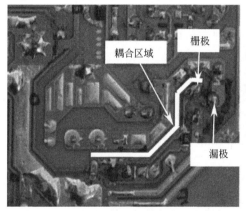
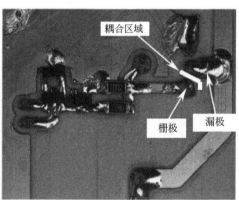

(a) 耦合较大的PCB图　　　　　　　(b) 耦合较小的PCB图

图 6-7-2　功率开关管漏极与栅极的耦合情况对比

此外，当开关电源的功率较大时，主电路会流过很大的电流（例如，10～30A）。此时仅靠增加印制导线的宽度难以达到设计要求。这时必须在需要流过大电流的印制导线上画出焊接层的粗线。例如，在顶层（TopLayer）印制导线上画出顶焊接层（TopSolder）的粗线，或者在底层（BottomLayer）印制导线上画出底焊接层（BottomSolder）的粗线。这样做出来的 PCB，相关印制导线上就没有绿模（阻焊剂）了，可以直接在印刷线上涂上较厚的焊锡，降低印制导线的电阻值。这种效果也可以在图 6-7-2(a) 中看出，印刷线上光亮部分的焊锡层就是这样实现的。

6.7.3　开关电源的地线结构

开关电源的地线结构非常重要，不能简单地用"串联接地"和"单点接地"好坏来区分。只要接地结构能够实现干扰最小，就是合理的。图 6-7-3 给出了两种串联接地结构的对比图。可以看出，图 6-7-3(a) 将电流最大的主电路放在距离电源最远的位置，这样，主电路电流 I_3 将流过地线电阻（用等效阻抗 Z_1、Z_2 和 Z_3 来表示），从而在 C 点产生很大的噪声电压。同时，由于主电路电流 I_3 流过地线电阻 Z_1，使电压/电流取样电路的地线噪声增加。而且这种结构也在取样电路的接地点（A 点）与主电路的接地点（C 点）之间产生较大的噪声电压。显然这样的接地结构是不合理（错误）的。

图 6-7-3(b) 将电流最大的主电路放在距离电源最近的位置，这样，主电路电流 I_3 只流过地线电阻 Z_1，在 A 点产生较大的噪声电压。由于主电路电流 I_3 没有流过地线电阻 Z_2 和 Z_3，并且 PWM 电路和电压/电流取样电路的电流 I_2 和 I_1 较小，使得 B 点和 C 点的噪声电压只比 A 点稍大一些。最重要的是，这种结构大幅度减小了取样电路的接地点（C 点）与主电路的接地点（A 点）之间的噪声电压，这对提高开关电源的性能非常有利。因此，图 6-7-3(b) 的接地结构更合理（正确）一些。

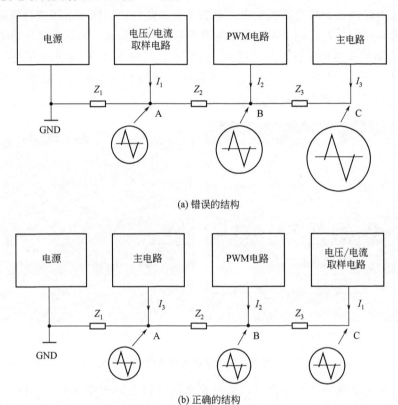

图 6-7-3　两种串联接地结构对比

对开关电源来说，最好的地线结构如图 6-7-4 所示。将主电路放在电源的左侧，这样主电路的电流 I_1 在 A 点产生的噪声电压不会叠加到 PWM 和电压/电流取样电路，因此 B 点和 C 点的噪声电压很小。这才是开关电源地线结构的最佳选择方案。

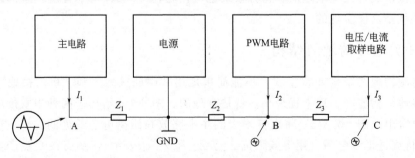

图 6-7-4　开关电源的地线结构

6.8　安装与调试

安装前准备好各种元器件、常用的工具和材料。正确使用得心应手的工具，既可提高工作效率，又能保证装配质量。分立元件在安装前要全部测试。先安装体积小、高度低的电阻和二极管元件，然后是集成电路、晶体管、电容器等，最后安装较大尺寸的散热器。注意有极性的电子元器件的极性标志。不同尺寸的引脚和焊盘应选用不同功率的电烙铁焊接，以保障焊接质量和可靠性。调试步骤按以下顺序进行：

① 准备调试仪器；

② 通电前检查；

③ 通电后观察；

④ 性能测试。

调试前准备好相关调试仪器，开关电源的调试仪器主要有隔离变压器、自耦调压器、交流电压表、交流电流表、直流电压表、直流电流表和双踪示波器。其中电压、电流表可用几块同型号的数字万用表代替。

电路安装完毕后，不要急于通电，首先要根据电路原理图认真检查电路接线是否正确，元器件引脚之间有无短路，二极管、三极管和电解电容极性有无错误等。然后连接相关测试仪器仪表，检查仪器仪表挡位是否正确，通电前确保自耦调压器触头处于足够低的输出电压位置，电路是否需要接入最小负载以及负载连接是否正确等。

电源接通后不要急于测量数据，应首先观察有无异常现象。调节自耦调压器触头，使输入电压逐渐升高，用示波器观测功率开关晶体管的集电极或漏极的电压波形，这一点最为重要。该电压波形可以反映出尖峰电压大小以及开关管是否饱和导通，是防止开关管损坏的最佳观测点。此外还要观察输入电流是否过大，有无冒烟，是否闻到异常气味，手摸元器件是否发烫等现象。

开关电源正常工作之后，可以进行性能测试。首先是稳压范围的测试，在轻载条件下，将输入电压从最小值开始逐渐升高到最大值，观察输出电压是否稳定。然后是负载特性的测试，在额定输入电压条件下，将负载电流从最小值开始逐渐升高到最大值，观察输出电压是否稳定。在最大负载时，将输入电压从最小值逐渐升高到最大值，观察输出电压变化情况。

在调试电路过程中要对测试结果做详尽记录，以便经深入分析后对电路与参数做出合理的调整。最后根据设计要求，还可对电源调整率、负载调整率、输出纹波、输入功率及效率、动态负载特性、过压及短路保护等性能参数做更为详细的测试。

第7章

开关电源的调试与测试

开关电源的电路板安装完毕之后，首先就要进行调试，调试完成之后通常还要进行测试。调试工作的侧重点是观察开关电源工作是否正常，是否存在安全及故障隐患等；测试工作的侧重点是测量开关电源的性能指标是否达到设计要求。本章首先介绍开关电源的调试步骤、方法及注意事项，然后介绍技术指标的测试方法与注意事项。

7.1 调试仪器设备的选择

开关电源的电路板调试之前，首先要准备好相关调试仪器。开关电源的调试仪器主要有隔离变压器、自耦调压器、电压表、电流表、负载电阻和示波器等。其中电压、电流表可用几块同型号的数字万用表代替。

7.1.1 隔离变压器和自耦调压器的选择

调试开关电源时，经常需要用示波器测量高频变压器初级的电压波形。为了测试安全，需要在电网与被测开关电源之间加入一只隔离变压器，以便实现电网与被测开关电源的电气隔离。隔离变压器采用 1/1 的变比，通常是 220V/220V，这种变压器一般要到厂家定制。如果被测开关电源的功率小于 100W，可选择 200V·A 的隔离变压器；若被测开关电源的功率在 100～200W 之间时，应选择 500V·A 的隔离变压器。这样可以减小隔离变压器的阻抗对被测开关电源的影响。隔离变压器的外形如图 7-1-1 所示，通常只有一个初级绕组和一个次级绕组，有的还加了屏蔽层。

自耦调压器可以选择 500VA 容量，如 TDGC2、TSGC2 型接触式单相自耦调压器。自耦调压器通常采用可调式自耦变压器结构，在环形铁芯上均匀地绕制线圈，电刷在弹簧压力作用下与线圈的磨光表面紧密吻合，转动转轴带动刷架，使电刷沿着线圈表面滑动，改变电刷接触位置，即可连续地改变一次和二次线圈的匝数比，从而使输出电压平滑地从零调节到最大值。它具有波形不失真、体积小、重量轻、效率高、使用方便、可靠、能长期运行等特点。是一种较为理想的交流调压电源。

TDGC2 系列调压器外形如图 7-1-2 所示，其外形呈方形，美观大方。TDGC2 系列调压器应放置在通风、干燥、无阳光直接照射，无腐蚀性介质及易燃、易爆气体的室内使用。其技术参数见表 7-1-1，读者可按所需的额定容量选择使用。

图 7-1-1　隔离变压器的外形图

图 7-1-2　自耦调压器的外形图

表 7-1-1　TDGC2 系列调压器的技术参数

型号	额定容量 /kV·A	相数	额定频率/Hz	额定输入 电压/V	输出电压 范围/V	额定输出 电流/A
TDGC2-0.2	0.2	1	50	220	0～250	0.8
TDGC2-0.5	0.5	1	50	220	0～250	2
TDGC2-1	1	1	50	220	0～250	4
TDGC2-2	2	1	50	220	0～250	8
TDGC2-3	3	1	50	220	0～250	12
TDGC2-5	5	1	50	220	0～250	20

使用自耦调压器的时候，要特别注意额定输出电流的参数。例如，TDGC2-0.5 型自耦调压器的额定输出电流为 2A。就是说，无论其输出电压调节到多大，输出电流都不能超过 2A。所谓的额定容量 0.5kV·A，是指输出电压调节到最大（250V）时的容量。当输出电压较低时，允许的容量也随之降低。例如：当输出电压调节到 50V 时，其实际输出容量将降低为 $50V \times 2A = 100V \cdot A$（0.1kV·A）。

7.1.2　电压表和电流表的选择

监测开关电源输入端参数的数字万用表采用 $3\frac{1}{2}$ 位精度的即可，型号如 VC890、

VC9805A$^+$、VC9808$^+$等。测量开关电源输出端参数应采用精度较高的仪表，如 $4\frac{1}{2}$ 位精度的 VC9807 型数字万用表等。几种数字电压表的外形如图 7-1-3 所示。

图 7-1-3　几种数字电压表的外形图

VC9808$^+$型 $3\frac{1}{2}$ 位数字万用表除了可以测量交、直流电压和电流外，还可以测量电感、电容和摄氏温度，可以满足多数情况下开关电源调试的要求。其特点如下。

① 新型防震套，流线型设计，手感舒适。

② 大屏幕 LCD 显示，字迹清楚。

③ 金属屏蔽板，防磁，抗干扰能力强。

④ 自动关机，（15±10）min 内没有操作就自动关机。

⑤ 全保护功能，防高压打火电路设计。

⑥ 新型电池门设计，易换电池。

⑦ 电容测量最大 $200\mu\text{F}$，频率测量最高可达 10MHz。

⑧ 峰值保持。

⑨ 频率自动转换量程。

VC9805A$^+$、VC9808$^+$型 $3\frac{1}{2}$ 位数字万用表的技术指标见表 7-1-2。该款万用表的配件比较齐全，标准配置中包含 TP01 温度探头。其丰富的特殊功能，更加适合开关电源的调试与测试，VC9805A$^+$、VC9808$^+$的功能参数见表 7-1-3。

表 7-1-2　VC9805A$^+$、VC9808$^+$型 $3\frac{1}{2}$ 位数字万用表的技术指标

基本功能	量程	基本准确度	
		VC9805A$^+$	VC9808$^+$
直流电压	200mV/2V/20V/200V/1000V	±(0.5%+3)	±(0.5%+3)
交流电压	200mV/2V/20V/200V/750V	±(0.8%+5)	±(0.8%+5)
直流电流	2mA/20mA/200mA/20A	±(0.8%+10)	±(0.8%+10)
交流电流	2mA/20mA/200mA/20A	±(1.0%+15)	±(1.0%+15)

基本功能	量程	基本准确度	
		VC9805A⁺	VC9808⁺
电阻	200Ω/2kΩ/20kΩ/200kΩ/2MΩ/200MΩ	±(0.8%＋3)	—
	200Ω/2kΩ/20kΩ/200kΩ/2MΩ/20MΩ/2000MΩ	—	±(0.8%＋3)
电感	2mH/20mH/200mH/2H/20H	±(2.5%＋30)	±(2.5%＋30)
电容	20nF/200nF/2μF/20μF/200μF	±(2.5%＋20)	±(2.5%＋20)
频率	200kHz	±(3.0%＋18)	—
	2kHz/20kHz/200kHz/2000kHz/10MHz	—	±(1.0%＋10)
摄氏温度	−20～1000℃	±(1.0%＋5)	±(1.0%＋5)
华氏温度	0～1832℉	±(0.75%＋5)	—

表 7-1-3 VC9805A⁺、VC9808⁺型数字万用表的功能参数

特殊功能	VC9805A⁺	VC9808⁺
二极管测试	√	√
三极管测试	√	√
通断报警	√	√
低电压显示	√	√
数据保持	√	峰值保持
自动关机	√（可手动取消）	√（可手动取消）
背光显示	—	√
功能保护	√	√
防震保护	√	√
输入阻抗	10MΩ	10MΩ
采样速率	3 次/s	3 次/s
交流频响	40～400Hz	40～400Hz
操作方式	手动量程	手动量程
最大显示值	1999	1999
液晶尺寸	70mm×50mm	70mm×50mm
电源	9V(6F22)	9V(6F22)

普通数字万用表测量电流时，需要串联在被测电路中，给测量带来很多不便，万用表的内阻还会造成测量误差。使用钳形表测量交流电流不用断开被测电路，是较好的测量方法。一般钳形表的量程较大，多在几十安培以上，不适合中小功率开关电源的测量。中小功率开关电源的电流测量适合采用泄漏电流钳形表，其量程包括几十至几百毫安，分辨力可达0.1mA，非常适合小电流的测量。例如日本共立公司的 2412 和 2417 型数字式泄漏电流钳形表，其最小量程分别是 20mA 和 200mA。

7.1.3 负载电阻的选择

开关电源的负载电阻通常需要较大的散耗功率，除了选择阻值和功率比较合适的大功率

固定电阻以外，通常选择滑线变阻器（也称滑动变阻器、滑线电阻器）作为负载电阻，例如BX7 或 BX8 系列单管滑线变阻器。业余条件下也可以使用 1000～2000W 的电炉丝，在其上截取一段合适的阻值，但要注意电炉丝的高温可能会造成人身伤害或者设备损坏，甚至火灾。负载电阻的最佳选择是电子负载，但其价格比较昂贵，一般用在开关电源的性能测试环节。

滑线变阻器的外形如图 7-1-4 所示。滑线变阻器是一种线绕式可变电阻器，其上装有金属导轨，作为滑动引出端。它的工作原理是通过改变接入电路部分电阻线的长度来改变电阻值的大小。导轨上的滑块通过触点在电阻丝绕组上滑动，即可调节输出电阻值。通常滑线变阻器的额定（标称）电流越大，其电阻丝就越粗。

图 7-1-4　几种滑线变阻器的外形图

在开关电源的调试中，滑线变阻器作为负载电阻来使用，通过改变其电阻值来调节负载电流的大小。表 7-1-4 列出了 BX7 系列单管滑线变阻器的部分型号、电流与阻值对应关系，读者可以根据负载电流大小选择合适的型号和阻值。

 小贴示

　　不论滑线变阻器电阻值多大，滑线变阻器允许通过的最大电流不能超过其标称电流值。

表 7-1-4　BX7 系列单管滑线变阻器的型号、电流与阻值对应表

电流/A	型号/阻值/Ω					
	BX7-11	BX7-12	BX7-13	BX7-14	BX7-15	BX7-16
0.65	340	450	580	700	800	950
1.00	140	190	240	290	340	390
2.00	50	70	90	100	120	140
3.00	23	32	40	50	55	65
4.50	10	15	18	22	25	30
6.00	6.5	9	12	15	18	20
8.00	3	4	5	6.5	7.5	8.5
10.00	2.5	3.5	4.5	5.5	6.5	7.5
15.00	1.1	1.5	1.9	2.3	2.6	3
20.00	0.75	1	1.3	1.5	1.8	2

7.1.4 示波器的选择

虽然电压表可以测出信号的电压值，通常是平均值或有效值（RMS），有的电压表也能测量信号的峰值电压和频率，但是电压表不能给出有关信号形状的信息。开关电源的调试，经常需要测量相关控制电路及高频变压器绕组的电压波形，示波器就是完成这种测量任务的理想仪器。

我们可以把示波器简单地看成是具有图形显示功能的电压表。普通电压表是由其度盘上移动的指针或者显示的数字来给出被测信号的电压读数。而示波器则与之不同。示波器具有屏幕，它能在屏幕上以图形的方式显示信号电压随时间变化的情况，即电压波形。也就是说，示波器能以图形的方式显示信号随时间变化的历史情况。电压表通常只能对一个信号进行测量，而示波器则能同时显示两个或多个信号，以便信号波形的对比。

示波器可以测量交流、直流或脉冲电压的波形，它由信号放大器、扫描振荡器、阴极射线管等组成。除观测电压的波形外，还可以测量频率、电压幅度等。凡是可以变为电信号的周期性物理过程，都可以用示波器进行观测。

示波器可分为数字示波器和模拟示波器。模拟示波器采用的是模拟电路，其基础是示波管中的电子枪。电子枪向屏幕发射电子，电子经聚焦形成电子束并打到屏幕上。屏幕的内表面涂有荧光物质，这样电子束打中的点就会发出光来。数字示波器则是用数据采集、A/D转换、软件编程等一系列的技术制造出来的高性能示波器。数字示波器一般支持多级菜单，能提供给用户多种选择，多种分析功能。几乎所有的数字示波器都具有存储功能，可以实现对波形的保存和处理。因此数字示波器也称为数字存储示波器。图7-1-5给出了两种示波器的外形图。

模拟示波器　　　　　　　　　　　　　　　　数字示波器

图 7-1-5　两种示波器的外形图

为了精确地测量频率响应和快速信号的上升沿，示波器和探头必须具有足够的带宽。通常的经验规则是示波器和探头（探头也有带宽限制）的带宽应该是被测信号最高频率的3～5倍。—3dB带宽衰减会引入大约30％的幅度测量误差，因此示波器和探头的带宽越宽越好。数字示波器的采样速率，应在被测信号最高频率的10倍以上。

鉴于一般开关电源的工作频率多在200kHz以下，其主要谐波分量一般不超过2MHz。因此，20MHz带宽的通用双踪示波器都可以满足测试要求。例如：江苏扬中绿扬电子仪器集团有限公司的YB4320A型、韩国兴仓公司的6502型、台湾固纬（INSTEK）公司的GOS-620型及日本岩崎公司的SS-7802A型等产品。

其中SS-7802A型20MHz双踪迹示波器具有较高的性价比，其主要特点是：①具有光标测量（CRT读出）功能，可在示波器屏幕上直接读出电压幅度差值（Δu）、时间差值（Δt）及信号频率等参数；②垂直轴灵敏度精度为±2％；③输入端配置探头感应器，可自动识别带感应器的探头衰减倍率；④内置五位数字频率计，可以直接显示信号频率。

为了测量开关电源中的电流信号，还可以选择示波器专用的电流探头。有些电流探头是通用选件，探头通过外部专用电源供电，可以连接到所有的通用示波器。有些电流探头是专用选件，探头通过示波器内部电源供电，只能接到特定型号的示波器上，而且各公司的探头不能兼容。例如：美国安捷伦（Agilent）公司的1147A型50MHz电流探头，带有"AutoProbe"接口，可以直接连接5000系列便携式示波器和6000系列示波器中的部分型号；泰克（Tektronix）公司的TCP0030型120MHz电流探头，带有"TekVPI"接口，可以直接连接DPO4000和MSO4000系列数字存储示波器。

示波器专用的电流探头为开关电源的调试带来了很大的方便，但其价格十分昂贵，与其配套的示波器同样价格不菲，读者可以根据需要和实际情况进行选择。

在开关电源的调试中，经常会遇到"浮动"测量的问题。所谓"浮动"测量，就是测量的两个点都不处于接地电位，该测量也常称为差分测量。被测信号公共线与地之间的电压可能会高达数百伏，"浮动"参考接地的示波器是通过使用隔离变压器，将"信号公共线"从地面断开。因为浮动测量技术使机壳、机柜和连接器等仪器可接触部件具有探头地线连接点的电势。这就有可能造成不仅浮动参考接地的示波器很危险，而且会使测量方法不准确，该误差是由于在地线连接点处直接将示波器机壳的总电容与被测电路相连所致。为解决这个问题，有些示波器厂商制造了内置隔离通道（Isolated Channel）技术的示波器，例如Tektronix公司的TPS2000系列示波器。使得工程师和技术人员可以快速、准确、经济地进行多通道隔离测量。

TPS2000系列示波器采用在四隔离通道输入体系结构，向"正输入"和"负基准"连接端（包括外部触发输入）提供了真实完整的通道间隔离。每个探头都具有一条与仪器底盘隔离的"负基准"连接端，而不是使用一条固定的公共地线，这是避免短路危险的最佳方法。无论使用电池电源还是通过交流电源适配器连接到交流电源，TPS2000系列示波器的输入始终是浮动的。因此，TPS2000系列隔离通道示波器摆脱了传统示波器的限制，是开关电源调试的理想工具。

7.2　调试方法与步骤

开关电源调试之前，首先要搭建调试电路。开关电源的调试电路如图7-2-1所示，图中T_1是变比为1∶1的隔离变压器，可将被测开关电源与电网电气隔离，便于接入示波器的探头；T_2是自耦调压器，用于调节开关电源的输入电压；交流电压、电流表用于观测开关电源的输入参数；直流电压、电流表用于观测开关电源的输出参数；示波器用于监测开关电源的相关波形；R_L是可调负载电阻。如果调试时采用电子负载，则可以省略直流电压、电流表，相关参数可以从电子负载的显示器上直接读出。

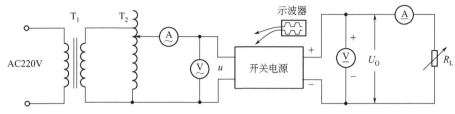

图 7-2-1　开关电源的调试电路

调试步骤按通电前检查、通电后观察、性能参数测试的顺序进行。首先要根据电路原理图认真检查电路接线是否正确，元器件引脚之间有无短路，二极管、三极管和电解电容极性有无错误等。然后连接相关测试仪器仪表，检查仪器仪表挡位是否正确，通电前确保自耦调压器触头处于足够低的输出电压位置，是否需要接入最小负载以及负载连接是否正确等。

电源接通后不要急于测量数据，应首先观察输入电压、电流表及输出电压、电流表指示有无异常现象。然后调节自耦调压器触头，使输入电压逐渐升高，用示波器观测功率开关晶体管的集电极或漏极的电压波形，这一点最为重要。该电压波形可以反映出尖峰电压大小以及开关管是否饱和导通，是防止开关管损坏的最佳观测点。此外还要观察输入电流是否过大，有无冒烟，是否闻到异常气味，手摸元器件是否发烫等现象。

开关电源能够正常工作之后，就可以进行性能参数测试了。首先是稳压范围的测试，在轻载条件下，将输入电压从最小值开始逐渐升高到最大值，观察输出电压是否稳定。然后是负载特性的测试，在额定输入电压条件下，将负载电流从最小值开始逐渐升高到最大值，观察输出电压是否稳定。在最大负载时，将输入电压从最小值逐渐升高到最大值，观察输出电压变化情况。

在开关电源调试过程中要对测试结果做详尽记录，以便经深入分析后对电路与参数做出合理的调整。最后根据设计要求，还可对电压调整率、负载调整率、输出纹波、输入功率及效率、动态负载特性、过压及短路保护等性能参数做更为详细的测试。

7.3　关键测试点的选择

调试开关电源时，除了用电压表测量控制电路中相关器件引脚的电压之外，更重要的是用示波器观测相关的电压波形，以便判断开关电源是否正常工作。本节主要介绍示波器测试点的选择。例如，测试点为 PWM 控制器的输出端时，可用示波器同时测量驱动脉冲的幅度和占空比这两个参数。测试点的选择非常重要，测试点选择合理，既可以保证调试安全，又可以反映出电源的工作状态，能够简化调试过程。

开关电源的测试点选择如图 7-3-1 所示。TP_1为功率开关管（MOSFET）的漏极，TP_2为功率开关管的源极，R_S为电流取样电阻。可将这两个测试点连接到双踪示波器的两个通道（CH1 和 CH2），同时观察两点的波形。此时两个探头的接地端要同时连接到初级输入直流高压的负端（一），即图中 TP_3 位置。实际测量时，可将探头的接地夹直接夹在 R_S 的接地引脚上。

　　从 TP$_1$ 可以看到功率开关管的漏极电压波形，这个波形能够反映出漏极尖峰电压、输入直流电压（直流高压）、次级反射电压、开关管导通压降及导通与截止时间等信息。在单端反激式开关电源中，功率开关管的漏极电压波形如图 7-3-2 所示。

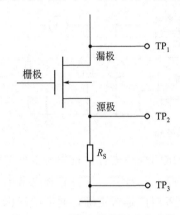

图 7-3-1　开关电源的测试点选择

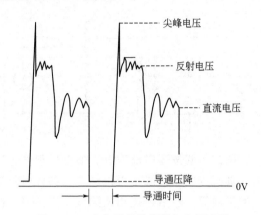

图 7-3-2　功率开关管的漏极电压波形

　　从 TP$_2$ 可以看到功率开关管的源极电压波形，这个波形是取样电阻 R_S 上的电压波形，能够反映出漏极电流及导通与截止时间等信息。功率开关管的漏极电流波形如图 7-3-3 所示。该波形反映出开关电源工作在电流连续模式。每个周期中，开关管导通时，漏极电流从较小的"起始电流"开始上升。开关管关断前，漏极电流到达"峰值电流"。

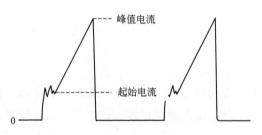

图 7-3-3　功率开关管的漏极电流波形

　　TP$_1$ 和 TP$_2$ 就是两个关键测试点，基本上能够反映出开关电源的工作状态和有无故障。在调试过程中，要特别注意这两个测试点的波形。在逐渐升高输入电压时，如果发现峰值电压或者峰值电流超过设计范围，应该立刻关闭电源，查找故障，以防功率开关管损坏。

　　有时，为了观测高频变压器初级绕组的电流波形，还可以在初级绕组串联取样电阻。初级电流的取样电路如图 7-3-4 所示，这时的测量状态就是前文所说的"浮动"测量。理论上讲，取样电阻串联在初级绕组上端或下端都可以。实际上，如果串联在初级绕组下端（见图中 R_{S1} 位置），测量时会在示波器接地线上产生浮动的高压脉冲。这样做既不安全，也会产生较大的测量干扰和误差，还可能影响开关电源的正常工作。正确的方法是将取样电阻串联在初级绕组上端（见图中 R_S

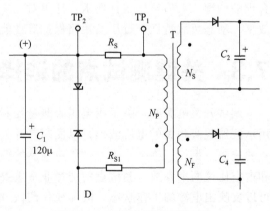

图 7-3-4　初级电流的取样电路

位置），并且要在 TP$_1$ 端连接示波器探头的信号线，在 TP$_2$ 端连接探头的接地夹。这样，虽然初级电流波形是反极性的，但测量干扰和误差最小，对开关电源的正常工作也没有影响。可以通过按下示波器的反极性（inverted，简写为 INV）按钮，观看到正极性的初级电流波形。

 **小贴示**

    观测高频变压器初级电流波形（即"浮动"测量）时，示波器探头的接地夹将与直流高压的正（＋）端连接。示波器其他通道的探头及接地夹必须与相关电路断开，否则会发生短路或者损坏电路元器件！也就是说，观测初级电流波形（"浮动"测量）时，只能使用一个通道，其他通道必须完全断开。当使用内置隔离通道（Isolated Channel）技术的示波器时，不存在这个问题。

7.4　调试中的注意事项

    在开关电源的调试中，大多数工程技术人员将示波器作为他们的首选电源测量平台。现代示波器可以配备集成的电源测量和分析软件，简化了设置，并使得动态测量更为容易。用户可以定制关键参数、自动计算，并能在数秒钟内看到结果，而不只是原始数据。这里主要介绍用示波器调试开关电源时的注意事项。

    （1）注意调试安全

    在开关电源调试过程中，除了正确使用各种仪表以外，最重要的是安全问题。特别是开关电源的初级回路，具有几百伏甚至上千伏的高电压。开关电源的初级回路负极（－）并不是零电压，人体接触该端时会遭到电击，危及人身安全。该端对地连接会造成电源短路，损坏输入整流元件。因此，调试开关电源时必须先连接隔离变压器（参见图 7-2-1），以便实现电气隔离。通过隔离变压器以后，初级回路的负极（－）可以和示波器的探头接地端直接连接，并通过示波器的电源插头（单相三线插头）与供电系统的保护地线连接，以排除安全隐患。

 **小贴示**

    如果使用内置隔离通道（Isolated Channel）技术的示波器，即使不接隔离变压器也能够正常测量，不会出现短路现象，但人体接触初级回路会遭到电击。因此，调试中最好还是接入隔离变压器。

    （2）注意关键波形

    功率开关管的漏极电压波形能够直接反映出漏极尖峰电压、次级反射电压、开关管导通压降等信息。即使输入电压很小，当漏极吸收回路开路时也会造成很高的漏极尖峰电压，从而造成功率开关管击穿损坏。此外，如果功率开关管不能饱和导通，会造成很大的功率损耗，导致开关管过热损坏。密切关注漏极电压波形，能够迅速发现危险情况的出现，以便及时关闭电源，避免造成元件损坏和更大的损失。

    （3）探头的选择与连接

    根据测量任务选用合适的探头才会得到最好的测量结果。对于通用测量，用 10∶1 的探头就足够了，但对于低幅度信号测量，就要考虑使用 1∶1 的探头。测量高电压时（例如功率开关管的漏极电压），可以选择高压探头。测量电流时，可以选择电流探头。

    一般示波器探头的输入电压多为 400V（RMS）或 400V（DC），允许一定的峰值电压短时间超出这个范围。如果峰值电压较高，则应该选择高压探头。使用电流探头时，应尽量连接到电压变化幅度较小的回路中。例如测量功率开关管的漏极电流时，应连接到功率开关管的源极回路，间接观察漏极电流。如果接到漏极回路中，漏极的高频尖峰电压会对测量产生较大的干扰。

（4）探头的接地

使用探头接地夹接地，相当于在接地路径中加入了一个串联电感。这个串联电感和探头电容共同作用，可能会引起振荡和过冲。开关电源存在较强的电磁辐射，探头接地线过长也会引入干扰。开关电源的尖峰电流会在电路板上产生干扰电压，在不同的接地点测量，得到的波形会有所变化，波形出现抖动也是正常现象。

（5）兼容性与校准

使用甲公司生产的示波器却配乙公司生产的探头进行测量的情况非常普遍。事实上，示波器和探头并不总是可以互换或兼容的。最好的做法是使用同一家公司生产的示波器和探头，从而排除任何潜在的冲突问题。在使用示波器进行测量时最容易忽视的步骤之一是校准。校准是一种简单易行的方法，可以确保每次测量都是从头开始，不受上次测量的影响。在开始测量前应该进行手动校准，如果示波器带有自校准功能，在测量前应该运行这个功能。欠补偿或过补偿的探头都会引起幅度、上升时间和被测信号波形失真测量的较大误差。

7.5　测试仪器设备的选择

开关电源的测试是在调试完成后进行的，测试的目的是掌握开关电源的性能参数，以便对其技术指标做出综合评价。开关电源的测试可以采用图 7-2-1 所示的调试电路，但是为了更加方便地读取各项参数值，通常采用图 7-5-1 所示的专用测试电路。图中 T 为自耦调压器，用于调节被测开关电源的交流输入电压；电参数测试仪能够测量并显示出开关电源的输入电压、输入电流、输入功率及功率因数等参数；电子负载能够直接设定与调节开关电源的负载电流值，并能测量和显示开关电源的输出电压、输出电流和输出功率。下面介绍电参数测试仪和电子负载的选择方法与注意事项。

图 7-5-1　开关电源的测试电路

7.5.1　电参数测试仪的选择

电参数测试仪也称电参数综合测量仪，主要用来测定相关仪器设备的电力参数，如电压、电流、电功率等。电参数测试仪可分为直流电参数测试仪、交流电参数测试仪和交直流两用电参数测试仪，其中交流电参数测试仪还有单相测量和三相测量两种类型。电参数测试仪通常采用内嵌微处理器的数字化测量方式，具有体积小、重量轻、测量精度高等优点，并有多种参数测量功能，能满足产品研发、性能测试及产品检测等多种应用需求。

开关电源测试中使用的一般是单相交流电参数测试仪，几种电参数测试仪的外形如图

7-5-2 所示。电参数测试仪通常具有多个显示窗口，可以同时显示电压、电流、功率，有些仪器还可以显示频率和功率因数等。

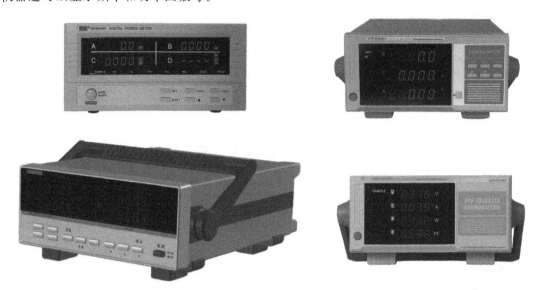

图 7-5-2　几种电参数测试仪的外形图

　　几种电参数测试仪的测量范围及功能对比见表 7-5-1，它们具有不同的测量功能与特点，侧重于不同的测量场合。开关电源的输入参数测量应该选用真有效值仪表。由于开关电源的输入电流波形多为尖脉冲形状，属于畸变正弦波信号，表中的 8716C1 型号电参数测试仪，更加符合开关电源的测试要求。

表 7-5-1　几种电参数测试仪的测量范围及功能对比

型号	测量范围 电压/电流	电压、电流 功率、频率	功率 因数	声光 报警	RS485/232 通信 （可选）	继电器 输出 （可选）	备注
8705B1	600V/20A	√			√		
8715B1	600V/20A	√	√		√		
8706B1	600V/20A	√		√	√	√	适用于产品测试,并 提供合格判定输出
8716B1	600V/20A	√	√	√	√	√	
8713B1	600V/1A/40A	√	√	√	√	√	适用于小电流、小功 率测试,设备待机测试
8716C1	600V/20A	√	√	√	√	√	交直流;适用于畸变 正弦波信号测试

　　电参数测试仪的接线端子通常在仪器的后面，其接线原理如图 7-5-3 所示。可以看出，电参数测试仪共有 4 个接线端子。其中①、②为电流（I）端子，①为低端（LO），通常连接供电电源的零线 N。②为高端（HI），通常连接被测负载（开关电源）的零线（返回）端。

　　③、④为电压（U）端子，③为低端（LO），通常连接到被测负载（开关电源）的零线（返回）端。大多数电参数测试仪在电流端子②（HI）与电压端子③（LO）之间设置短路连接片，使用时将端子②、③直接短路即可。④为高端（HI），通常连接被测负载（开关电源）的火线 L。

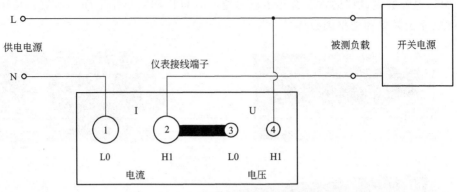

图 7-5-3　电参数测试仪的接线原理图

　　其实，电参数测试仪电流（I）端子就相当于电流表的两个端子；电压（U）端子就相当于电压表的两个端子。通常电流（I）端子尺寸较大，以便通过较大的负载电流，而电压（U）端子只有很小的电流流过，一般端子尺寸较小。

　　　　电参数测试仪电流（I）端子需要使用较粗的导线连接，以便降低导线电阻，减小测量误差。电压（U）端子的连接线应靠近被测负载火线 L 端连接。

7.5.2　电子负载的选择

　　电子负载是用电子器件实现的"负载"功能，其输出端口符合欧姆定律。其实，电子负载就是通过控制内部功率器件（MOSFET 或双极型晶体管）的导通量，使功率管耗散功率，实现电能消耗的设备。电子负载可广泛应用于电源变压器、充电器、开关电源、蓄电池等行业的线上测试与实验室等领域。电子负载通常采用 LED 显示器或带背光的 LCD 显示器，配合数字键盘与旋转编码器，使仪器显示更直观、更全面，操作更简单方便。其完善的定电压、定电流、定功率、定电阻功能，远程测量、短路测试、电池测试、动态测试及计算机软件控制等功能，可使开关电源的测试更加方便。几种电子负载的外形如图 7-5-4 所示。

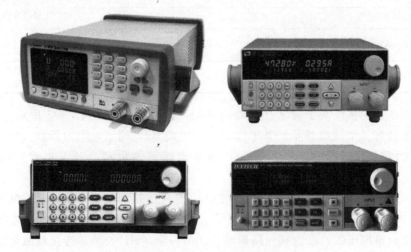

图 7-5-4　几种电子负载的外形图

开关电源测试使用的一般为直流电子负载，其生产厂家众多，产品也是多种多样。例如台湾艾德克斯电子有限公司的 IT8200 系列和 IT8500 系列，常州安柏精密仪器有限公司的 AT8511/12，青岛艾诺仪器公司的 AN23101/2/3 和 AN23301/2/3 等。其中 IT8200 系列及 AN23301/2/3 为价格较低的经济型电子负载。

中小功率开关电源测试时，一般采用输入电压 100V、电流 30A、功率 200W 以内的电子负载即可。表 7-5-2 列出了 IT8511 和 IT8512 型电子负载的技术参数，供读者参考。

表 7-5-2　IT8511 和 IT8512 型电子负载的技术参数

参数		IT8511	IT8512
额定值	输入电压	0～120V	0～120V
	输入电流	1mA～30A	1mA～30A
	输入功率	150W	300W
负载精度	范围	精度	分辨率
	0～18V	±(0.05％+0.02％FS)	1mV
	0～120V	±(0.05％+0.025％FS)	10mV
	0～3A	±(0.1％+0.1％FS)	0.1mA
	0～30A	±(0.2％+0.15％FS)	1mA
定电压模式	0.1～18V	±(0.05％+0.02％FS)	1mV
	0.1～120V	±(0.05％+0.025％FS)	10mV
定电流模式	0～3A	±(0.1％+0.1％FS)	0.1mA
	0～30A	±(0.2％+0.15％FS)	1mA
定电阻模式 （电压和电流值≥ 满量程的 10％）	0.1～10Ω	±(1％+0.3％FS)	0.001Ω
	10～99Ω	±(1％+0.3％FS)	0.01Ω
	100～999Ω	±(1％+0.3％FS)	0.1Ω
	1k～4kΩ	±(1％=0.8％FS)	1Ω
定功率模式（电压和电流值 ≥满量程的 10％）	0～100W	±(1％+0.1％FS)	1mW
	100～300W	±(1％+0.1％FS)	10mW
电流量测值	0～3A	±(0.1％+0.1％FS)	0.1mA
	0～30A	±(0.2％+0.15％FS)	1mA
电压量测值	0～18V	±(0.02％+0.02％FS)	1mV
	0～120V	±(0.02％+0.025％FS)	10mV
功率量测值（电压和电流值 ≥满量程的 10％）	0～100W	±(1％+0.1％FS)	1mW
	100～300W	±(1％+0.1％FS)	10mW
电池测试功能	输入电压：0.1～120V，最大测量容量：999A·H 分辨率：10mA，定时范围：1～60000s		
动态测试模式	频率范围：0.1～1kHz，频率误差：<0.5％		
尺寸/mm	214.5mm(W)×88.2mm(H)×354.6mm(D)		
质量（净重）	6kg		

从表 7-5-2 中可以看出，电子负载一般具有定电流、定电压、定电阻、定功率及动态测试等多种模式，可以模拟各种不同的负载状况。图 7-5-5 给出了电子负载常用工作模式的特

性曲线。

图 7-5-5 中，图（a）是定电流模式
（也称恒流模式）的特性曲线，无论施
加电压如何改变，其工作电流是恒定不
变的。电子负载相当于一个恒流源，其
电流可在一定范围内设定。图（b）是
定电阻模式（也称恒阻模式）的特性曲
线，其工作电流随着施加电压呈正比变
化，但 U/I 是恒定不变的。电子负载
相当于一个固定电阻，其阻值可在一定
范围内设定。图（c）是定电压模式（也
称恒压模式）的特性曲线，其工作电流
变化时，施加电压恒定不变。电子负载
相当于一个大功率的稳压管，其稳压值

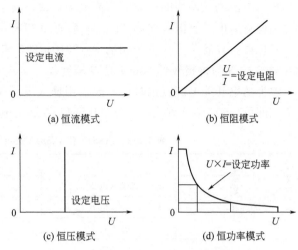

图 7-5-5　电子负载的特性曲线

可在一定范围内设定。图（d）是定功率模式（也称恒功率模式）的特性曲线。电子负载根
据施加的电压大小自动调节其工作电流，以保证其消耗的功率恒定不变。其功率大小可在一
定范围内设定。

开关电源的测试，主要是使用电子负载的定电流模式和定电阻模式，可实现输出电压、
输出电流、电压调整率、负载调整率、输出电压调节范围等参数的测试。电子负载一般都具
有测量与显示功能，可在其显示器上直接读出电压值、电流值和消耗的功率值。这样可以简
化电路的连接，减少测量仪表的数量，使开关电源的测试更加方便。

　　电子负载与被测开关电源的连接非常简单，只要将两者的正"+"、负"−"端子
对应连接即可。电子负载通常具有过电压、过电流、过功率、过热和反接保护等多种
保护功能，即使接线错误或使用不当，一般也不会造成设备损坏。

7.6　开关电源的性能测试

开关电源进行性能测试，是评价其技术水平的重要依据，其测试电路原理如图 7-5-1 所
示。电参数测试仪能够测量并显示出开关电源的输入电压、输入电流、输入功率及功率因数
等参数；电子负载能够直接设定与调节开关电源的负载电流值，并能测量和显示开关电源的
输出电压、输出电流和输出功率。业余条件下，可用真有效值万用表代替电参数测试仪，用
滑线变阻器代替电子负载，用万用表测量输出电压和电流，通过计算得到输入/输出功率。
下面介绍几种开关电源性能参数的测量方法与测试技巧。

7.6.1　输出电压准确度与调整率的测量

开关电源的输出电压准确度与调整率是开关电源重要技术指标，测试电路参见图 7-5-1。
相关参数测量与计算按以下方法进行。

（1）测量输出电压准确度

开关电源的输出电压准确度是衡量其设计输出电压与实际输出电压偏差的技术指标，可用 γ_V 表示。将开关电源施加标称输入电压（例如 220V）和额定负载电流，用电子负载（或直流电压表）测出实际输出电压 U_O'，再与标称输出电压 U_O 进行比较，按下式计算输出电压的准确度：

$$\gamma_V = \frac{U_O' - U_O}{U_O} \times 100\% \tag{7-6-1}$$

计算出的 γ_V 越小，表示输出电压准确度越高。

（2）测量电压调整率

开关电源的电压调整率也称为线路调整率，通常用 S_V 表示，是描述其输出电压随输入电压变化情况的技术指标。给开关电源施加额定负载，首先测出额定输入电压时的输出电压值 U_O'，然后连续调节交流输入电压 u，使之从规定的最小值（u_{min}）一直变化到最大值（u_{max}），记录输出电压与标称值的最大偏差 $\Delta U_O'$，最后代入下式计算：

$$S_V = \frac{\Delta U_O'}{U_O'} \times 100\% \tag{7-6-2}$$

计算出的 S_V 越小，表示电压调整率越高，电源性能越好。

（3）测量负载调整率

开关电源的负载调整率也称为电流调整率，通常用 S_I 表示，是描述其输出电压随负载电流变化情况的技术指标。将交流输入电压 u 调至标称值，分别测出满载与空载时的输出电压值 U_1 与 U_2，再代入式(7-6-3)计算：

$$S_I = \frac{U_2 - U_1}{U_O} \times 100\% \tag{7-6-3}$$

计算出的 S_I 越小，表示负载调整率越高，电源性能越好。

 小贴示

多数开关电源的负载调整率通常是在 I_O 从满载的 10% 变化到 100% 情况下测得的，此时应将式（7-6-3）中的 U_2 换成 10%I_O 时对应的输出电压值。

作者曾经对输出电压为 15V，功率为 30W 的开关电源相关参数进行了测试，该电源由 TOP224Y 构成，属于单片开关电源，其输入电压范围为交流 85～265V，额定输出电流 I_O 为 2A。有关电压调整率测试的数据见表 7-6-1。分析测量数据可知，在 $u=85～245$V 的宽范围内，$S_V<1.6\%$。而在 $u=150～245$V（AC）时，电压调整率的计算值已降为零，考虑到受测试仪表准确度与分辨率的限制，可认为其 $S_V<0.1\%$。

表 7-6-1　测量电压调整率数据表

u/V(AC)	60	85	100	120	150	180	200	220	245
U_O/V	15.10	15.22	15.38	15.39	15.48	15.48	15.48	15.48	15.48
I_O/A	2.01	2.02	2.05	2.06	2.06	2.06	2.06	2.06	2.06
P_O/W	30.3	30.7	31.5	31.5	31.9	31.9	31.9	31.9	31.9
S_V/%	−2.4	−1.6	−0.65	−0.58	<0.1	<0.1	<0.1	<0.1	<0.1

该电源有关负载调整率测试的数据见表 7-6-2。分析测量数据可知，当负载电流从大约

$10\%I_O$ 变化到大约 $100\%I_O$ 时，$S_I<0.65\%$。最大输出电流 $I_{OM}=2.57A$ 时，仍然保持了较高的负载调整。测量结果表明，该开关电源达到了设计要求。

表 7-6-2　测量负载调整率数据表

R_L/Ω	开路	97.4	36.2	24.7	19.5	14.8	8.6	8.1	6.0
U_O/V	15.59	15.59	15.57	15.56	15.56	15.54	15.50	15.49	15.46
I_O/A	—	0.16	0.43	0.63	0.80	1.05	1.80	1.92	2.57
P_O/W	—	2.49	6.70	9.80	12.45	16.32	27.90	29.74	39.73
$S_I/\%$	—	+0.65	+0.52	+0.45	+0.45	+0.32	+0.06	0	−0.19

7.6.2　输入功率与电源效率的测量

为计算与分析开关电源的效率，必须准确测量输入/输出功率参数。对于输出功率而言，测量与计算非常简单，只要将输出电压与输出电流乘积即可。

对于输入功率测量，会存在一些问题。因为开关电源的输入端有高频非正弦波和瞬态干扰存在。普通交流有效值仪表不适合测量开关电源的功率参数。因为此类仪表仅适合测量不失真的正弦波信号。即使是真有效值仪表，也不能用简单的电压与电流乘积来计算输入功率。因为电压与电流乘积得到的是视在功率 S，而不是实际消耗的功率 P。这是由于开关电源的功率因数较低造成的，有关功率因数的问题将在本书第 10 章详细介绍。

电参数测试仪通常具有真有效值测量及功率因数计算功能，能够准确测量出开关电源的输入功率。如果没有电参数测试仪也可以用瓦特表来测量交流输入功率，通常瓦特表是用来测量有功功率的，能够适应非正弦波的电流波形。

利用瓦特表测量输入功率时，应该按图 7-6-1(b) 所示连接电路，测电压时尽可能地跨接在开关电源的交流输入端。在图 7-6-1(a) 电路连接中，瓦特表电压线圈连接点距离被测开关电源输入端较远，电源引线上的压降可能会造成 $1\%\sim2\%$ 的测量误差。

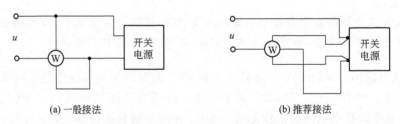

(a)一般接法　　　　　　　　　　　　(b)推荐接法

图 7-6-1　瓦特表测量输入功率接线图

开关电源的效率通常用 η 表示，其定义为输出功率 P_O 与输入功率 P_I 的比值，一般用百分数表示。其计算公式为：

$$\eta=\frac{P_O}{P_I}\times100\% \tag{7-6-4}$$

对于 DC/DC 开关电源（也称 DC/DC 变换器或开关稳压器）而言，其输入电流波形可能为脉冲形状，如图 7-6-2 所示。用直流电流表测量其输入电流将得到平均值，这样计算出的输入功率将出现较大的误差，因为功率计算需要用有效值。

为了准确测量输入功率，需要在直流电源与开关稳压器之间插入由 L_1、C_1、L_2 和 C_2 构成的 LC 型滤波器，如图 7-6-3 所示。由于 LC 型滤波器对开关稳压器输入端的开关电流呈现高阻抗，此时用直流电流表（A）测量出 I_1 几乎没有脉动成分，其电流平均值与开关稳压器输入电流的有效值是相等的，这时可以用测量出 I_1 准确计算输入功率。即电源的输入功率等于 U_1 与 I_1 的乘积。由于 DC/DC 开关电源的输入脉冲电流由 C_1 提供，因此 C_1 应选择大容量、低 ESR 的电容器。

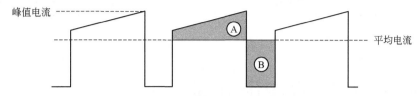

图 7-6-2　DC/DC 变换器的输入电流波形

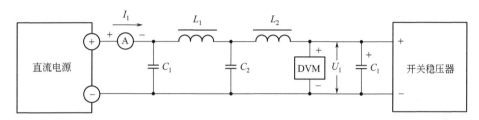

图 7-6-3　准确测量输入功率的方法

7.6.3　输出纹波电压的测量

纹波电压是指在额定输出电压和负载电流下，输出电压的纹波（包括噪声）绝对值的大小。开关电源的输出纹波电压通常用峰-峰值来表示，而不采用平均值。这是因为它属于高频窄脉冲，当峰-峰值较高时（例如±60mV），而平均值可能仅为几毫伏，所以峰-峰值更具代表性。测量包含高频分量的纹波电压时，推荐使用 20MHz 带宽的示波器来观察峰-峰值。

需要说明的是，输出纹波与输出噪声有一定区别。输出纹波是出现在输出端之间并与电网频率和开关频率保持同步的脉动成分，一般用峰-峰值表示。而输出噪声是出现在输出端之间随机变化的高频成分，也用峰-峰值表示。纹波噪声就等于二者之和。由于在测量的时候，很难区分纹波与噪声，一般将其统称为纹波电压或噪声电压。

对开关电源而言，输出纹波电压的大小是一项重要指标，但要想准确测量输出纹波电压值却并不容易。这是因为开关电源中的高速开关电路会产生尖峰脉冲电压，这种共模干扰信号叠加在输出纹波电压上并具有很大的能量，所以必须消除这种噪声。下面介绍一种能消除共模噪声干扰的测量方法。

在用示波器观察输出电压 U_O 的波形时，可采用差分输入法准确测量输出纹波电压，电路如图 7-6-4 所示。示波器的 A、B 两个交流（AC）输入通道分别接经过探头匹配装置调校好的探头①和探头②，两只探头的参数特性要尽量相同。其中，探头①接 U_O 的正端，探头②接 U_O 的负端，两个探头的接地线分别用导线③、④表示。

使用该方法时，将示波器的 A、B 两个输入通道设置成"A－B"的差分工作方式，探头①和探头②用来拾取纹波电压，而在接地线③、④上可能获得尖峰脉冲及干扰电压。由于采用差分方式，只要两个探头匹配的好，在③和④上所得到的尖峰脉冲及干扰电压就大小相等、相位相同，二者互相抵消后，从示波器观察到的就是消除共模干扰后的输出纹波电压波形。

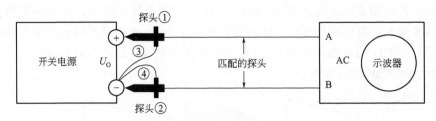

图 7-6-4　用差分输入法准确测量输出纹波电压

7.7　开关电源的波形测试

开关电源的电压/电流波形通常可以显示出其工作状态、异常情况及潜在的故障隐患等信息。了解开关电源的相关波形及测试方法，对开关电源的设计与调试会有很大的帮助。下面以 TOP227Y 构成的开关电源模块为例，介绍单片开关电源的波形测试及分析方法。被测单片开关电源的电路原理及元器件作用参见图 9-1-1 和相关章节的内容，其输出电压为 12V，额定输出功率为 60W，输入电压范围为 85～265V AC。

7.7.1　测量初级电压/电流波形

为保证测试的安全性，在被测开关电源与电网之间必须加入隔离变压器，实际测量时采用 200VA、220V/220V 的隔离变压器。

（1）测量初级电压波形

当 $u=150V$、$I_O=1.5A$ 时，将示波器的探头接在 TOP227Y 的漏极（D），将探头的接地端夹到 TOP227Y 的源极（S）。实测初级的电压波形如图 7-7-1 所示。其最高电压（尖峰电压）幅度为 435V，远低于 TOP227Y 内部 MOSFET 功率管的漏-源击穿电压 $U_{(BR)DS}$（$U_{(BR)DS} \geqslant 700V$）。因此可以判断开关电源能够安全工作。还可以看出其反射幅值为 296V，功率管导通时间为 2.25μs。

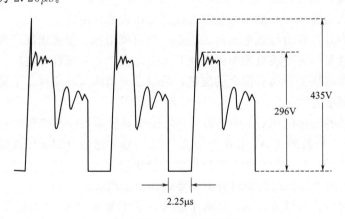

图 7-7-1　初级电压波形

采用日本岩琦公司生产的带 CRT 显示的 SS-7802 型示波器。将示波器的探头并联在瞬态电压抑制器（TVS）两端，测量 TVS 两端的电压波形如图 7-7-2 所示。可以看出 TVS 两端的最高电压为 238V，说明 TVS 已经处于钳位工作状态。该电路使用的 TVS 型号为

P6KE200，其额定电压为 200V，最大钳位电压为 287V。

小贴示

TVS 的实际钳位电压会随着其工作温度及钳位电流值的变化而不同。

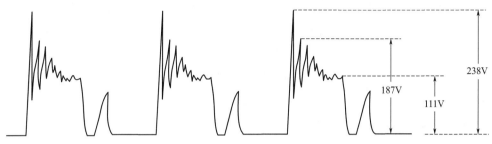

图 7-7-2　TVS 两端的电压波形

（2）测量初级钳位电路中尖峰电流的波形

测量初级钳位电路中尖峰电流的方法是在 VD_{Z1} 上串联一只 1Ω、1W 的取样电阻 R_{S1}，然后测量取样电阻两端的电压波形 U_{R1}，再根据欧姆定律计算出尖峰电流 $I_{pk} = U_{R1}/R_{S1}$。

当 $u = 150V$、$I_O = 1.15A$ 时，$U_{R1} = 0.57V$，因此 $I_{pk} = 0.57A$。用示波器测量尖峰电流的波形如图 7-7-3 所示。实验还表明，当 u 降低时，尖峰电流会增大；当 u 升高时，尖峰电流会减小。

小贴示

由于初级的阻抗较高，即使 R_{S1} 阻值稍大也不影响开关电源的正常工作。

图 7-7-3　钳位电路的尖峰电流波形

（3）测量不连续模式下的初级电流波形

测量初级电流波形的方法是在直流高压 U_I 的进线端串联一只 0.5Ω、1W 的取样电阻 R_{S2}，通过测量其压降来计算出初级电流。当 $u = 150V$、$I_O = 1.16A$ 时，将示波器的探头接 R_{S2} 的两端，实测初级的电流波形如图 7-7-4 所示。在 MOSFET 功率管导通期间（导通时间 $t_{ON} = 1.74\mu s$），$\Delta U_1 = 0.386V$，$I_{P1} = 0.772A$，在 MOSFET 功率管关断期间（关断时间 $t_{OFF} = 9.76\mu s$），$\Delta U_2 = 0.169V$，$I_{P2} = 0.338A$。由图可见，在每个开关周期内开关电流都是从零开始的，电流呈不连续状态，由此判断开关电源在上述情况下均工作在不连续模式。

测试实验还表明，当 $u = 260V$ 时，$t_{ON} = 0.96\mu s$；当 $u = 60V$ 时，t_{ON} 在 $4.74 \sim 5.62\mu s$ 之间变化，此时输出电压不稳定。仅当 $u > 80V$ 后，U_O 才稳定不变。

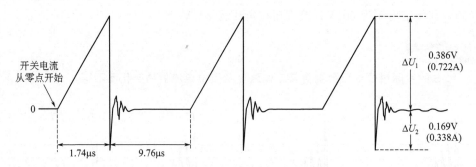

图 7-7-4　初级电流波形（不连续模式）

分析：

① 因为负载没有变化，所以开关电源的输出功率也不会发生变化。从能量传输的角度看，无论交流输入电压 u 的高低，只要 I_P 未变，最终由高频变压器储存的能量值（$E = I_P^2 L_P/2$）是相同的。

② 输入电压 u 越低，初级电流的上升率越小，达到额定峰值电流的时间就越长，TOP227Y 的输出占空比就越大。反之亦然。

（4）测量连续模式下的初级电流波形

调整负载电阻，使 $I_O = 6.24A$ 时，测得 $\Delta U_1 = 0.91V$，$I_{P1} = 1.82A$；$\Delta U_2 = 0.558V$，$I_{P2} = 1.12A$。用示波器测量初级电流的波形如图 7-7-5 所示。因为在每个开关周期内开关管的电流都是从非零值开始的，由此可判断此时开关电源工作在连续模式。

进一步观察得知，当 $u > 230V$ 时，开关电源又转入不连续模式。

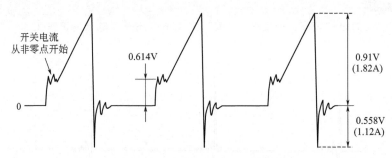

图 7-7-5　初级电流波形（连续模式）

分析：

① 当交流输入电压不变而负载电流出现大范围变化时，可引起工作模式的改变。

② 当负载不变而交流输入电压发生较大范围变化时，也可引起工作模式的改变。

③ 开关电源的占空比增大或减小时，也可引起工作模式的改变。

开关电源进入连续模式的根本原因是由于在功率管关断期间，高频变压器储存的能量没有完全释放掉而造成的。尽管释放能量的斜率基本保持不变，但因释放时间明显缩短，使高频变压器储存的能量来不及全部释放。

7.7.2　测量次级电压/电流波形

（1）测量次级电压波形

将示波器的探头并联在开关电源的次级绕组两端，测量得到次级的电压波形如图 7-7-6

所示。通过次级的电压波形，可以看出当前开关电源工作在不连续模式，并可粗略看出此时占空比约为1/4。

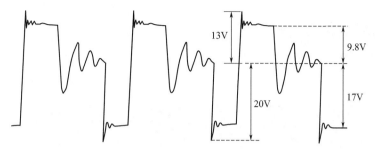

图 7-7-6　次级电压波形

（2）测量次级电流波形

测量次级电流波形的方法是在输出整流管 VD_2 上串联一只 0.15Ω、8W 的取样电阻 R_{S3}，通过测量其压降来计算出次级电流 I_S。当 $u=150V$、$I_O=1.54A$ 时，先不接 R_9、C_9，用示波器测量得到次级的电流波形如图 7-7-7 所示；再接上 R_9、C_9 时，次级的电流波形如图 7-7-8 所示。由此可见，接上 R_9、C_9 后，能明显抑制次级的高频振荡。另外观测到，接上 R_9、C_9 还能减小初级的尖峰电压。

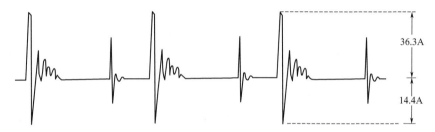

图 7-7-7　次级的电流波形（不接 R_9、C_9）

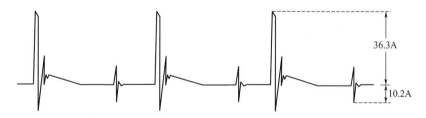

图 7-7-8　次级的电流波形（接上 R_9、C_9）

测试实验表明，次级的电流波形不随交流输入电压而改变，但是当 u 降至 60V 左右时开始出现音频啸叫声，次级电流变化较大，证明此时开关电源的工作状态已接近于连续模式。

小贴示

由于次级回路的阻抗很低，R_{S3} 的阻值愈小愈好。这是因为次级取样电阻过大，不仅会增加次级的功耗，还会使初级的反射电压升高，钳位电路的损耗也会增大，可能会造成元器件损坏。

第8章

单片开关电源的 工作原理

单片开关电源就是将组成开关电源的 PWM 控制器、偏置电路、保护电路、启动电路、环路补偿电路、功率开关管驱动电路及功率开关管等集成到一个芯片中的综合性集成电路芯片。从其应用领域上讲，主要分为两大类：一类是非隔离应用的 DC/DC 变换器，这类芯片也称为开关稳压器，英文为 Switching Regulator；另一类是隔离应用的 AC/DC 变换器，就是平常所说的开关电源，英文为 Switching Power Supply。

单片开关电源芯片应用非常广泛，国内外众多的半导体器件厂商生产各种各样的开关电源芯片，特别是近几年移动电源（充电宝）、车载充电器和 LED 照明的普遍应用，不断有更多的厂商加入到这个阵营中。单片开关电源主要用于小功率的待机电源或电源适配器，比如手机充电器和 LED 照明等。也有不少中大功率的应用，比如大屏幕平板电视机和家用空调器等。本章介绍几种常用的单片开关电源芯片，供读者设计开关电源时参考。

8.1 LM2576 的工作原理

LM2576 是降压型开关稳压器（Step-Down Switching Regulator），和它原理相同的系列产品还有 LM2574 和 LM2575，其改进型产品系列型号是 LM2594、LM2595 和 LM2596。性能更好的同类产品还有 LM2676、LM2677 和 LM2678 等。类似的产品还有很多，比如功率较小的 MC33063/MC34063，这款芯片有国内外许多厂家生产，适用于降压式、升压式和极性反转式等多种拓扑结构，在车载电器设备中应用十分广泛。下面以 LM2576 为例，介绍开关稳压（DC/DC 变换器）的特点与工作原理。

8.1.1 LM2576 的主要特性

LM2576 首先由美国国家半导体公司（National Semiconductor Corporation，简称 NS，现已被 TI 公司收购）生产，现在有国内外多家公司生产与之引脚兼容的同类产品。LM2576 属于降压型（Buck）开关稳压器，具有优秀的电压调整率和负载调整率，能够连续输出 3A 的负载电流，具有 3.3V、5V、12V、15V 的固定电压输出版本和可以调节的电压输出版本供用户选择。LM2576 应用电路简单，且外围元件较少，其开关频率为 52kHz，可以使用小尺寸的滤波元件。由 LM2576 组成的开关稳压器具有较高的效率，取代一般的线性三端线性稳压器时，能够充分的减小散热片的面积，在某些应用条件下甚至可以不使用散热片。

LM2576 还具有关断（ON/OFF）引脚，在待机（OFF）状态下消耗电流仅 $50\mu A$（典型值）。LM2576 主要特点如下：

① 3.3V、5V、12V、15V 的固定电压输出和可调节电压输出；

② 可调节电压输出的范围为 1.23～37V，最大误差为 ±4%；

③ 负载电流达到 3A；

④ 输入电压达到 40V（HV 版本为 60V）；

⑤ 只需四个外围元件；

⑥ 内置固定频率为 52kHz 的振荡器；

⑦ 高效率，可以使用标准功率电感器；

⑧ 关断（ON/OFF）信号与 TTL 电平兼容；

⑨ 内置过热保护电路和逐周期过流保护电路。

LM2576 除了作为高效降压型开关稳压器使用之外，也可以用作正、负电压转换器，线性稳压器前端的预调节器，车载电池充电器等。

8.1.2　LM2576 的封装与引脚功能

LM2576 封装与引脚排列如图 8-1-1 所示。其中图（a）为插件式直脚 TO-220 封装，图（b）为插件式交错弯角（也称互异）TO-220 封装，图（c）为贴片式 TO-263（也称 D²PAK）封装。图中还给出了引脚排列顺序与名称，以及芯片实物外形图。

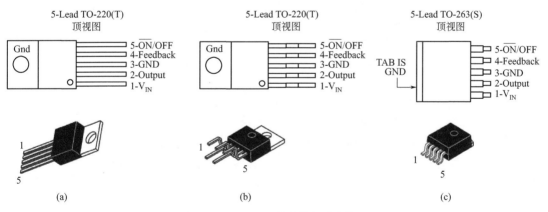

图 8-1-1　LM2576 的封装与引脚排列

可以看出，LM2576 共有 5 个引脚，其引脚功能如下。

1 脚（V_{IN}）：正电源输入引脚，为减小输入瞬态尖峰电压和给调节器提供开关脉冲电流，此引脚对地（3 脚）应接入容量合适的旁路（滤波）电容。

2 脚（Output）：内部功率开关管的发射极（输出端）引脚，开关管的饱和压降典型值为 1.5V。此引脚连接滤波电感器和续流二极管，连接这个引脚的 PCB 区域应尽量减小，以便减小对敏感电路造成的耦合干扰。

3 脚（GND）：芯片接地引脚。

4 脚（Feedback）：输出电压反馈引脚，反馈电压通过内部分压电阻施加到内部误差放大器的反相输入端。在可调输出电压版本中，可以通过外接电阻来编程（设定）输出电压。

5 脚（ON/OFF）：关闭控制引脚，它允许使用逻辑电平信号关闭开关式稳压器的输出，可以使输入电流下降到大约 $50\mu A$。该引脚阈值电压典型值为 1.4V，最大电压允许施加到 V_{IN} 端。高于 1.4V 的电压可使芯片关断（进入待机状态），低于 1.4V 的电压可使芯片进入正常工作状态。

8.1.3 LM2576 的内部结构与应用电路

LM2576 内部结构如图 8-1-2 所示。可以看出，LM2576 内部包括反馈分压电阻 R_1 和 R_2、固定增益误差放大器、1.23V 带隙基准电压源、PWM 比较器、52kHz 振荡器、复位电路、功率开关管驱动器、过热关断电路、过流保护电路、3A 功率开关管、内部稳压器和关闭控制电路（ON/OFF）组成。

反馈分压电阻 R_1 的阻值为 1.0k，分压电阻 R_2 的阻值依据输出电压版本确定。对于 3.3V、5V、12V 和 15V 的固定输出电压版本，R_2 的阻值分别为 1.7k、3.1k、8.84k 和 11.3k；对于可调输出电压版本（ADJ. Version），分压电阻 R_1 为开路（Open）状态，R_2 为短路（0Ω）状态。

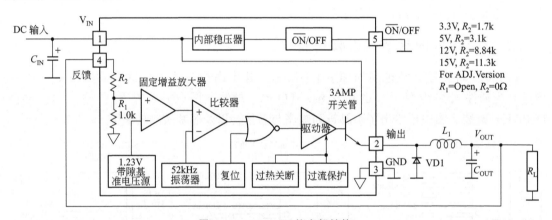

图 8-1-2 LM2576 的内部结构

LM2576 的典型应用电路如图 8-1-3 所示。可以看出，对于固定输出电压版本，LM2576 仅需外接 4 个元件即可组成降压式（Buck）DC/DC 变换器，其中 C_{IN} 为输入滤波电容、VD_1 为续流二极管、L_1 为输出滤波电感、C_{OUT} 为输出滤波电容，其输出负载电流可达 3A。

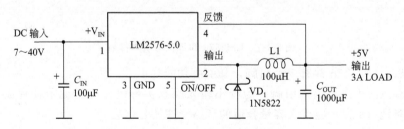

图 8-1-3 LM2576 的典型应用电路

8.1.4 LM2576 的 PCB 布线注意事项

LM2576 的 PCB 布线，主要是保证输入滤波电容 C_1、续流二极管 VD_1 和输出滤波电容

C_2 的接地端尽量集中在芯片接地引脚（3 脚）处连接，其示意图如图 8-1-4（a）所示，这些元件的连接线应尽量短粗。

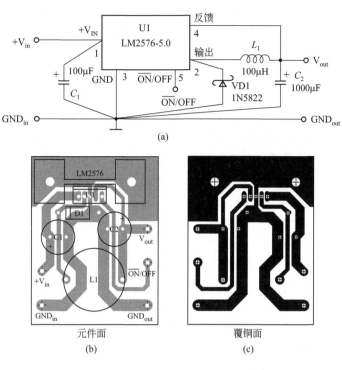

图 8-1-4　LM2576 的 PCB 参考版图

图 8-1-4（b）和图 8-1-4（c）分别给出了元件面和覆铜面的 PCB 版图，供读者参考。图中的 PCB 版图是按比例放大后的效果，并不是 1∶1 的比例，实际 PCB 尺寸更小一些。

8.1.5　LM2576 的外围元件选择

如图 8-1-3 所示，LM2576 的典型应用电路只需要 4 个外围元件。对于 7～40V 的输入电压范围，输入滤波电容 C_{IN} 可选择 $100\mu F/50V$ 的铝电解电容；续流二极管 VD_1 可选正向平均电流 3A 及以上，反向重复电压（耐压）不小于 40V 的肖特基二极管，例如 1N5822、MBR340。输出滤波电感 L_1 可以选择成品功率电感，电感量 $100\mu H$ 即可，要求电感的直流额定电流不小于 3A。输出滤波电容 C_{OUT} 可选 $680\sim2200\mu F$ 的铝电解电容，其额定电压值应是输出电压 V_{OUT} 的 1.2 倍及以上。对于＋5V 的输出电压，可选 $1000\mu F/6.3V$ 或 $1000\mu F/10V$ 的电解电容。

8.2　TOPSwitch 系列的工作原理

TOPSwitch 系列单片开关电源芯片由美国 PI 公司（英文为 Power Integrations，简称 PI）生产，其全称为三端离线 PWM 开关，英文为 Three-terminal Off-line PWM Switch。最初的产品型号是 TOP200、TOP201 及 TOP204 等，该芯片只有 3 个引脚，其输出功率从几十瓦到 100W 左右。其代表性的产品是第二代的 TOPSwitch-Ⅱ 系列，有 TOP221、TOP223 及 TOP227 等，最大输出功率可达 150W。接下来的十几年，又陆续推出了 TOPSwitch-FX、TOPSwitch-GX、TOPSwitch-HX 和 TOPSwitch-JX 等系列产品。这些产品在 TOPSwitch-Ⅱ系列的基础上改进而来，具有 5～6 个引脚，功能和性能都得到了明显的改善，但都可以连接成经典的 3 引脚模式。作为 TOPSwitch 的代表性作品，TOPSwitch-Ⅱ系列产品目前仍然在电源系统中广泛使用，下面以 TOPSwitch-Ⅱ系列为例，介绍 TOPSwitch 系列单片开关电源的工作原理。

8.2.1 TOPSwitch-Ⅱ 的主要特性

TOPSwitch-Ⅱ系列将 PWM 控制系统的全部功能集成到一个三端芯片中。器件内含脉宽调制器、功率 MOSFET 开关管、保护电路等，外部仅需配套整流滤波器、高频变压器、漏极钳位保护电路、反馈电路和输出整流滤波电路，即可构成隔离式（也称离线式）开关电源。TOPSwitch-Ⅱ采用电压模式 PWM 控制方式，该器件有以下特点。

① 最低成本，最低元件数量的开关电源解决方案。
② 成本可与 5W 以上线性电源竞争。
③ 极低的 AC/DC 转换损耗，高达 90% 的效率。
④ 内置自动重新启动和电流限制功能。
⑤ 具有过热关断保护功能。
⑥ 可用于反激式、正激式、升压式或降压式拓扑结构。
⑦ 可用高频变压器绕组或光耦实现电压反馈。
⑧ 可稳定的工作在断续或连续模式。
⑨ 电路设计工具简单，缩短产品上市时间。

8.2.2 TOPSwitch-Ⅱ 的封装与引脚功能

TOPSwitch-Ⅱ的封装与引脚排列如图 8-2-1 所示。其中尾缀标有字母"Y"的为 TO-220 封装，有三个引脚，属于典型的三端器件，其外形与 7800 系列三端线性稳压器相同。该封装的外壳（Tab）在芯片内部与源极（SOURCE）引脚连接。尾缀标有字母"P"或

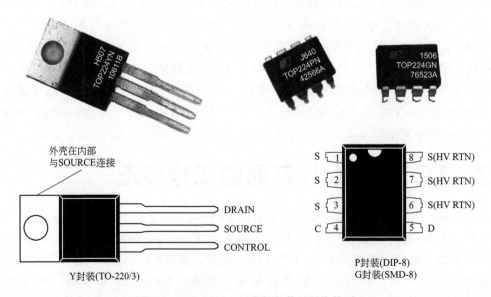

图 8-2-1 TOPSwitch-Ⅱ 的封装与引脚排列

"D"的分别为 DIP-8 封装和 SMD-8 封装，各有 8 个引脚。8 引脚封装的芯片，其源极 S 由 6 个引脚并联引出，实际仍为三端器件。在 DIP-8 和 SMD-8 封装中，源极 S 的 6～8 脚为高压返回端（HVRTN），用于连接电流较大的主回路；源极 S 的 1～3 脚则用于连接反馈控制电路，这样有利于减小噪声干扰。

TOPSwitch-Ⅱ系列的引脚分别为控制端 C（CONTROL）、源极 S（SOURCE）和漏极 D（DRAIN），其引脚功能如下（括号内为 DIP-8 和 SMD-8 封装的引脚编号）。

1（4）脚：控制端 C。控制端有多种功能。它是误差放大器和反馈电流的输入引脚，利用控制电流 I_C 的大小来调节占空比 D。当 I_C 从 2.0mA 增加到 6.0mA 时，D 就由 67％减小至 1.7％；该引脚与内部并联稳压器连接，在正常工作时为内部电路提供偏置电流；该引脚也是电源旁路和自动重新启动/补偿电容器的连接点，可通过外接旁路电容来决定自动重启动的频率。

2（1、2、3，6、7、8）脚：源极 S 端。该引脚接内部功率开关管的源极，还与芯片外壳连接（仅对 TO-220 封装而言），作为初级电路的公共地。对于 DIP-8 和 SMD-8 封装，都设计了 6 个 S 端，它们在内部是连通的。其中 1、2、3 脚作为信号地接旁路电容的负极，6、7、8 脚则称为高压返回端（HVRTN），即功率地。设计印制板时应将它们连接到地线区域的不同位置上，这样可避免大电流通过功率地线形成压降对控制端产生干扰。

3（5）脚：漏极 D 端。该引脚与内部功率开关管的漏极连通，漏-源击穿电压 $U_{(BR)DS} \geqslant$ 700V。漏极连接有高压电流源，在启动期间可为内部控制电路提供偏置电流。漏极还与内部极限电流检测电路连接，用于检测漏极电流，以便实现过流保护。

8.2.3 TOPSwitch-Ⅱ的内部结构与工作原理

TOPSwitch-Ⅱ的内部结构如图 8-2-2 所示。主要由并联调整器/误差放大器、关断/自动重启动电路、高压电流源、过电流比较器、过热关断电路、上电复位电路、振荡器、PWM 比较器、门极驱动器、功率开关管、前沿消隐电路、最小导通延时电路和 RC 低通滤波电路等组成。

TOPSwitch-Ⅱ工作时控制端 C 与源极 S 之间接有 47μF 的旁路电容，启动时该电容通过高压电流源充电，当电容电压达到 5.7V 时，自动重启动电路动作，将开关切换到"1"位置，高压电流源被关断，接通内部电源，由旁路电容给芯片供电，芯片开始进入工作状态。此后由于有足够的反馈电流流入控制端 C，形成稳定的控制电压 V_C，维持芯片的正常工作。

如图 8-2-2 所示，多余的反馈电流通过电阻 Z_C 和并联调整器/误差放大器控制的 MOS 管形成反馈电流 I_{FB}。I_{FB} 流过电阻 R_E 形成内部误差电压，该电压通过 R、C 构成截止频率为 7kHz 的低通滤波器，进入 PWM 比较器与振荡器产生的锯齿波（SAW）比较，控制 PWM 脉冲宽度。过电流比较器通过检测功率开关管的导通压降实现过流保护。前沿消隐电路用于屏蔽功率开关管开通时的可能出现的尖峰电流干扰，避免过流保护电路误动作。最小导通延时电路可以使芯片保持一定的最小 PWM 占空比，以便维持芯片的正常工作。

当控制端 C 的电压低于 4.7V、芯片出现过热或振荡器达到最大占空比（D_{MAX}）时，均可关断功率开关管，从而起到保护作用。

TOPSwitch-Ⅱ系列 PWM 占空比与流入控制端反馈电流的关系如图 8-2-3 所示。在 $I_C = 2.0～6.0$mA 范围内，D 与 I_C 呈线性关系，当 I_C 增加时 D 减小；反之 I_C 减小时 D

增加。I_B 为内部电路偏置电流，典型值为 2.0mA。I_{CD1} 是外接旁路电容的放电电流，为 1.2mA 或 1.4mA（视 TOPSwitch-II 芯片的具体型号而定）。当流入控制端的反馈电流 I_C 小于 I_{CD1} 时，芯片就会进入自动重启动状态。可见 TOPSwitch-II 系列是通过流入控制端的反馈电流大小来控制 PWM 占空比的，其占空比 D 与控制端电流 I_C 的比率（斜率）就是 PWM 增益。TOPSwitch-II 系列芯片的最大占空比 D_{MAX} 典型值为 67%，最小占空比 D_{MIN} 典型值为 1.7%。

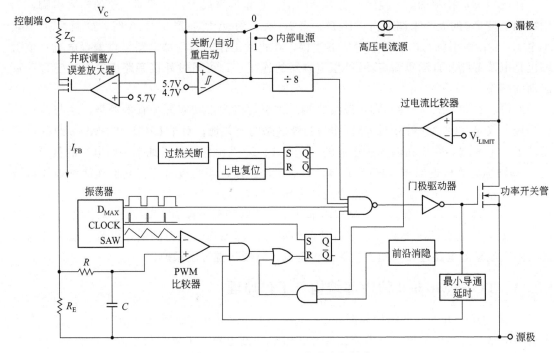

图 8-2-2　TOPSwitch-II 的内部结构

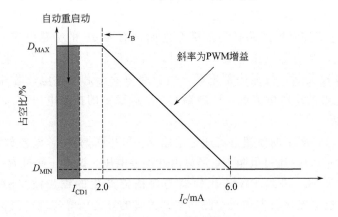

图 8-2-3　PWM 占空比与控制端电流的关系

8.2.4　TOPSwitch-II 的应用电路

　　TOPSwitch-II 适合构成 150W 以下的反激式开关电源，可广泛用于电子仪器、测控系统及家用电器中。由 TOP224P 构成的 +12V 输出 20W 通用输入电压开关电源电路原理如图 8-2-4 所示。

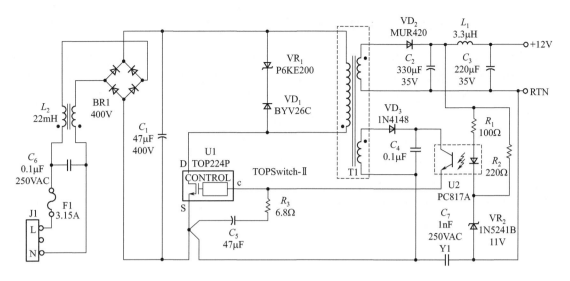

图 8-2-4 TOPSwitch-Ⅱ 的应用电路

电路中使用 TOP224P（U1）作为控制芯片，可以在通用交流输入电压 85～265V 范围内正常工作。C_6 和 L_2 组成 EMI 滤波器，BR1 和 C_1 为输入整流滤波电路，VR_1 和 VD_1 组成漏极钳位保护电路。VD_2 和 C_2 为输出整流滤波电路，L_1 和 C_3 能够进一步减小输出纹波电压。VD_3 和 C_4 组成辅助电源，为 TOP224P 的控制端 C 提供反馈电流。R_1、R_2、U_2 和 VR_2 组成光耦反馈电路，用于稳定输出电压。输出电压值约为稳压管 VR_2 的稳压值（11V）和光耦 U2 中发光二极管 LED 的正向压降值（约 1V）之和（LED 限流电阻 R_1 的阻值较小，其产生的压降可忽略不计）。C_7 为安全电容，也称为 Y 电容，能够降低开关电源的电磁干扰。

当输出电压升高时，流过 U2 中 LED 的电流增加，使 U2 光敏三极管的电流变大，即 TOP224P 的控制端 C 反馈电流增大，PWM 占空比将减小，输出电压便会降低。反之，则有相反的控制过程。这样的反馈过程将使输出电压保持稳定。

8.3 TinySwitch 系列的工作原理

TinySwitch 系列是美国 PI 公司推出的一种高效、小功率、低成本的单片开关电源专用集成电路。因它所构成的开关电源体积很小，故英译名有"微型开关"之称。TinySwitch 系列适用于小于 25W 的小型敞开式离线电源或电源适配器，并且具有出色的空载和轻载效率以及极快的瞬态响应。TinySwitch 的外围电路易于设计，采用 TinySwitch 产品的电源子系统对于因制造偏差、老化和工作温度造成的元件差异相对不太敏感。TinySwitch 系列产品性优价廉，外围电路简单，是效率低、体积较大的传统小功率线性稳压电源最理想的替代品。

TinySwitch 系列的第一代产品是 TNY253/254/255，其最大输出功率为 10W。接下来的十几年，又陆续推出了 TinySwitch-Ⅱ、TinySwitch-Ⅲ、TinySwitch-4 和 TinySwitch-PK 等系列产品。其最大输出功率也可达 30W 以上。下面以 TinySwitch-Ⅲ 系列为例，介绍 TinySwitch 系列单片开关电源的工作原理。

8.3.1 TinySwitch-Ⅲ的主要特性

TinySwitch器件广泛用于要求提供精确恒压或恒压/恒流工作的应用，例如手机/无绳电话、PDA、数码相机、MP3/便携式音频设备、剃须刀等使用的充电器/适配器，PC待机电源及其他辅助电源，DVD/PVR及其他低功率机顶盒解码器，电器、工业系统、电能表等使用的电源等。TinySwitch系列产品有以下特点：

① 最低的成本，最低的元件数量，低功耗的开关电源解决方案；

② 简单的开/关（ON/OFF）控制，无需环路补偿电路；

③ 通过BP/M引脚电容值可选择不同的电流限流；

④ 更高的电流限流可得到更大的峰值功率或连续输出功率；

⑤ 没有偏置绕组，可降低高频变压器的成本；

⑥ 严格的I^2f参数容差范围降低了系统成本，使最大过载功率达到最小，从而降低了变压器、初级箝位及次级元件的成本；

⑦ 导通时间延长-扩展低线电压稳压范围/维持时间，从而降低输入大容量电容；

⑧ 频率抖动降低EMI滤波成本。

8.3.2 TinySwitch-Ⅲ的封装与引脚功能

TinySwitch-Ⅲ的封装与引脚排列如图8-3-1所示。其中尾缀标有字母"P"的为DIP-8封装，尾缀标有字母"G"的为SMD-8封装。两种封装外形相似，各有7个引出引脚。因其源极S由4个引脚并联引出，实际属于四端器件。

图 8-3-1　TinySwitch-Ⅲ的封装与引脚排列

TinySwitch-Ⅲ的引脚分别为使能/欠压（EN/UV）、旁路/多功能（BP/M）、漏极（D）和源极（S），其引脚功能如下。

1脚：使能/欠压（EN/UV）引脚。此引脚具备两项功能：输入使能信号和输入线电压欠压检测。在正常工作时，通过此引脚可以控制功率MOSFET的开启与关断。当从此引脚拉出的电流大于某个阈值电流时，MOSFET将被关断。当此引脚拉出的电流小于某个阈值电流时，MOSFET将被重新开启。对阈值电流的调制可以防止群脉冲现象的发生。阈值电流值在$75\sim115\mu A$之间。在EN/UV引脚和输入DC电压间连接一个外部电阻，可以用来感测输入电压的欠压情况。如果没有外部电阻连接到此引脚，TinySwitch-Ⅲ可检测出这一情况，并禁用输入电压欠压保护功能。

2脚：旁路/多功能（BP/M）引脚。这个引脚有以下3种功能。

① 这个引脚连接一只外部旁路电容，用于生成内部5.85V的供电电源。

② 可作为外部限流值设定，根据所使用电容的数值选择电流限流值。使用数值为 $0.1\mu F$ 的电容会工作在标准的电流限流值上。对于 TNY275-280，使用数值为 $1\mu F$ 的电容会将电流限流值降低到相邻更小型号的标准电流限流值。使用数值为 $10\mu F$ 的电容会将电流限流值增加到相邻更大型号的标准电流限流值。

③ 它还能提供关断功能。在输入掉电时，当流入旁路引脚的电流超过 I_{SD} 时关断器件，直到 BP/M 电压下降到 4.9V 以下。还可将一个稳压管从 BP/M 引脚连接到偏置绕组供电端实现输出过压保护。

4 脚：漏极（D）引脚。该引脚是内部功率 MOSFET 的漏极连接点，在启动及正常工作时可提供内部电路的工作电流。漏极还与内部极限电流检测电路连接，用于检测漏极电流，以便实现关断控制。

5～8 脚：源极（S）引脚。该引脚内部连接到 MOSFET 的源极，用于高压功率的返回节点及控制电路的参考点（初级电路接地点）。

8.3.3 TinySwitch-Ⅲ 的内部结构与工作原理

TinySwitch-Ⅲ 的内部结构如图 8-3-2 所示。主要由振荡器、5.85V 稳压器、自动重启动计数器、电流限制状态机、电流限制比较器、BP 引脚欠压比较器、过热保护电路、前沿闭锁电路和功率开关管等组成。

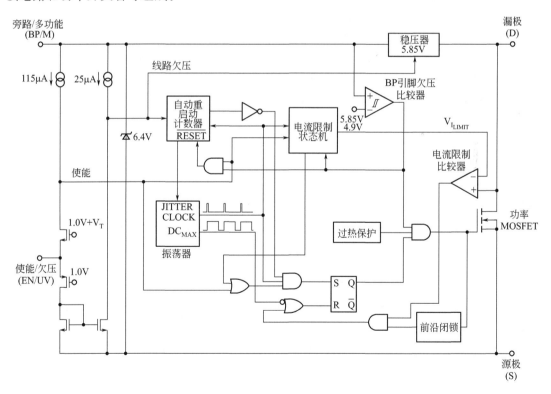

图 8-3-2 TinySwitch-Ⅲ 的内部结构

TinySwitch-Ⅲ 以限流模式工作。振荡器在每个周期开始时开通功率 MOSFET，电流上升到限流值或达到最大占空比（D_{MAX}）时关断 MOSFET。由于 TinySwitch-Ⅲ 设计的最大限流值与频率是固定值，它提供给负载的功率与变压器初级电感量及初级电流峰值的平方成正比。因此，电源的设计包括计算实现最大输出功率所需的变压器初级电感量。如果根据功率选择了合适的 TinySwitch-Ⅲ 型号及变压器初级电感量，那么流过初级电感的电流会在达到最大占空比（D_{MAX}）之前上升到限流值，从而获得最大的功率输出。TinySwitch-Ⅲ 的最大占空比（D_{MAX}）典型值为 65%。

　　TinySwitch-Ⅲ 通过检测 EN/UV 引脚来判定是否进入下一个开关周期。一个周期一旦开始，就会完成整个周期（即使在周期进行中途 EN/UV 引脚状态发生变化也是如此）。这种工作方式使得电源的输出电压纹波由输出电容、每一开关周期传输的总能量及反馈延时决定。电源输出电压与参考电压在次级比较产生 EN/UV 引脚上的控制信号。当电源输出电压低于参考电压时，EN/UV 引脚信号为高状态。

　　TinySwitch-Ⅲ 典型的振荡器平均频率设置在 132kHz。振荡器可生成两个信号：最大占空比信号（D_{MAX}）及每个周期开始的时钟信号。振荡器电路可导入少量的频率抖动，通常为 8kHz。频率抖动的调制速率设置在 1kHz 的水平，目的是降低平均及准峰值的 EMI，并给予优化。测量频率抖动时应把示波器触发设定在漏极电压波形的下降沿来测量，TinySwitch-Ⅲ 的工作频率将在 128～136kHz 范围内变化。

　　TinySwitch-Ⅲ 的 EN/UV 引脚输入使能电路包括了一个输出设置在 1.2V 的低阻抗源极跟随器。流经此源极跟随器的电流被限定为 $115\mu A$（阈值电流）。当流出此引脚的电流超过了阈值电流，在此使能电路的输出端会产生一个低逻辑电平（禁止），直到流出此引脚的电流低于阈值电流。在每个周期开始时，对应时钟信号的上升沿对这一使能电路输出进行采样，如果为高，功率 MOSFET 会在这个周期导通（开启），否则功率 MOSFET 将仍处于关闭状态（禁止）。由于取样仅在每个周期的开始时进行，此周期中随后产生的 EN/UV 引脚电压或电流的变化对 MOSFET 状态没有影响。

　　TinySwitch-Ⅲ 的工作波形如图 8-3-3 所示。图中给出了 EN/UV 引脚电压 V_{EN}、时钟脉冲 CLOCK、最大占空比 D_{MAX}、功率 MOSFET 的漏极电流 I_D 及电压 V_D 的波形。由图(a)可见，接近满载时功率 MOSFET 在绝大部分时钟周期内开通，如果 V_{EN} 电压的降低被检测到，则会跳过一个开关周期。由图(b)看出，在较重负载工作时功率 MOSFET 会跳过一些开关周期。在中等负载时，如图(c)所示，功率 MOSFET 会跳过更多的开关周期。图(d)给出了很轻负载时的工作波形，可以看出功率 MOSFET 跳过绝大部分开关周期，仅在很少的时钟周期内开通。这种用开/关（ON/OFF）控制来调节输出电压的原理，与 PFM 调制方式有相似之处。

8.3.4　TinySwitch-Ⅲ 的应用电路

　　TinySwitch-Ⅲ 是一个理想的低成本，高效率小功率电源的解决方案。其典型应用电路如图 8-3-4 所示。这是一个采用 TNY278 构成的通用电压输入、12V/1A 输出的反激式开关电源。该电源具有的欠压锁定、初级检测的输出过压锁存关断保护、高效率（80% 以上）以及极低的空载功耗（265VAC 输入时小于 50mW）。电路使用一个简单的稳压二极管及光耦反馈方式对输出电压进行稳压。

　　交流输入电压经二极管 $VD_1 \sim VD_4$ 整流、C_1、L_1 及 C_2 滤波，加到 T1 的初级绕组 1 脚上。U1 中集成的功率 MOSFET（漏极 D）驱动变压器初级绕组的 3 脚。二极管 VD_5、C_2、R_1、R_2 及 VR_1（TVS）组成箝位电路，将漏极的漏感关断电压尖峰控制在安全值范围以内。TVS 钳位及并联 RC 的结合使用不但优化了 EMI，而且效果更好。电阻 R_2 限制了

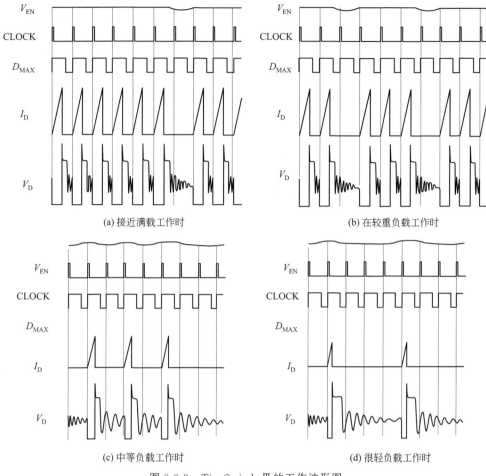

(a) 接近满载工作时　　　　　　　　　　(b) 在较重负载工作时

(c) 中等负载工作时　　　　　　　　　　(d) 很轻负载工作时

图 8-3-3　TinySwitch-Ⅲ的工作波形图

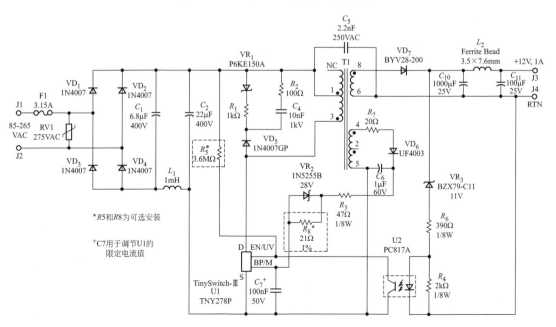

图 8-3-4　TinySwitch-Ⅲ的典型应用电路

VD_5 的反向电流，因此可使用一个低成本、慢速恢复的整流二极管，但应选用玻璃钝化式的二极管，恢复时间 $\leq 2\mu s$ 以提高效率及降低传导 EMI。稳压二极管 VR_3 调节输出电压。当输出电压超过稳压二极管与光耦 LED 正向电压降之和时，电流将流向光耦 LED，从而产生光耦中晶体管的电流。当此电流超出使能（EN/UV）引脚阈值电流时，将跳过下一个开关周期。通过调节使能周期的数量，可对输出电压进行调节。随着负载的减轻，使能周期也随之减少，从而降低有效的开关频率，根据负载情况减低开关损耗。因此能够在负载极轻时提供恒定的效率，易于满足能效标准的要求。

由于 TinySwitch-Ⅲ 完全是自供电的，因此在变压器上无需辅助或偏置绕组。如果使用偏置绕组，可实现输出过压保护功能，在反馈出现开环故障时保护负载。当发生过压情况时，如偏置电压超过 VR_2 与旁路/多功能（BP/M）引脚电压之和（28V＋5.85V）时，电流开始流向 BP/M 引脚。当此电流超过 I_{SD} 时，TinySwitch-Ⅲ 的内部锁存关断电路将被激活。断开交流输入后，当 BP/M 引脚电压下降到低于 2.6V 时，TinySwitch-Ⅲ 的内部锁存关断电路将重置。图 8-3-4 所示的电源在反馈环路开环时，输出电压最大值约为 17V。

对于有更低输入空载功耗的应用，可使用偏置绕组向 TinySwitch-Ⅲ 供电。电阻 R_8 将电流送入 BP/M 引脚，抑制了内部高电压电流源，通常此高压恒流源在内部 MOSFET 关断期间维持 BP/M 引脚的电容（C_7）电压。此连接方式将 265VAC 输入时的空载功耗从 140mW 降低到 40mW。

连接在直流高压端及 U1 的 EN/UV 引脚间的电阻 R_5 可实现欠压锁定功能。当发生欠压锁定时，开关周期被抑制，直到 EN/UV 引脚电流超过 $25\mu A$ 为止。因此可在正常工作输入电压范围之内对启动电压进行设定，防止在非正常低输入电压条件下或交流输入断电时在输出端出现电压干扰。

在典型的应用电路中，EN/UV 引脚由光耦驱动。当输出电压超出目标稳压值时（光耦二极管压降与稳压二极管电压之和），光耦 LED 开始导通，将 EN/UV 引脚拉低。如要提高稳压精度，稳压二极管可用精密基准电压源 TL431 替代。

8.4　VIPer 系列的工作原理

VIPer 系列是意法半导体（英文为 STMicroelectronics，简称 ST）公司生产的高压交流-直流转换器产品。该产品在单个芯片内整合了先进的脉宽调制（PWM）控制器和高压功率MOSFET。使其成为输出功率在几瓦到几十瓦范围内的离线开关电源（SMPS）的理想选择之一。该系列有众多产品型号可供选择，可以为最流行的拓扑结构选择最佳搭配，包括准谐振、反激和降压配置（隔离式或非隔离式应用），多保护特性可确保满足最严苛的可靠性要求。所需外部元件数量也可达到最低，从而最大限度地降低成本。

VIPer 高压转换器系列产品由集成了 PWM 控制器和耐压 700V 的 HV 垂直（一种半导体工艺）功率 MOSFET 组成的单片集成电路。VIPerPlus 具有 800V 耐雪崩功率 MOSFET和顶级 PWM 控制器，在 265VAC 工作时的静态功耗低于 30mW。该产品同样配有全面保护特性，并支持不同的拓扑结构。新推出的 VIPer0P 高压转换器，带有简化的电磁兼容抖动固定频率电流模式 PWM 控制，采用零功率模式（ZPM），在 230VAC 条件下，可实现低于 4mW 的极低功耗。下面以 VIPer22A 为例，介绍 VIPer 系列单片开关电源的工作原理。

8.4.1　VIPer22A 的主要特性

VIPer22A 是 ST 公司推出的离线开关电源调节器 VIPer 系列典型产品，它采用电流模式 PWM 控制方式，集成高压启动电路和高压功率管，为低成本开关电源系统提供高性价比的解决方案。这款芯片在 85～265VAC 宽电源输入电压范围工作时，输出功率为 12W；在 180～265VAC 输入电压范围工作时，输出功率可达 20W。VIPer22A 在小功率充电器、小功率电源适配器、待机电源、DVD、DVB 以及其他便携式设备电源系统中广泛应用。VIPer22A 的主要特点如下：

① 85～265VAC 宽输入电压范围；

② 60kHz 固定开关频率；

③ 9～38V 宽 VDD 工作电压范围；

④ 电流模式 PWM 控制方式；

⑤ 内置高压启动电流源；

⑥ 带滞后（回差）的辅助欠压锁定；

⑦ 内置过温、过流和过压保护，具有自动重启动功能；

8.4.2　VIPer22A 的封装与引脚功能

VIPer22A 的封装外形与引脚排列如图 8-4-1 所示。可以看出 VIPer22A 有 SO-8 和 DIP-8 两种封装。两种封装外形相似，各有 8 个引出引脚。因其内部 MOSFET 功率管源极（SOURCE）由 2 个引脚并联引出，漏极（DRAIN）由 4 个引脚并联引出，实际属于四端器件。VIPer22A 的引脚分别为源极（SOURCE）、漏极（DRAIN）、反馈（FB）和电源（VDD），其引脚功能如下：

1、2 脚：源极（SOURCE）引脚。内部功率管 MOSFET 源极和控制电路的接地端。

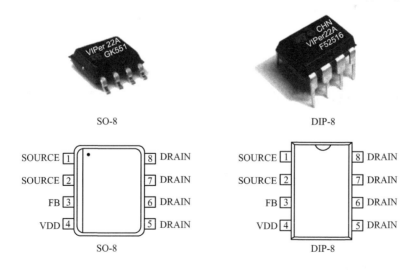

图 8-4-1　VIPer22A 的封装与引脚排列

3 脚：反馈（FB）输入引脚。该引脚可用的电压范围是 0～1V，此电压决定了内部功率管 MOSFET 的漏极峰值电流。该引脚与源极引脚短接时，漏极峰值电流最大。

4 脚：控制电路的电源（VDD）引脚。在上电启动期间，连接在内部 MOSFET 漏极的高压电流源提供充电电流，为该引脚外接的滤波电容充电。电源引脚有两个阈值电压，当VDD电压值达到14.5V（典型值）时，芯片开始工作，并关断高压电流源；当VDD电压值低于8V（典型值）时，芯片停止工作，并开通高压电流源。

5～8脚：漏极（DRAIN）引脚。内部功率管MOSFET的漏极，该引脚也连接高压电流源，为电源（VDD）引脚外接的滤波电容充电。

8.4.3　VIPer22A 的内部结构与工作原理

VIPer22A的内部结构如图8-4-2所示。主要由60kHz振荡器、高压电流源、稳压器、电源电压阈值（8/14.5V）比较器、过压比较器（42V）与过压锁定电路、过热检测电路、PWM锁存器、前沿闭锁电路、电流限制比较器（0.23V）和功率开关管等组成。

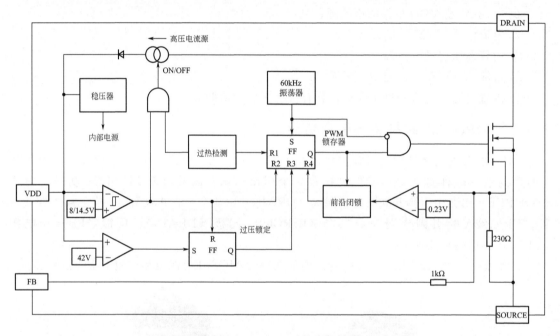

图 8-4-2　VIPer22A 的内部结构

VIPer22A以电流模式工作，其工作原理如图8-4-3所示。内部功率管MOSFET为双源极结构，当漏极流过电流I_D时会在一个源极产生成比例的电流I_S，I_S流过电阻R_2产生控制电压施加到电流比较器。当控制压达到比较器阈值电压（0.23V）时，比较器反转，PWM锁存器（PWMLATCH）复位，当前开关周期结束。

当输出电压达到设定稳压值的时候，会通过光耦形成反馈电流I_{FB}，该电流经R_1流过R_2产生附加控制电压，此时较小的源极I_S便会使控制压达到比较器阈值电压（0.23V），比较器反转，当前开关周期结束，从而减小了PWM占空比。当负载电流减小时，反馈电流I_{FB}增大，使PWM占空比下降；当负载电流增大时，反馈电流I_{FB}减小，使PWM占空比上升。从而保持输出电压稳定在设定值。

8.4.4　VIPer22A 的应用电路

VIPer22A的应用电路也是一个理想的低成本、高效率、小功率电源的解决方案。由VIPer22A组成的开关电源应用电路如图8-4-4所示。这是一个空调系统使用的辅助低压供

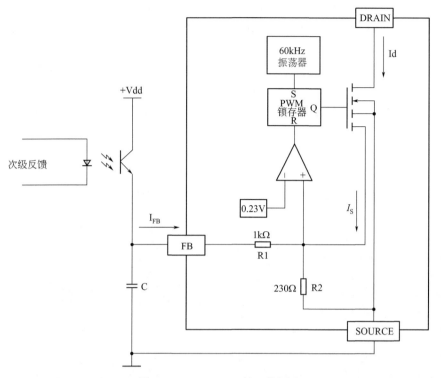

图 8-4-3　VIPer22A 的工作原理

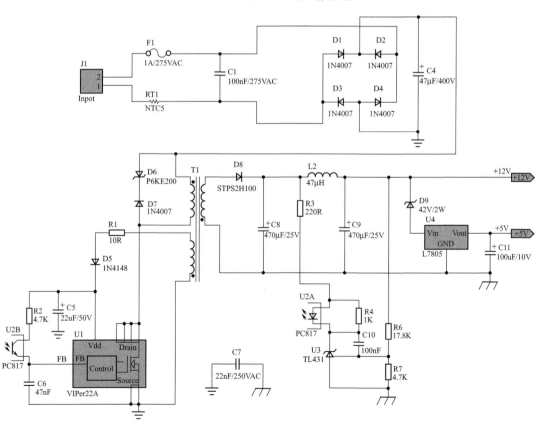

图 8-4-4　VIPer22A 的应用电路

电电源，该电源有＋12V和＋5V两种电压输出，具有效率高、重量轻和紧凑的尺寸，在输入交流电压85～265V范围内，待机状态时功耗始终小于1W，满足能源之星所规定的待机功耗要求。

该电源＋12V输出电流峰值为900mA，最大输出功率10W。＋5V电源由＋12V电源经稳压管D9和线性稳压器7805产生。这种方案可以使＋5V输出电压值具有非常高精度，适用于单片机系统和逻辑电路、LCD和蜂鸣器供电，其电流输出能量为400mA。

该电源采用隔离式反激拓扑结构，由输出端进行反馈控制。控制回路采用高稳定性基准电压源（TL431）构成误差放大器，通过光耦合器反馈到输入侧，实现了输入和输出之间电气隔离。漏极缓冲电路采用瞬态电压抑制器（D6）和二极管（D7），用于限制高频变压器泄漏电感产生的尖峰电压。该电源的PCB布线与实物图片如图8-4-5所示，供读者参考。

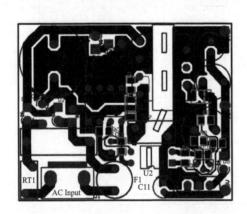

图 8-4-5 VIPer22A 应用电路的 PCB 与实物图片

第9章

开关电源的设计实例分析

开关电源的应用领域非常广泛，不同应用领域对开关电源的功能及性能要求也不一样。本章介绍几种最常见的、应用较多的开关电源设计实例，以便读者了解不同开关电源的基本工作原理、设计方法，以及在设计、制作开关电源时需要注意的相关问题。

9.1 30W 通用输入电压开关电源

该实例是作者曾经设计的一款输出功率为 30W 的通用开关电源模块，其输入电压为 85～265VAC，输出电压为 12VDC，额定输出电流为 2.5A。该模块可在全世界任何一个国家的民用电源电压下工作，因此称之为通用输入电压。下面详细介绍该开关电源的设计思路、工作原理、制作步骤和调试方法，并给出了高频变压器的相关参数计算，供读者参考。

（1）确定电路拓扑结构

根据输出功率大小及输入电压宽范围的要求，电源的拓扑结构应选择反激式变换器。反激式变换器主要用于输入、输出需要隔离的小功率 AC/DC 或 DC/DC 开关电源中。30W 的输出功率属于小功率范围。在反激式变换器中，可以通过调节高频变压器的初、次级匝数比，很方便地实现电源的降压、升压和极性变换。只要高频变压器参数设计合理，也容易做到输入电压宽范围的要求。

（2）选择控制电路

在开关电源的控制电路中，PWM 方式应用最为普遍，众多厂家将 PWM 控制器设计成集成电路。为了减少元器件的数量，该模块选用了经典的 TOPSwitch-Ⅱ系列单片开关电源控制器。

TOPSwitch-Ⅱ系列单片开关电源是将 PWM 控制系统的全部功能集成到三端芯片中。内含脉宽调制器、场效应功率管（MOSFET）、自动偏置电路、保护电路、高压启动电路和环路补偿电路，通过高频变压器即可实现输出端与电网完全隔离。外部仅需配整流滤波器、高频变压器、漏极钳位保护电路、反馈电路和输出电路，即可构成反激式开关电源。

根据输入电压为 85～265VAC，输出功率为 30W 的设计要求，在 TOPSwitch-Ⅱ系列单片开关电源芯片中，TOP223Y 和 TOP224Y 可以满足设计要求，其典型输出功率分别为

30W 和 45W。为了提高开关电源的效率，本模块选用 TOP224Y 芯片，TOP224Y 通态电阻比 TOP223Y 小，在同样的输出功率下，其导通损耗更低一些。

（3）确定辅助电路

根据不同的拓扑结构，开关电源还需要一些辅助电路才能正常工作。有些辅助电路可能包含在主要电路环节当中。本例开关电源中的辅助电路如下。

① 输入 EMI 滤波电路　输入 EMI 滤波电路就是电磁干扰滤波器，本例选用电感量为 22mH 的共模电感组件和 $0.1\mu F$ 输入差模滤波电容（也称 X 电容）。

② 整流滤波电路　整流滤波电路包括工频（50Hz）输入整流滤波和高频输出整流滤波。工频整流滤波选用 2A/600V 的整流桥和 $100\mu F/400V$ 的电解电容。高频整流滤波选用 10A/100V 的肖特基二极管和 $1000\mu F/16V$ 的电解电容。

③ 尖峰电压吸收电路　尖峰电压吸收电路采用了标称击穿电压为 200V 的瞬态电压抑制器（TVS）P6KE200 和 1A/1000V 的 UF4007 型超快恢复二极管。次级高频整流二极管两端接有 RC 吸收回路，以便减小尖峰振荡电压。

④ 电压反馈电路　电压反馈电路直接关系到开关电源的稳压性能。本例选用 PC817A 型线性光耦合器和 TL431 型可调式精密并联稳压器组成高精度电压反馈电路，以便提高开关电源的电压调整率和负载调整率。

鉴于 TOP224Y 芯片内部有完善的过流和过热保护电路，本实例没有另行设计输出过电流保护电路。

（4）电路原理图与工作原理

开关电源的拓扑结构、控制电路和辅助电路确定以后，就可以进行电路原理图设计。电路原理图应按照信号流程和功能划分成不同区域，力求布线清晰、整洁，元器件密度分配合理，信号流向清楚。首先确定所有元器件型号、参数及数量，完成各元件引脚之间的电路连接。然后确定所有元器件的封装，以便电路板设计时的元器件布局与布线。

本例开关电源的完整电路原理如图 9-1-1 所示。电路中共使用三片集成电路：单片开关电源集成电路 TOP224Y（IC_1），线性光耦合器 PC817A（IC_2），可调式精密并联稳压器 TL431（IC_3）。电路采用反激式拓扑结构，高频变压器绕组极性（同名端）如图 9-1-1 中所示。当 IC_1 中的功率开关管导通时，次级感应电压使 VD_2 和 VD_3 截止，高频变压器初级电感 N_P 储存能量；开关管截止时，次级感应电压使 VD_2 和 VD_3 导通，高频变压器储存的能量释放给次级，完成能量的传输过程。反激式开关电源的详细工作原理请参考第二章的相关内容。

$85\sim265VAC$ 的交流电源（u）首先经过额定电流为 2A 的保险管 FU、EMI 滤波器（C_6、L_2），再通过整流桥 BR 和滤波电容 C_1 产生直流高压 U_I，接高频变压器的初级绕组 L_P。其中 L_2 为共模电感线圈，能减小电网噪声所产生的共模干扰，也能限制开关电源的噪声传输到电网中。R_8 为阻值 5Ω 的功率型负温度系数（NTC）热敏电阻，用于限制开机时 C_1 的充电峰值电流。漏极钳位保护电路由瞬态电压抑制器 TVS（VD_{Z1}）和阻塞二极管（VD_1）构成，可将变压器漏感产生的尖峰电压钳位到安全值。VD_{Z1} 采用标称电压为 200V 的瞬态电压抑制器 P6KE200，VD_1 选用 1A/1000V 的 UF4007 型超快恢复二极管。

次级绕组电压通过 VD_2、C_2、L_1 和 C_3 整流滤波，获得 +12V 的输出电压 U_O。VD_2 选用 10A/100V 的 MBR10100CT 型肖特基二极管，C_2 选用 $1000\mu F/16V$ 的电解电容。RTN 为输出电压的返回端。R_9 和 C_9 用来抑制 VD_2 上的高频衰减振荡（亦称"振铃"）。

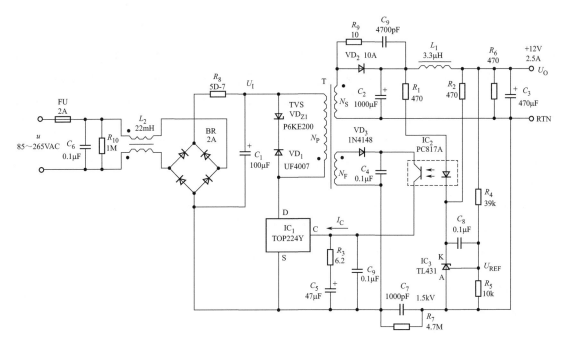

图 9-1-1　30W 开关电源电路原理

R_6 为开关电源的内置负载电阻，用于改善电源空载时的电压调整率。C_7 为安全电容（也称安规电容，即 Y 电容），能减小初级与次级之间产生的共模干扰。R_7 和 R_{10} 均为泄放电阻，分别用于泄放 C_7 和 C_6 残存的电压。

外部误差放大器由 TL431 及相关外围元器件组成。当 +12V 输出电压升高时，经 R_4、R_5 分压后得到的取样电压，就与 TL431 中的 2.5V 带隙基准电压 U_{REF} 进行比较，使阴极 K 的电位降低，光耦合器（PC817A）中 LED 的工作电流 I_F 增大，再通过 IC_2 使控制端电流 I_C 增大，TOP224Y 的输出占空比将减小，使 U_O 维持不变，从而达到了稳压目的。U_O 稳压值是由 TL431 的基准电压（U_{REF}）、R_4、R_5 的分压比来确定的。输出电压 U_O 的计算公式为

$$U_O = 2.5\left(1 + \frac{R_4}{R_5}\right) = 2.5\left(1 + \frac{39}{10}\right) = 12.25 \text{（V）}$$

R_1 为 LED 的限流电阻，用于调节控制环路的增益。C_8 为相位补偿电容，可以改善控制环路的稳定性。反馈绕组 N_F 电压经 VD_3 和 C_4 整流滤波后，供给 TOP224Y 所需偏置电压。C_5 为控制端的旁路电容，它不仅能滤除控制端上的尖峰电压，还决定自动重启动频率，并与 R_3 一起对控制环路进行补偿。

（5）高频变压器设计

本例开关电源采用反激式拓扑结构，高频变压器相当于一只储能电感，其设计与制作需要以下几个步骤。

① 计算初级电感量 L_P　高频变压器的初级电感量可按式(6-6-9)计算，如果电源效率为 80%，K_{RP} 取值为 0.6。TOP224Y 的开关频率为 100kHz，I_P 按 $I_{LIMIT} = 1.5A$（TOP224Y 内部电流限定典型值为 1.5A）计算时，由 $I_R = K_{RP}I_P$ 可得：$I_R = 0.6 \times 1.5 = 0.9A$，按式(6-6-9)计算可得

$$L_P = \frac{2P_O}{\eta I_R^2 f} = \frac{2 \times 30}{0.8 \times 0.9^2 \times 100000} = 9.26 \times 10^{-4} \quad (H)$$

若 K_{RP} 取值为 1，则可算出 L_P 为 3.33×10^{-4} H。也就是说，高频变压器初级电感量可在 $333 \sim 926 \mu H$ 之间选取。本例高频变压器初级电感量 L_P 选取中间值，选择为 $620 \mu H$。

② 选择磁心尺寸　磁心尺寸的选择可用 AP 法。由于多数磁心的参数表中并没有直接给出 AP 值，仅给出了相关尺寸及 A_e 值，因此用 AP 法选择磁心时，还需要根据经验初选一个磁心型号，通过查表得到 A_e 值，并计算其对应 A_W 值，再检验其 AP 值是否符合要求，一般需要多次计算才能确定磁心型号。可见用 AP 法选择磁心既不直观，也不方便。

本例开关电源的磁心选择按表 6-6-6 快速选取。对于 $30 \sim 50W$ 的反激式开关电源，可选 EI28 或 EI30 型磁心，为了留出足够的功率余量，本例实际选用尺寸较大的 EI30 型磁心，以便减小高频变压器的绕制难度。查表 6-6-4，可得 EI30 磁心的 A_e 为 $1.09cm^2$。

③ 计算初级匝数 N_P　初级匝数 N_P 可直接按式(6-6-4)计算，本例 U_{IMIN} 取值 102V，TOP224Y 的工作频率为 100kHz，内部限定 D_{MAX} 为 0.67。EI30 磁心的 A_e 为 $1.09cm^2$，$(B_m - B_r)$ 取值 0.15T，可得初级匝数为

$$N_P = \frac{U_{IMIN} D_{MAX}}{A_e (B_m - B_r) f} \times 10^4 = \frac{102 \times 0.67}{1.09 \times 0.15 \times 100000} \times 10^4 = 41.8 \quad (匝)$$

本例实际取值 42 匝。

④ 计算次级绕组匝数 N_S　次级绕组匝数 N_S 按式(6-6-10)计算，U_O 为 12V，U_{OR} 取值 130V，VD_2 采用肖特基二极管，U_{F1} 取值 0.6V，可得

$$N_S = \frac{N_P}{U_{OR}}(U_O + U_{F1}) = \frac{42}{130}(12 + 0.6) = 4.07 \quad (匝)$$

本例实际取值为 4 匝。

反馈绕组 N_F 电流较小，反馈电压通常 12V 左右即可。本例实际选取 4 匝。

⑤ 计算气隙长度　在反激式开关电源中，高频变压器磁心的气隙大小对电源性能影响较大。气隙长度可按式(6-6-11)计算。本例高频变压器 N_P 为 42 匝，L_P 为 $620 \mu H$，EI30 型磁心的 A_e 为 $1.09cm^2$，计算可得

$$\delta \approx \frac{0.4\pi N_P^2 A_e}{L_P} \times 10^{-2} = \frac{0.4\pi \times 42^2 \times 1.09}{620} \times 10^{-2} = 0.039 \quad (cm)$$

高频变压器采用 EI 型磁心，磁心间夹入厚度为 0.2mm 的青壳纸，其有效气隙长度约为 0.40mm(0.2×2)。有关气隙长度详细说明请参考第 6 章的相关内容。

⑥ 检验最大磁通密度 B_m　检验最大磁通密度可按式(6-6-12)进行。I_P 按 $I_{LIMIT} = 1.5A$ 计算，将 L_P、N_P 和 A_e 值代入公式可得

$$B_m = \frac{I_P L_P}{N_P A_e} \times 10^{-2} = \frac{1.5 \times 620}{42 \times 1.09} \times 10^{-2} = 0.2 \quad (T)$$

该式计算出的 B_m 值小于 0.3T，表明 B_m 值可以满足工作要求。若 B_m 值超过 0.3T，可适当增加 N_P 的匝数，并增加(重新计算)气隙长度，以便保持初级电感量 L_P 不变。

(6) 印制电路板设计

印制电路板(简称 PCB)的设计要在专用软件平台上完成，PROTEL99SE 是最为经典的软件之一。目前较为流行的是 PROTEL 的升级版本 AltiumDesigner，读者可以根据需要

学习相关软件的使用方法。设计 PCB 时，首先要用 PROTEL 软件绘制电路原理图，并创建网络表。然后打开网络表，查看所有元件的封装。开关电源中会有很多元件没有封装，设计印制板前要先确定这些元器件的封装。本例开关电源印制板设计过程如下。

① 确定元器件封装　从电路原理图 9-1-1 中可以看出，有熔丝管（FU）、共模扼流圈（L_2），高频变压器（T）、整流桥（BR）等元件没有标准的封装。要按照这些元件的实际物理尺寸和引线位置，画出其占用电路板空间的外形轮廓图，确定焊盘位置及焊盘、焊孔的尺寸。确定这些元件的封装名称，并与原理图中的封装名称一一对应，以便生成正确的网络表。有一些元件，如限流电阻 R_8、滤波电容 C_1、C_2、C_3 等元件，可以在元件封装库中找到一系列的封装，要根据实际元件的物理尺寸选择一种合适的封装大小。另外一些元件，如TOP224Y（IC_1）和整流二极管（VD_2）需要安装散热器。可以选择印制板焊接型的散热器，也要为这些散热器确定相应的封装，以便印制板的布局。此外，开关电源的输入和输出引线应该通过接插件（连接器）连接到印制板，也要确定这些接插件的封装。

② 元器件布局　元器件布局时首先要确定印制板（PCB）尺寸大小及形状。由于开关电源分输入和输出两侧，并且要求两侧电气隔离，通常将开关电源的 PCB 设计成长方形。先将 PCB 中的所有元器件的封装均匀排列成长方形，左边为初级侧元器件，右边为次级侧元器件，留出 4 个安装孔位置，在禁止布线层（keep out layer）画一个成长方形，将所有元器件包围起来，留有一定的安全边界，就基本确定了 PCB 尺寸大小。

开关电源的布局首先从高频变压器开始。高频变压器尽量放在印制板中间，左侧为初级侧元器件，右边为次级侧元器件。输入滤波电容、初级绕组和功率开关管组成一个较大脉冲电流的回路。次级绕组、整流或续流二极管和输出滤波电容组成另一个较大脉冲电流的回路。这两个回路要布局紧凑，引线短捷。这样可以减小泄漏电感，从而降低吸收回路的损耗，提高电源的效率。初级侧带高电压的元器件之间应适当加大间距，发热量较大的功率器件（如输出整流管）应尽量远离其他元器件，最好布置在靠近 PCB 边缘处，以便加装散热器，并根据需要适当微调 PCB 尺寸大小，最后完成印制板的布局。

本例开关电源印制板布局如图 9-1-2 所示。考虑到印制板的通用性及调试中可能会改变散热器的大小，图中的高频变压器（T1）及散热器（SRQ1 和 SRQ2）设计了两种封装，以便满足不同性能指标的技术要求。印制板 4 角分别设计了 4 个安装孔。安装孔中心与印制板边缘及板内元器件间距应不小于 5mm，以便于安装并保持足够的绝缘距离。

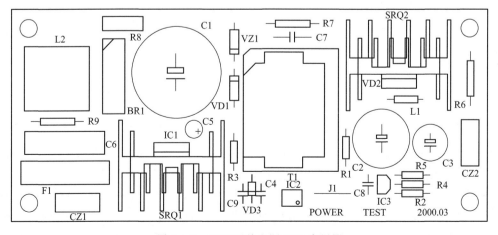

图 9-1-2　30W 开关电源 PCB 布局图

③ 印制板布线　开关电源的布线主要是线宽选择和绝缘间距问题，特别是地线的布线，和取样点选择非常重要，会直接影响电源的性能指标。布线时应优先考虑选择单面板，这样可以降低印制板的制作成本，但布线难度会增大。必要时还需设计一些跨线，完成电路的连接。

本例开关电源印制板布线如图 9-1-3 所示。该板采用单面板布线，初、次级主回路电流较大，尽量增加布线宽度。初级主回路电压较高，布线间距不小于 2mm。安装孔距离初级回路印刷线距离不小于 4mm，与次级回路印刷线距离不小于 2mm。

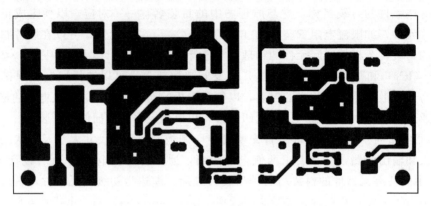

图 9-1-3　30W 开关电源 PCB 布线图

因采用单面板布线，调试中元器件频繁拆卸很容易造成焊盘脱落，为此，在保证绝缘间距的情况下，尽量增加焊盘尺寸，并增加焊盘周边的印刷线宽度和包围面积，增加焊盘的机械强度。印制线拐角采用圆弧形或 45°角，以便减小电磁辐射。大面积覆铜面中留有方形非覆铜区域，以便减小印制板受热时覆铜面变形应力，还有助于印制板材料内部气体的挥发，可避免覆铜面因受热变形而翘起。

为了更好地说明本例印制电路板的设计思路，现将布局和布线图组合，如图 9-1-4 所示。图中可以看出各元器件焊盘大小及周围线宽及形状。高频变压器初、次级之间留有 8mm 的线间距，以便实现更好的电气隔离。本例印制板可安装两种尺寸的高频变压器，其中初级侧的引脚焊盘位置兼容，次级侧设计了两排焊盘。散热器焊盘是三组，以便安装三种不同尺寸的散热器。此外，限流电阻 R_8、滤波电容 C_1、C_2、C_3 和 C_6 等元件的焊盘旁边增加了几个焊盘，目的是可以适应不同引脚间距的元件，以便调试时更换不同参数元件，尽量满足多种引脚间距的要求。

电压反馈电路布线时，取样点选择非常重要。本例印制板的取样点最初选择不合理，造成负载调整率指标下降，图 9-1-4 是改进后的 PCB 图。取样点应该尽量选择在输出端子的两端，以便得到更好的负载调整率。

（7）安装与调试

本例开关电源元器件数量不多，分立元件在安装前进行了全部测试。用 VC9808 型 $3\frac{1}{2}$ 位数字万用表测量了电阻值、电容量、电感量及二极管极性。先安装体积小、高度低的电阻、二极管和光耦合器（IC_2），然后是体积较大的 NTC 电阻、高压瓷片电容、电解电容、整流桥和 IC_3 等，最后是体积最大的高频变压器及散热器。为了便于散热器和功率元器件的安装，先将 IC_1 和 VD_2 分别固定在各自的散热器上，然后一同安装到 PCB 上。焊接时，先焊接散热器的固定引脚，然后再焊接功率元器件的引脚。这样可以减小功率元器件引脚的

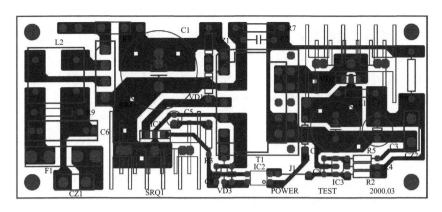

图 9-1-4　30W 开关电源 PCB 组合图

应力和变形。

开关电源安装完成之后，不要急于通电，应首先检查元器件引脚之间有无短路及虚焊现象，二极管和电解电容极性有无错误；然后准备好调试仪器，搭建调试电路。调试电路参见图 7-2-1。调试步骤按以下顺序进行。

① 通电前检查　检查所有仪器仪表接线及挡位是否正确，通电前确保自耦调压器触头处于足够低的输出电压位置，负载连接是否正确，示波器探头衰减开关位置，X 轴和 Y 轴刻度是否合适等。

本例使用 4 块用 VC9808 型数字万用表测量电压和电流。输入交流电压的测量选用750V 挡位，输入交流电流的测量选用 20A 挡位，输出直流电压的测量选用 20V 挡位，输出直流电流的测量选用 20A 挡位。负载电阻使用 BX7-13 型 40Ω/3A 滑线变阻器，阻值调整到最大，大约会流过 0.3A（满载电流的 10% 左右）的电流。使用 TDGC2-0.5 型自耦调压器调节输入交流电压，输出触头处于 50V 位置。使用 SS-7802A 型双踪示波器测量 IC_1 的漏极电压波形，探头衰减设置为 10:1。参见图 9-1-4，示波器探头连接在 VD_1 的下端（即TOP224Y 的漏极）引脚上。示波器探头的接地夹连接在电阻 R_7 的左侧引脚（即初级侧的接地端）。

② 通电后观察　电源接通后，应首先观察有无异常现象。最重要的是用示波器观测TOP224Y（IC_1）漏极的电压波形，该电压波形可以反映出尖峰电压大小，是防止TOP224Y 损坏的最佳观测点。同时注意观察输入交流电压、电流，输出直流电压、电流。任何一项参数超出正常范围都要及时关闭电源，查找原因。并注意有无冒烟，是否闻到异常气味，功率元器件的散热器是否发烫等现象。

功率开关管的漏极电压波形参见图 7-3-2。漏极最高电压出现在尖峰电压的峰值部位。正常情况下，尖峰电压受到钳位电路的限制，不会很高。本例电源采用额定电压为 200V 的瞬态电压抑制器 P6KE200，尖峰电压会超出额定电压一些，并且会随着负载电流增加而有所增加，但最高不应超过 240V。次级反射电压取决于输出电压和高频变压器的变比，但反射电压不能超过钳位电压，并留有足够的余量。本例钳位电压为 200V，反射电压设计值为 130V。

漏极最高电压由输入直流高压和漏极尖峰电压（最大钳位电压）叠加而成，其最大值会出现在输入电源电压最高、输出负载电流最大的时候。该电压不能超过 TOP224Y（IC_1）的极限电压值（700V）。本例电源的漏极最高电压约为 265×1.4＋240＝611V。调节自耦调压器触头，使输入电压逐渐升高。调压器输出电压最高时（实测为257V），漏极最高电压未超过600V，表明该电源能够安全工作。

将调压器输出电压调回到220V，运行10分钟时间，重点检查钳位电路的VD_{Z1}是否有严重发热现象。此时输出电压为12.3V，负载电流为0.28A，VD_{Z1}温度不高。

③ 性能测试　本例开关电源要求输入电压为85～265V（AC），在轻载条件下（I_O = 0.3A），将输入电压从50V开始逐渐升高到265V，输出电压在12.2～12.3V变化。调整负载电阻，使输出电流I_O = 1.0A，输入电压$u \approx 60V$时电源开始启动，并且在$u \approx 70V$时才能输出稳定电压。

调整负载电阻，使输出电流I_O = 2.5A（满载电流），实测输入电压$u \approx 70V$时电源开始启动，在$u \approx 80V$时才能输出稳定电压。在输入电压为85～265V范围内，输出电压在12.1～12.3V变化。表明开关电源满足设计要求。

在性能测试时，同样要监测各仪表的读数是否异常，漏极电压是否过高，功率元器件温度变化情况等，以便及时发现各种隐患，防止电源损坏。

④ 调试总结　本例开关电源调试过程中发现一些现象，现总结分析如下，以便帮助读者掌握开关电源的特点和调试方法。

第一，输入电压高低对电源效率的影响。在输出功率相同的条件下，输入电压高低对电源效率有较大的影响。在本例电源满载时输出功率为30W（12V，2.5A）。当输入交流电压从85～265V范围调节时，输出电压一直保持在12.1～12.3V，而输入交流电流则在0.50～0.13A之间变化。对应的输入功率为42.3～34.9W，电源效率在71%～86%之间变化。由于功率因数的关系，上述电源效率的计算会有较大误差，但效率的变化规律是正确的。调试过程中发现，输入交流电压越低，整流桥（BR）、限流电阻R_8和TOP224Y的散热器温度越高。而输出整流二极管（VD_2）的散热器温度无明显改变。这是因为输入交流电流增大，使整流桥（BR）、限流电阻R_8的功耗增加。由于输入直流高压的降低，使TOP224Y的占空比变大，其导通时间增加，导通损耗也变大了，造成TOP224Y的散热器温度升高。可见，宽电压范围的开关电源，在输入电压较高时电源的效率较高。

第二，输入电压及负载大小对电源工作模式的影响。开关电源有两种基本工作模式，一种是连续模式；另一种为不连续模式。连续模式的特点是高频变压器在每个开关周期，都是从非零的能量储存状态开始的。不连续模式的特点是，储存在高频变压器中的能量在每个开关周期内都要完全释放掉。图9-1-5示出了两种工作模式的初级电流波形。连续模式时，如图（a）所示，高频变压器的初级电流先从一定幅度（I_{P1}）开始，沿斜坡上升到峰值I_P，然后迅速回零。不连续模式时，如图（b）所示，初级电流则是从零开始上升到峰值I_P，再迅速降到零。

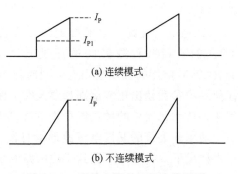

(a) 连续模式

(b) 不连续模式

图9-1-5　开关电源的初级电流波形

实际上连续模式与不连续模式之间并无严格界限，而是存在一个过渡过程。对于给定的交流输入电压，相对较大的初级绕组电感量，就可以工作在连续模式，并且初级绕组的峰值电流I_P和有效值电流I_{RMS}值较小，此时可选用功率较小的TOPSwitch芯片和较大尺寸的高频变压器来实现优化设计。反之，初级绕组电感量较小，则I_P与I_{RMS}值较大，此时须采用功率较大的 TOPSwitch 芯片，配尺寸较小的高频变压器。

在本例开关电源的调试中发现，输入电压及负载电流大小对电源工作模式也有影响。本电源高频变压器的初级绕组电感量为 $620\mu H$，当负载电流 $I_O=0.5A$（轻载），交流输入电压在 $80\sim120V$ 时，电源工作在连续模式；输入电压在 $120\sim265V$ 时，电源工作在不连续模式。当负载电流 $I_O=2.5A$（满载），交流输入电压在 $85\sim200V$ 时，电源工作在连续模式；输入电压在 $200\sim265V$ 时，电源工作在不连续模式。将交流输入电压调回到 $220V$，当负载电流小于 $3.0A$（已超载）时，电源工作在不连续模式；当负载电流大于 $3.0A$ 时，电源工作在连续模式。

第三，输出负载大小与启动电压的关系。本例开关电源采用 TOP224Y 型单片开关电源芯片，其启动电压与输出负载大小有关。经测试，输出电流 $I_O=0.3A$ 时，输入电压 $52V$ 电源即可启动。输出电流 $I_O=1.0A$ 时，启动电压为 $60V$。输出电流 $I_O=2.5A$（满载）时，启动电压为 $80V$。输出电流 $I_O=3.5A$（过载）时，启动电压变为 $95V$。若输入交流电压低于启动电压，则开关电源无输出电压，并伴有断续的音频吱吱声，这表明 TOP224Y 处于自动重启状态。

第四，电压取样点的选择对负载调整率的影响。尽管本例开关电源是宽输入电压范围，但其电压调整率很好，可以达到 0.1%。可是，当从轻载到满载改变时，最初的负载调整率较差，只能达到 0.4%。经改变取样电路的连接点，最终使负载调整率达到了 0.24%。可见，输出电压取样点的选择对负载调整率的影响是较大的。

9.2 手机充电器开关电源

自从手机问世以来，一直都摆脱不了充电器。早期的手机充电器采用传统的线性稳压电源，由工频变压器降压、整流滤波、稳压电路组成。其主要缺点是体积大、笨重，并且不能通用在不同交流电源电压等级的国家。从 21 世纪初开始，随着开关电源的普及应用，手机充电器几乎全部采用了开关电源模式。开关电源的主要优点是体积小、重量轻，最大的好处是输入电压范围很宽，能够适应 $100\sim240VAC$ 的电网电压及 $50/60Hz$ 的电网频率，这样同一个手机充电器就可以在全球任何一个国家使用了。

本节介绍一种电路简单、成本低廉的手机充电器开关电源，该电源不局限于手机充电器，可广泛用于小功率的各种电源适配器、电子设备的待机电源及低成本开关电源模块等。下面详细介绍该开关电源的设计思路与工作原理，供读者参考。

（1）电路拓扑结构选择

前文已经提到，反激式变换器（也称反激式开关电源）主要用于输入、输出需要隔离的小功率 AC/DC 或 DC/DC 开关电源中。可以通过调节高频变压器的初、次级匝数比，很方便地实现电源的降压、升压和极性变换。此外，反激式开关电源还具有电路结构简单、成本较低的特点，也容易做到输入电压宽范围的要求。因此，反激式拓扑结构非常适用于手机充电器开关电源。

（2）控制电路设计

虽然众多厂家提供了种类丰富的 PWM 控制器集成电路，特别是很多单片开关电源将 PWM 控制器和功率开关管集成到一个芯片中，使小功率开关电源的外围元件减少很多，并且降低了成本。但是传统的自激振荡 PWM 控制电路成本更低，电路也更为简单，在低价开关电源中依然广泛应用。本例开关电源采用自激振荡型 PWM 控制电路。

（3）工作原理分析

一种手机充电器的电路原理如图 9-2-1 所示。该电路采用传统的自激振荡 PWM 控制方式，振荡电路由功率开关管 VT_1、启动电阻 R_2、正反馈电阻 R_5、电容 C_4 与 C_5 和高频变压器 T_1（初级绕组 N_P 及反馈绕组 N_F 的同名端如图所示）等组成。U_I 为直流输入电压，C_3 为输入滤波电容。直流高压 U_I 通过 R_2 为开关管 VT_1 提供基极电流，同时经 T_1 的绕组 N_P 连接到晶体管 VT_1 的集电极。

自激振荡型 PWM 控制方式通过启动电阻启动，利用高频变压器的正反馈绕组实现功率开关晶体管的饱和导通，利用晶体管的退饱和特性实现功率开关晶体管的关断。通过控制功率开关晶体管基极电流大小实现脉冲宽度调制。

如图 9-2-1 所示，输入电压 U_I 通过启动电阻 R_2 为开关管 VT_1 提供基极电流，使 VT_1 导通，其集电极电流 I_{C1} 的路径为：$U_I \rightarrow N_P \rightarrow VT_1$ 的 CE 极 $\rightarrow R_7 \rightarrow$ 输入地。高频变压器 T_1 的初级绕组 N_P 产生感应电压，极性为上"+"下"－"，T_1 的反馈绕组 N_F 上的感应电压也为上"+"下"－"。反馈绕组的正电压通过 C_4、R_5 加到 VT_1 的基极，使 VT_1 基极电流增大，VT_1 的集电极电流也相应增大，从而产生强烈的正反馈，使 VT_1 迅速饱和。此时输入电压 U_I 全部加在 N_P 上（VT_1 的饱和压降和 R_7 上的压降很小，可以忽略）。

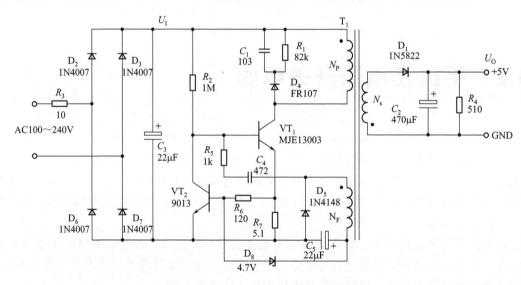

图 9-2-1 一种手机充电器电路原理

VT_1 饱和导通后，流过 N_P 的电流（即 VT_1 集电极电流 I_{C1}）近似线性增长。VT_2 的基极由 R_6 连接到 VT_1 的发射极，当 VT_1 刚饱和时，I_{C1} 在 R_7 上产生的压降小于 0.6V，VT_2 为截止状态；随着 I_{C1} 增长，R_7 上的压降增加，VT_2 基极电压上升，当 VT_2 基极电压上升到 0.6V 后，VT_2 开始导通，随着 VT_2 基极电压的上升，VT_2 的集电极电流不断增大，VT_2 对 VT_1 基极电流的分流增大，使 VT_1 基极电流减小，而此时 I_{C1} 还在持续增加，当 I_{B1} 减小到 I_{C1}/β 时，VT_1 不足以维持饱和状态，从而退出饱和区，进入放大区。

VT_1 进入放大区后，随着 I_{B1} 减小，I_{C1} 减小，V_{CE1} 增加，初级绕组 N_P 的电压减小，则反馈绕组 N_F 的电压也减小，通过 C_4、R_5 反馈到 VT_1 基极，使 I_{B1} 及 I_{C1} 进一步减小。由于 I_{C1} 减小，高频变压器 T_1 的初级绕组 N_P 产生上"－"下"+"反电动势，在反馈绕

组 N_F 上也感应出上 "－" 下 "＋" 的电压，该电压也通过 C_4、R_5 耦合到 VT_1 基极，使基极变为负值，从而产生强烈的正反馈，使 VT_1 迅速截止。

VT_1 导通时间 t_{ON} 与直流输入电压 U_1、初级绕组 N_P 的电感量和 VT_1 饱和时集电极电流 I_{C1} 的最大值有关。VT_1 截止时间 t_{OFF} 主要由 C_4、R_5、R_6 时间常数确定。VT_1 刚导通时，C_4 上的电压约为零，VT_1 导通时间内，反馈绕组 N_F 感应的电压通过 R_5 对 C_4 充电，电压方向为右正左负。充电路径为：T_1 的 $N_F \rightarrow C_4 \rightarrow R_5 \rightarrow VT_1$ 的 BE 极 $\rightarrow R_7 \rightarrow$ 输入地 $\rightarrow C_5 \rightarrow N_F$。当 VT_1 由饱和到截止时，反馈绕组 N_F 感应出上 "－" 下 "＋" 的电压，通过 C_4 耦合到 VT_1 基极，使 VT_1 的基极电压产生负跳变。同时 C_4 开始放电，放电主要路径为：$N_F \rightarrow C_5 \rightarrow$ 输入接地端 $\rightarrow R_7 \rightarrow R_6 \rightarrow VT_2$ 的 BC 极 $\rightarrow R_5 \rightarrow C_4 \rightarrow N_F$。直到 R_2 加在 VT_1 基极上的电压重新达到正偏 0.6V 时，使 VT_1 再一次的导通。这样循环往复，就形成了开关电源的自激振荡过程。

VT_1 截止瞬间，I_{C1} 电流突变为零，T_1 的初级绕组 N_P 电感的能量（以磁场能量形式存储在变压器磁心中）不能突变，此时，初级绕组的能量转移到次级绕组 N_S 中，次级绕组 N_S 感应出上 "＋" 下 "－" 的感应电压，使二极管 D_1 导通，从而产生次级电流，使能量从初级传输到次级，输出给负载。

（4）输出电压控制

自激振荡型 PWM 控制电路是通过控制功率开关晶体管基极电流大小实现占空比调节的。当输出电压发生变化（如负载变化或者电网电压变化引起）时，就要及时改变占空比的大小，从而保持输出电压稳定。改变占空比的调节过程也就是输出电压控制过程，也就是稳压过程。

输出电压控制电路由 C_5、D_5 和 D_8 组成。前文已经提到当 VT_1 截止时，反馈绕组 N_F 上感应出上 "－" 下 "＋" 的电压，该电压也使 D_5 导通，并给 C_5 充电。当 C_5 的电压达到 D_8 的稳压值时，D_8 击穿导通。当 C_5 的电压比 D_8 的稳压值高 0.6V 时，VT_2 导通，对 VT_1 基极电流进行分流，使 VT_1 提前进入截止状态。C_5 的电压越高，VT_2 集电极电流就越大，对 VT_1 基极电流的分流作用就越强，VT_1 的导通时间就越短。这样就可以减小 PWM 控制电路的占空比，当电路达到平衡状态时，C_5 的电压就稳定不变了。

小贴示

在自激振荡型 PWM 控制电路中，稳压控制电路是通过改变导通时间 t_{ON} 来调节占空比 D 的，对关断时间 t_{OFF} 的影响很小。因此，改变占空比的同时，也改变了控制周期 T（$T = t_{ON} + t_{OFF}$）。严格地说，自激振荡型控制电路属于脉冲宽度和频率混合调制类型。

由于反馈绕组 N_F 和次级绕组 N_S 具有磁耦合作用，其感应电压与匝数成正比，如果 N_F 和 N_S 具有相同的匝数，C_5 和 C_2 就会有相同的输出电压。C_5 的电压稳定了，C_2 的输出电压也就稳定了。图 9-2-1 中 N_F 和 N_S 同为 12 匝，C_5 的电压为 5.3V（稳压值 4.7V＋ VT_2 的 BE 结 0.6V），输出电压 U_O 约为 5V。改变 D_8 的稳压值就可改变输出电压。

但是，由于变压器漏磁和整流二极管非线性的影响，图 9-2-1 电路输出电压稳定度较差，特别是输出空载的时候，输出电压会升高较多。为了使空载输出电压不至于过高，通常要在输出端并联一只负载电阻（如图中的 R_4），称之为最小负载。显然，最小负载的接入会降低开关电源的效率。

为了提高输出电压的稳定度，需要增加独立的输出电压取样电路，并且还要保持次级与初级之间的电气隔离。光耦合器（简称光耦）是实现这种功能的典型器件。一种光耦反馈的手机充电器电路如图9-2-2所示。输出电压取样及误差放大电路连接在次级回路中，次级的电压变化通过光耦U_1隔离后反馈到初级控制电路，使次级与初级实现电气隔离。

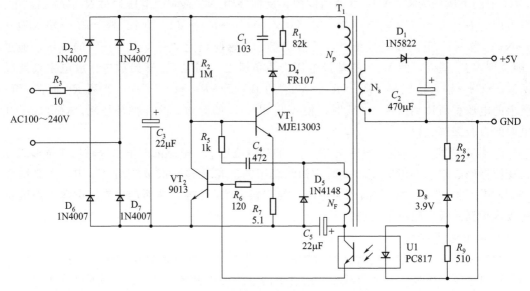

图 9-2-2　光耦反馈的手机充电器电路

当输出电压升高时，流过光耦U_1中发光二极管的电流会增大，从而使光耦中光敏三极管电流增加。该电流施加到VT_2的基极，引起VT_2的集电极电流上升，对VT_1基极的分流增大，VT_1的基极电流减小，使VT_1的集电极电流也减小，VT_1将提前退出饱和状态，导致VT_1的导通时间t_{ON}减小，从而减小了PWM电路的占空比，使输出电压下降。同理，当输出电压降低时，会使t_{ON}增加，从而增加占空比，使输出电压升高。占空比的调节总是使输出电压趋于稳定状态。

该电路的输出电压为D_8的稳压值与光耦中发光二极管的正向压降（约为1.0V）之和，D_8的稳压值为3.9V时，输出电压约为5.0V。R_9为稳压二极管D_8的偏置电阻，有利于保持D_8稳压值的稳定性。电阻R_8可以起到输出电压微调及反馈环路增益调节的作用。

光耦反馈的手机充电器电路虽然增加的电路成本，但其稳压性能得到了很大的提高，在小功率开关电源中应用非常广泛。

（5）输出电流控制

根据前文介绍的自激振荡型PWM控制电路工作原理可知，当功率开关晶体管VT_1的集电极电流I_{C1}在R_7上产生的压降达到0.6V时，VT_2开始导通，从而引发VT_1的关断过程。因此，VT_1的最大集电极电流I_{C1}由电阻R_7的阻值确定，其电流值为$0.6V/R_7$。这也是高频变压器初级绕组的最大电流，即I_P。

根据反激式变换器的工作原理可知，次级输出电流大小由初级电流和初级/次级的匝数比决定，其次级电流值为$I_S=(N_P/N_S)I_P$。可见，只要I_P的值限定了，I_S的值也就限定了。

如果电路发生了过流情况，如负载短路，那么开关管VT_1的集电极电流I_{C1}就会增加，

I_{C1} 在 R_7 上的压降也增加。该电压通过 R_6 加到 VT_2 的基极上，当 R_7 电压增加使得 VT_2 基极电压超过 $0.7V$ 时，则 VT_2 将完全导通，把流入 VT_1 的基极电流全部分流，VT_1 立刻截止，因此保护了 VT_1 不会因为过电流而损坏。同时，次级输出电流也得到了控制。

如果合理选择 R_7 的阻值，使 I_{C1} 的最大电流小于高频变压器的磁饱和电流，还可以起到防止高频变压器磁饱和的作用。

　　自激振荡型 PWM 控制电路本身就具有良好的过电流保护功能，不必增加额外的过流保护电路，从而简化了电路设计，降低了制造成本，因此在消费类电子产品中得到广泛的应用。

（6）其他电路

根据不同的拓扑结构，开关电源还需要一些辅助电路才能正常工作。有些辅助电路可能包含在主要电路环节当中。本例开关电源中的相关电路如下。

① 输入冲击电流限制电路　开关电源的输入端接有整流滤波电路，由于输入滤波电容量较大，开机时会产生很大的冲击电流。减小冲击电流简单有效的方法是在输入电路中串联功率型 NTC 热敏电阻。出于成本的考虑，本例开关电源输入端串联了一只 10Ω 的金属氧化膜电阻 R_3。用于限制开机时的冲击电流。

② 输入整流滤波电路　输入整流电路的工作频率为 $50Hz$，选用 4 只 $1A/1000V$ 普通整流二极管 1N4007。输入滤波电路使用了 $22\mu F/400V$ 的铝电解电容。

③ 尖峰电压吸收电路　尖峰电压吸收电路采用了 RCD 型吸收电路，C_1 为 $103/1kV$ 的瓷片电容，R_1 为 $82k\Omega/1W$ 的金属氧化膜电阻，D_4 为 $1A/1000V$ 的 FR107 型快恢复二极管。

　　尖峰电压吸收电路工作在高频开关状态，必须使用快恢复（或超快恢复）型二极管。不能用 1N4007 型普通整流二极管代替。

④ 输出整流滤波电路　输出整流电路工作在高频开关状态，其整流二极管必须是快恢复型或者肖特基二极管。本电路选用了 $3A/40V$ 的肖特基二极管 1N5822。输出滤波电路选用了 $470\mu F/10V$ 的铝电解电容。

9.3　电动车充电器电源

自从电动自行车（以下简称电动车）问世以来，充电器便成了不可缺少的配件之一。为了减小充电器的体积、降低其重量，电动车充电器电源几乎全部采用了开关电源模式。本节介绍一种比较常用的电动车充电器开关电源，详细分析其电路结构与工作原理，供读者设计制作、维修维护电动车充电器时参考。

（1）总体结构与工作原理

电动车充电器的功率一般在 50W 以上，属于中等功率范围。电动车充电器常用的拓扑结构有反激式、正激式和半桥式三种。反激式拓扑还具有电路结构简单、成本较低的特点，在电动车充电器中应用最多。下面以采用反激式拓扑结构的一种电动车充电器为例，介绍其总体结构与工作原理。

一种电动车电器的电路原理如图 9-3-1 所示。可以看出，该电路采用了反激式拓扑结构，输入端加入了 EMI 滤波器，PWM 控制芯片为 UC3842（U_1），输出电压控制由 TL431 芯片（U_3）等组成，并由光耦 4N35（U_2）实现了控制信号的电气隔离。电压比较器 LM393 芯片（U_4）等组成了充电状态识别与转换电路，当蓄电池充满电的时候，使充电器转换到浮充充电状态。后文将详细介绍各部分电路的参数选择及工作原理。

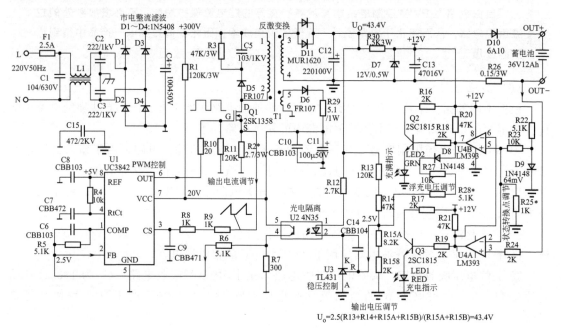

图 9-3-1 一种电动车充电器电路原理

（2）输入整流滤波电路

输入整流滤波（即市电整流滤波）电路由 $D_1 \sim D_4$ 和 C_4 组成。$D_1 \sim D_4$ 为普通整流二极管，组成桥式整流电路，其型号为 1N5408，参数为 3A/1000V；C_4 完成滤波功能，采用了 $100\mu F/450V$ 的铝电解电容器。输入整流滤波后的直流平均电压约为 300V。

输入整流滤波之前，还加入了 EMI 滤波器。其中 L_1 为共模滤波电感，C_1 为差模滤波电容（也称为 X 电容），C_2 和 C_3 为共模滤波电容（也称为 Y 电容）。电源输入端还串联了额定电流为 2.5A 的保险管（F1），在电源内部出现故障时，能够起到短路保护作用。此外，初级地与次级地之间还接有 C_{15}，该电容也称为 Y 电容，有降低电磁干扰（EMI）的作用。

（3）功率变换电路

功率变换电路由高频变压器 T_1、功率开关管 Q_1 和输出整流管 D_{11} 等组成，这些元件构成了典型的反激式变换器，其绕组极性（同名端）如图 9-3-1 所示。高频变压器的 1、2 引脚为初级绕组。功率开关管 Q_1 型号为 2SK1358，其参数为 9A/900V，导通电阻 $R_{DS(ON)}$ 的典型值为 1.1Ω。D_5、C_5 和 R_3 组成 RCD 型吸收回路，用于抑制高频变压器漏感造成的尖峰电压。其中，D_5 为 FR107 型快恢复二极管，其参数为 1A/1000V，反向恢复时间 t_{rr} 为 500ns。C_5 为容量 $0.01\mu F$，耐压（额定电压）为 1kV 的高压型陶瓷电容。R_3 为阻值 $47k\Omega$，额定功率为 3W 的金属氧化膜电阻。

高频变压器 T_1 的 3、4 引脚为次级绕组，该绕组感应电压经 D_{11} 整流、C_{12} 滤波后产生输出电压 U_O，为电池组充电。D_{11} 采用了 MUR1620 型超快恢复整流二极管，其参数为 16A/200V，反向恢复时间 t_{rr} 为 85ns。其内部为双二极管结构，每个二极管额定电流为 8A，两个并联使用时，额定电流为 16A。T_1 的 5、6 引脚为辅助绕组，该绕组感应电压经 D_6 整流、C_{11} 滤波后产生 20V 的直流电压，为 PWM 控制器芯片（U_1）供电。

（4）PWM 控制电路

如图 9-3-1 所示，PWM 控制电路由 UC3842 芯片（U_1）及相关外围元器件组成。其中 R_1 为启动电阻，市电刚接通时，+300V 直流高压通过 R_1 给电容 C_{11} 充电，当 C_{11} 电压达到 16V（典型值）时，UC3842 开始启动。电源启动以后，T_1 辅助绕组（5、6 引脚）产生的电压经 D_6 整流、再通过 R_{29} 给电容 C_{11} 充电，为 UC3842 芯片提供工作电源。

UC3842 的 8 脚为内部 5.0V 基准电压输出端，该引脚对地需要接一只滤波电容（C_8），本电源采用了 $0.01\mu F$ 的 CBB（聚丙烯）电容。R_4 和 C_7 用于设定 UC3842 的振荡频率，按照图中的参数，该电路的振荡频率约为 40kHz。关于 UC3842 的详细工作原理，请参考第 4 章的相关内容。

光耦 U_2、电阻 R_5、R_6、R_7 和电容 C_6 等组成电压反馈电路，当输出电压升高时，光耦输出电流增大，R_7 电压升高，使 UC3842 的 1 脚电压下降，从而减小 PWM 信号占空比 D，使输出电压降回到额定值。

UC3842 的 6 脚为 PWM 信号输出端，该引脚内部具有图腾柱驱动电路，可通过栅极电阻 R_{10} 直接驱动功率开关管 Q_1。R_{11} 为 Q_1 栅极接地电阻，可防止栅极开路造成损坏。R_2 为功率开关管 Q_1 的电流检测电阻，电流取样信号通过电阻 R_8、R_9 和电容 C_9 组成的 RC 滤波电路，连接到 UC3842 的 3 脚，以便形成电流反馈。RC 滤波的作用是消除尖峰（毛刺）电流造成的干扰。

（5）输出电压控制电路

输出电压控制电路由 TL431（U_3）、4N35（U_2）及周边元件组成。如图 9-3-1 所示，电阻 R_{13}、R_{14} 和电阻 R_{15A}、R_{15B} 分压组成输出电压取样电路，基准电压源 TL431 构成误差放大器，光耦合器 4N35 将输出电压反馈信号电气隔离，并传输到 UC3842 的 2 脚（反馈引脚 FB）。按照图中的参数，其输出电压 U_O 应为 43.43V，图中给出了计算公式。调整分压电路中任意一只电阻的阻值（例如 R_{15A}）都可改变额定输出电压的大小。关于光耦合器与基准电压源 TL431 的原理及应用，请参考第 3 章的相关内容。

当输出电压 U_O 升高时，经分压电阻 R_{13}、R_{14} 和 R_{15A}、R_{15B} 分压，会造成 TL431 基准端（R 引脚）电压升高，此时流过 TL431 阴极 K 的电流将增大，该电流流过 4N35 的发光二极管（1、2 引脚）使其光敏三极管的输出电流 I_C 增加，输出电流 I_C 流过 R_7 使其压降增大，该电压经 UC3842 的内部误差放大器后，会使其 1 脚（COMP）电压下降，从而减小 PWM 信号占空比，使输出电压降低。

反之，当输出电压 U_O 降低时，一系列的反馈过程会使 PWM 信号占空比增大，使输出电压升高。最终的结果是保持输出电压稳定不变。在正常状态下，TL431 的 R 引脚和 UC3842 的 FB 引脚电压值应为 2.5V。电阻 R_{12} 用于调节反馈回路的增益，电容 C_{14} 用于反馈回路的相位补偿，避免电路产生振荡。

（6）输出电流控制电路

UC3842 属于电流型（电流模式）PWM 控制芯片，其电路本身就具有电流限制功能。

根据 UC3842 的内部结构与工作特性，其电流检测引脚 CS（3 脚）电压达到 1V 时，必然关断功率开关管，这就决定了功率开关管 Q_1 的最大电流为 $1V/R_2$。调节 R_2 的大小，即可控制 Q_1 的最大电流。

由于开关电源的次级电流与初级电流呈现固定的比例关系（由初/次级匝数比决定），限定了初级电流，也就限定了次级电流。本例开关电源中 R_2 的阻值为 2.7Ω，其初级峰值电流为 $1/2.7=0.37A$。当 R_2 的阻值增大时，输出电流会减小，反之，输出电流将增大。调节 R_2 的大小即可得到所需要的输出电流值。

但是，这种输出电流控制电路采用的是峰值电流控制方式，当市电电压（输入交流电压）变化时，会造成 PWM 占空比变化。如果峰值电流保持不变，在 PWM 占空比变化时，其输出电流平均值也会发生改变。因此，这种电路的输出电流稳定度较差。但对于电池充电器而言，这样的误差不会造成不良影响。

（7）充电状态识别与转换电路

本电动车使用的是 36V/12Ah 的密封式铅酸蓄电池，其充电器有恒流充电、恒压充电和浮充电三种工作状态。如图 9-3-1 所示，充电状态识别与转换电路由电压比较器 LM393 芯片（U_4）及周边元件组成。

首先，输出电压 U_O 经电阻 R_{30} 限流降压，施加到稳压二极管 D_7 产生 +12V 的电压为 LM393 芯片等元器件供电。该电路部分需要大约 15mA 的工作电流，因此 R_{30} 取值为 $1.5k\Omega$，在稳压范围内能够提供大约 20mA 的电流。同时 R_{30} 的功率消耗较大，这里采用了额定功率为 3W 的金属氧化膜电阻。C_{13} 为 +12V 电源的滤波电容。

+12V 电压经电阻 R_{22} 和二极管 D_9 接地，在 D_9 正极产生大约 0.7V 的基准电压，该电压再经 R_{23} 和 R_{25} 分压，在电压比较器 LM393 的 2 脚和 5 脚产生大约 0.064V（64mV）的门限电压，作为充电状态识别判断的基准。

当充电器刚开始工作时，假设电池电量不足，电池电压较低，会将充电器输出电压 U_O 拉低到 43.4V 以下，此时稳压电路不能正常工作，PWM 控制器将输出最大占空比，使输出电流达到最大值（该电流大小由功率开关管 Q_1 的源极电阻 R_2 决定），充电器进入恒流充电状态。充电器的最大输出电流是按电池容量计算的，通常取值为 0.1C。本电动车使用的是 12Ah 蓄电池，充电器的最大输出电流应设定为 $0.1\times12=1.2A$。

1.2A 的充电电流流过输出电流取样电阻 R_{26}，将产生 $1.2\times0.15=0.18V$（180mV）的电压，该电压经电阻 R_{24} 施加到电压比较器 LM393 的 3 脚。因电压比较器 3 脚电压（180mV）高于 2 脚电压（64mV），比较器 1 脚将输出高电平，使三极管 Q_3 导通，充电指示灯 LED_1（红色）点亮。Q_3 的基极电流由 +12V 电压经电阻 R_{21} 和 R_{19} 提供，R_{17} 为发光二极管 LED_1 的限流电阻，可将其工作电流限制在 5mA 左右。同时，电压比较器 LM393 的 1 脚高电平电压还施加到 6 脚，使比较器 7 脚输出低电平，Q_2 和 D_8 截止，充满指示灯 LED_2 不亮。充电器将以 1.2A 的输出电流对蓄电池进行恒流充电。

随着充电时间的增加，电池电压将不断升高。当电池电压升高，使输出电压 U_O 达到 43.4V 时，稳压电路开始正常工作，充电器进入恒压充电状态，使输出电压 U_O 稳定在 43.4V。进入恒压充电状态之后，随着蓄电池充电量的不断增加，充电电流将不断的减小。

在恒压充电状态时，如果充电电流减小到一定数值，就认为蓄电池已经充满电，恒压充电过程将结束，充电器会进入浮充电状态。随着充电电流的减小，输出电流取样电阻 R_{26} 上的压降也会减小，当该电压减小到 64mV 以下时，电压比较器 3 脚电压（小于 64mV）低于

2 脚电压（64mV），比较器 1 脚将输出低电平，使三极管 Q_3 截止，充电指示灯 LED_1 熄灭。同时，电压比较器 LM393 的 1 脚低电平电压还施加到 6 脚，使比较器 7 脚输出高电平，Q_2 和 D_8 导通，充满指示灯 LED_2（绿色）点亮。充电器将结束充电，进入浮充充电状态。

充电器进入浮充充电状态之后，由于 D_8 导通，将电阻 R_{27} 和 R_{28} 接到了电压取样电路。此时流过电阻 R_{27} 和 R_{28} 的电流会使充电器输出电压降低，调节 R_{28} 的阻值即可改变浮充充电时的输出电压。按照图中的参数，浮充充电输出电压约为 41V。

铅酸蓄电池充电时通常需要均衡充电过程（简称均充），此时电池单体充电电压约为 2.4V，称其为均充电压。按照这个参数计算，本实例蓄电池的均充电压应为 2.4×18＝43.2V（额定电压为 36V 的蓄电池含有 18 个串联的单体电池单元）。当均充结束的时候，需要切换到浮充充电状态，此时电池单体充电电压约为 2.25V，称其为浮充电压。本实例蓄电池的浮充电压应为 2.25×18＝40.5V。按照图 9-3-1 所示的电路参数，充电状态转换点对应的充电电流值应为 0.064/0.15＝0.43A。调节 R_{25} 的电阻值，即可改变转换点对应的电流值。

为了防止市电断电时蓄电池电流倒灌进充电器，在充电器的输出电压 U_O 端与电池插座正极 OUT＋端之间加入了隔离二极管 D_{10}，其型号为 6A10，参数为 6A/1000V。由于隔离二极管 D_{10} 存在约 0.7V 的正向压降，蓄电池的实际充电电压要比充电器输出电压 U_O 低 0.7V 左右。需要调节充电器输出电压时，可以调节 R_{15A}（均充电压调节）和 R_{28}（浮充电压调节）的电阻值。

9.4 20W 多路输出辅助电源

在众多的电气设备及家用电器中，有许多控制电路部分，这些电路往往需要多种供电压，但总功率需求一般不超过 30W。通常将这些控制电路的电源称为辅助电源，它们的特点是功率小，输出电压多路，以便给不同的控制电路供电。本节介绍一种 20W 多路输出辅助电源，详细分析其电路结构与工作原理，供读者设计制作、维修维护类似电源时参考。

（1）总体结构与工作原理

一种 20W 多路输出辅助电源原理如图 9-4-1 所示。可以看出，该电路采用了反激式拓扑结构，输入端加入了简易的 EMI 滤波器，主体控制芯片为 VIPer22A（U_1），输出电压控制由 TL431 芯片（U_2）等组成，并由光耦 PC817A（U_3）实现了控制信号的电气隔离。该电源共有 3 组输出电压，其中 5V 和 12V 公共地在 GND 端；8V 电压为独立电源，电源负极端为 GND2，该电压端子与输入端（市电）及 5V 和 12V 电压端子电气隔离。5V 电源的输出电流为 2A，12V 电源的输出电流为 0.5A，8V 电源的输出电流为 0.5A，整机额定输出功率为 20W。后文将详细介绍各部分电路的参数选择及工作原理。

（2）输入整流滤波与 EMI 滤波电路

输入（市电）整流滤波（市电）电路由整流桥 BR_1 和电容 C_1 组成。整流桥参数为 1A/600V，滤波电容采用了 $68\mu F/400V$ 的铝电解电容器。输入整流滤波之前，还加入了简易的 EMI 滤波器。其中 L_1 为共模滤波电感，C_8 为差模滤波容（也称为 X 电容）。电源输入端还串联了额定电流为 1.0A 的保险丝（F_1），在电源内部出现故障时，能够起到短路保护作用。此外，初级地与次级地（GND）之间还接有电容 C_7（也称为 Y 电容），该电容有降低电磁干扰的作用。

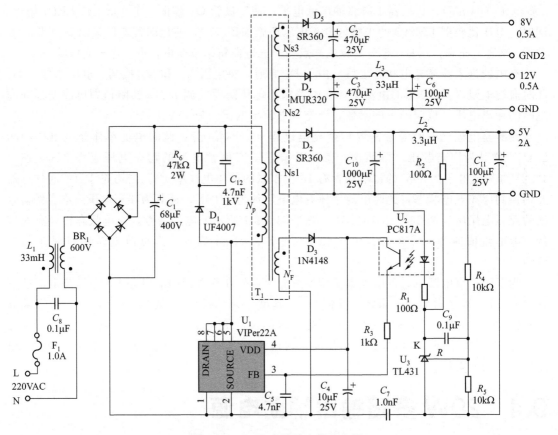

图 9-4-1　20W 多路输出辅助电源

（3）功率变换与 PWM 控制电路

如图 9-4-1 所示，功率变换电路由高频变压器 T_1、单片开关电源芯片 U_1 和输出整流管 D_2、D_4、D_5 等组成，这些元件构成了典型的多路输出反激式变换器，其绕组极性（同名端）如图 9-4-1 所示。高频变压器初级绕组 N_P 连接在滤波电容 C_1 的正极与开关电源芯片 U_1 的漏极引脚（DRAIN）之间。R_6、C_{12} 和 D_1 组成 RCD 型吸收回路，用于抑制高频变压器漏感造成的尖峰电压。其中，R_6 为阻值 47kΩ，额定功率为 2W 的金属氧化膜电阻。D_1 为 UF4007 型超快恢复二极管，其参数为 1A/1000V，反向恢复时间 t_{rr} 仅为 75ns。C_{12} 为容量 4.7nF，额定电压为 1kV 的高压型陶瓷电容。

高频变压器 T_1 的次级绕组 N_{S1} 感应电压经 D_2 整流、C_{10} 滤波后产生 +5V 输出电压，该电压经过磁珠电感 L_2 和电容 C_{11} 滤除高频噪声后，连接到 5V 输出端。D_2 采用了 SR360 型肖特基二极管，其参数为 3A/60V。次级绕组 N_{S2} 与 N_{S1} 串联后经 D_4 整流、C_3 滤波，产生 +12V 输出电压，该电压经过磁珠电感 L_3 和电容 C_6 滤除高频噪声后，连接到 12V 输出端。D_4 采用了 MUR320 型超快恢复二极管，其参数为 3A/200V，反向恢复时间 t_{rr} 为 35ns。次级绕组 N_{S3} 感应电压经 D_5 整流、C_2 滤波后产生 +8V 输出电压连接到 8V 输出端。D_5 也采用了 SR360 型肖特基二极管。

T_1 的辅助绕组 N_F 感应电压经 D_3 整流、C_4 滤波后产生 +12V 的直流电压，为开关电源芯片 U_1 供电。本电源使用了单片开关电源芯片 VIPer22A（U_1），该芯片将 PWM 控制电路和功率开关管集成在一个芯片中，其外围电路非常简单，有效降低了开关电源的设计难度和制造成本，在各种电器设备的辅助电源中应用非常广泛。

VIPer22A 的 PWM 信号占空比是通过其反馈引脚 FB（3 脚）控制的，流入该引脚的电流 I_{FB} 越大，其 PWM 信号占空比 D 就越小。当 I_{FB} 达到 0.9mA（典型值）时，VIPer22A 将进入关断（shutdown）状态。I_{FB} 的最大电流值不能超过 3mA，否则会造成芯片损坏。关于 VIPer22A 的详细工作原理，请参考第 8 章的相关内容。

（4）输出电压控制电路

输出电压控制电路由 TL431（U_3）、PC817A（U_2）及周边元件组成。如图 9-4-1 所示，输出电压取样电路设置在输出功率最大的 +5V 电压端，电阻 R_4 和 R_5 组成电阻分压取样电路，基准电压源 TL431 构成误差放大器，光耦合器 PC817A 将输出电压反馈信号电气隔离，并传输到 VIPer22A 的 3 脚（反馈引脚 FB）。按照图中的参数，其输出电压 U_O 应为 5.0V，调整分压电阻的阻值（例如 R_5）即可改变额定输出电压的大小。关于光耦合器与基准电压源 TL431 的原理及应用，请参考第 3 章的相关内容。电阻 R_2 为 TL431 芯片提供偏置电流，电阻 R_1 用于调节反馈回路的增益，电容 C_9 用于反馈环路的相位补偿，避免电路产生振荡。

当输出电压升高时，经电阻 R_4 和 R_5 分压，会造成 TL431 基准端（R 引脚）电压升高，此时流过 TL431 阴极 K 的电流将增大，该电流流过 PC817A 的发光二极管，使其光敏三极管的输出电流 I_C 增加，输出电流 I_C 经过 R_3 流入 VIPer22A 的反馈引脚 FB，从而减小 PWM 信号占空比，使输出电压降低。反之，当输出电压降低时，一系列的反馈过程会使 PWM 信号占空比增大，使输出电压升高。最终的结果是保持输出电压稳定不变。电阻 R_3 和电容 C_5 用于反馈环路的相位补偿。

VIPer22A 属于电流模式 PWM 控制方式，其电路本身就具有电流限制功能。当流入 VIPer22A 反馈引脚 FB 的电流为 0 时，其内部功率开关管的电流值达到最大。此时可以得到最大的输出功率值。

（5）高频变压器设计

高频变压器 T_1 的绕组结构如图 9-4-2 所示。变压器采用 EC35 型铁氧体磁心绕制，初级绕组 N_P 采用直径 0.3mm 漆包线绕 77T（匝）；次级绕组 N_{S1} 采用直径 0.5mm 漆包线 4 线并绕 4T（匝）；次级绕组 N_{S2} 采用直径 0.5mm 漆包线双线并绕 5T（匝），并与 N_{S1} 串联，使 12V 电压等效绕组匝数为 9T（匝）；次级绕组 N_{S3} 采用直径 0.5mm 漆包线双线并绕 6T（匝）；辅助绕组 N_F 采用直径 0.3mm 漆包线绕 9T（匝）。变压器装配

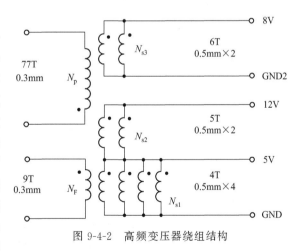

图 9-4-2　高频变压器绕组结构

时需要留出 0.28mm 的气隙，使初级绕组 N_P 的电感量为 2.56mH。

本电源输出电压取样电路来自 +5V 输出电压端，因此 +5V 电压具有最好的电压调整率和负载调整率。次级绕组 N_{S2} 与 N_{S1} 串联，可以增加 +12V 输出电压与 +5V 输出电压耦合程度，这样可使 +12V 输出电压调整率提高。由于 +12V 输出电流需要流过绕组 N_{S1}，此时 N_{S1} 绕组电流为 +5V 输出和 +12V 输出电流的总和。因此次级绕组 N_{S1} 采用 4 线并绕，以便得到足够的输出电流。

第10章
功率因数校正
（PFC）电路

功率因数校正的问题由来已久，早期的功率因数校正主要针对的是电感性负载，例如异步电动机和传统日光灯。这类负载电路的功率因数校正是通过并联合适容量的电容器来实现的。20世纪80年代以来，由于电力电子技术的飞速发展，相控整流和二极管整流设备的大量使用，使电网电流波形发生了严重畸变。这不但降低了系统的功率因数，还引起了严重的谐波污染，并给周边的其他电子设备造成了较大的电磁干扰（EMI），而且情况日趋严重。针对这种情况，许多国家都已制定了限制谐波分量的相关标准，我国政府也给出了限制谐波的有关规定。本章讲解开关电源的功率因数问题，以及提高功率因数方法。

10.1 功率因数的基本概念

（1）功率因数的定义

在交流电力系统中，电网被称为电源，各种用电器被称为负载。功率因数（Power Factor，简称PF），也称功率因子，是交流电力系统中特有的物理量，其定义为负载所消耗的有功功率与其视在功率的比值，其数值范围在0~1之间。有功功率代表电路在特定时间内做功的能力，用P来表示，其单位是瓦特（W）；视在功率是交流电压有效值和交流电流有效值的乘积，用S来表示，其单位是伏安（VA）。因此功率因数（PF）的表达式为：

$$PF = \frac{P}{S}$$

(10-1-1)

（2）线性负载的功率因数

在交流电力系统中，如果用电设备是由电阻、电感及电容等线性元件组成的，我们称其为线性负载。对于线性负载，其电压和电流波形是相同的，均为正弦波。如果用电设备呈现纯电阻特性，我们称其为纯电阻负载。典型的纯电阻负载是电阻炉和白炽灯（已在淘汰过程中）。纯电阻负载的电压/电流波形如图10-1-1所示。

从图中可以看出，纯电阻负载的电压u与电流i相位差为零。纯电阻负载的视在功率和有功功率相等，其功率因数为1。

除了电阻炉和白炽灯等纯电阻负载以外，由于电力变压器、异步电动机、传统日光灯和高压钠灯的大量使用，实际电路的负载呈现出电感特性，称之为电感性负载，简称感性负载。电感性负载的电压/电流波形如图 10-1-2 所示。

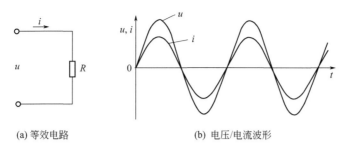

(a) 等效电路   (b) 电压/电流波形

图 10-1-1 纯电阻负载的电压/电流波形

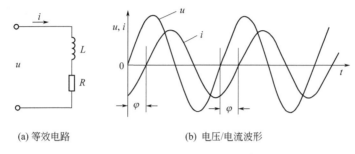

(a) 等效电路   (b) 电压/电流波形

图 10-1-2 电感性负载的电压/电流波形

其中，图（a）为等效电路，电感性负载可以等效为电感 L 与电阻 R 的串联；图（b）为电压和电流的波形。可以看出，感性负载的电流波形滞后电压波形一定的相位（φ）。线性负载的有功功率和视在功率与其电压 u 与电流 i 的相位差（φ）成余弦关系，有公式为：

$$P = S\cos\varphi = UI\cos\varphi \qquad (10\text{-}1\text{-}2)$$

式中，$S=UI$，U 为负载电压有效值，V；I 为负载电流有效值，A。因此，线性负载的功率因数又可表示为：

$$PF = \frac{P}{S} = \frac{UI\cos\varphi}{UI} = \cos\varphi \qquad (10\text{-}1\text{-}3)$$

因为线性负载的功率因数变化是由电压和电流的相位差引起的，因此，$\cos\varphi$ 也叫相移（或者"位移"）功率因数（Displacement Power Factor，简称 DPF），这也是我们通常使用的功率因数计算公式。传统日光灯是典型的电感性负载，其功率因数为 $0.35\sim0.55$，图 10-1-2(b) 所示的电压和电流相位差为 $60°$，对应的功率因数为 0.5。

在电感、电容及电阻组成的线性负载中，电网传输的能量并没有全部被负载消耗，通常会在负载端与电源端往复流动，使得有功功率下降，对应的功率因数会小于 1。功率因数在一定程度上反映了电网容量被利用的比例，是合理用电的重要指标之一。

（3）开关电源的功率因数

若负载中含有电感、电容及电阻以外的非线性元件，例如半导体二极管，会使得输入电流的波形产生扭曲。含有非线性元件的负载被称为非线性负载。传统的开关电源是典型的非线性负载之一，现代日光灯使用的电子镇流器也属于开关电源。非线性负载也会使视在功率大于有功功率，这种情形对应的功率因数也会小于 1。

未经过功率因数校正的开关电源（例如普通节能灯及电子镇流器），其输入端是典型的桥式整流，电容滤波结构。这样的结构还广泛用于早期的个人电脑（PC）主机、CRT 电视机及电脑显示器的开关电源中。对电网来说，这类开关电源被称为整流器负载。如果不加说明，本书所提到的开关电源是指不带功率因数校正的开关电源，即整流器负载。

开关电源（整流器负载）的输入电路结构及电压/电流波形如图 10-1-3 所示：其中，图（a）为等效电路，4 只整流二极管构成桥式整流电路，C 为滤波电容，R 为等效负载电阻。图（b）为交流输入端电压 u 和电流 i 的波形。

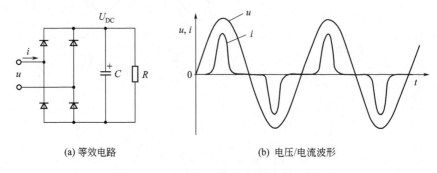

(a) 等效电路　　　　　　　　　(b) 电压/电流波形

图 10-1-3　开关电源的输入电压/电流波形

可以看出，开关电源的输入电流 i 已经不是正弦波的形状，而是间断的脉冲波形（也称为畸变波形）。这是因为滤波电容 C 上存在较高的直流电压 U_{DC}，当电网的正弦波电压达到 U_{DC} 之前，整流二极管处于反向阻断状态，输入端的电流 $i=0$；当正弦波电压达到 U_{DC} 电压之后，整流二极管开始导通，并迅速产生较大的脉冲电流。该脉冲电流为滤波电容 C 充电，并给负载电阻 R 供电，电容电压开始上升。脉冲电流的最大值出现在正弦波电压 u 的峰值时刻，然后便开始下降。随着正弦波电压的下降，正弦波电压小于 U_{DC} 电压之后，整流二极管又进入反向阻断状态，输入端的电流又变为零。在正弦波电压 u 低于 U_{DC} 的期间，滤波电容 C 为负载电阻 R 供电，形成放电电流，使 U_{DC} 缓慢下降，并在下一个半波重复上述过程。

此外，由于电容电压不能突变，在整流二极管导通期间，输入电压被嵌位在电容电压 U_{DC}，不再按正弦规律变化。相比正弦波电压有所降低，形成电压凹陷，使电网电压波形也产生失真。

由此可见，开关电源的输入电流是以谐波失真为主的非线性脉冲波，不能简单的按相位差来计算功率因数。因此，公式（10-1-3）不能用于开关电源功率因数的计算。

开关电源的输入电流中，除了电网的频率（基波，即一次谐波）成分之外，还有许多高频的谐波电流成分，并且以奇次谐波为主。相对正弦波而言，该波形被称为畸变波形。图 10-1-4 给出了两种电流波形及谐波成分的对比。

其中，图（a）上面是开关电源的输入电流波形，下面是该电流波形的谐波成分。可以看出，该波形主要由 1、3、5、7、9 等奇次谐波成分组成。这也是整流器负载的典型输入电流波形。图（b）上面是线性负载的输入电流波形，下面是该电流波形的谐波成分。可见，线性负载的电流波形非常接近正弦波。该波形主要由 1 次谐波（基频，即电网频率）构成，由于电网电压的波形失真，波形中含有少量的 3、5、7、9 次谐波成分。

图中，谐波成分的相对幅度是按 1 次谐波幅度为 100% 绘制的，其他谐波幅度的大小直接反映出了波形的畸变（失真）程度。显然，越接近正弦波，其波形的失真度就越小。

波形的畸变程度常用总谐波失真（Total Harmonic Distortion，THD）来表示。THD

的定义如下：

$$\mathrm{THD}=\sqrt{\sum_{P=2}^{\infty}\frac{I_P^2}{I_1^2}}\times100\%\qquad(10\text{-}1\text{-}4)$$

式中，I_1 为基波电流的有效值；I_P 为高频谐波电流的有效值。

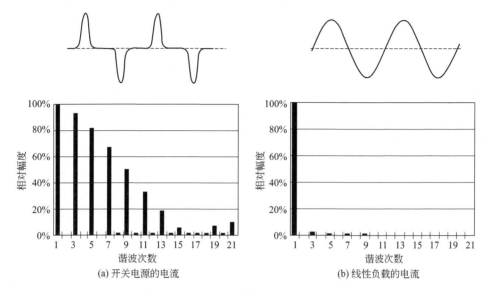

(a) 开关电源的电流 (b) 线性负载的电流

图 10-1-4　两种电流波形及谐波成分对比

按照式(10-1-4) 计算，图 10-1-4(a) 波形的 THD 将高达 130%以上；而图(b) 波形的 THD 在 5%以下。

电流波形的畸变同样会带来功率因数的降低。对开关电源来说，其功率因数主要取决于电流波形的畸变程度，即 THD。因此，开关电源的功率因数也称为畸变功率因数 (Distortion Power Factor)。畸变功率因数 PF 与 THD 的关系如下：

$$\mathrm{PF}=\frac{P}{S}=\sqrt{\frac{1}{1+\mathrm{THD}^2}}\qquad(10\text{-}1\text{-}5)$$

按照式(10-1-5) 计算，当 THD 为 10%时，功率因数可达 0.995。图 10-1-4(a) 波形对应的功率因数约为 0.6，这也是传统开关电源（整流器负载）的典型功率因数值；而图 10-1-4(b) 波形对应的功率因数将达到 0.998 以上，接近为 1。

在安森美（ON Semiconductor）公司的功率因数校正（PFC）手册中，畸变功率因数也用 $\cos\theta$ 来表示。当电网中同时存在电感性（或电容性）负载和开关电源时，总的功率因数将是视在功率 S、$\cos\varphi$ 和 $\cos\theta$ 三者的乘积。对于这种情况，本书不做进一步的讨论。

（4）低功率因数的危害

对电力系统（电网）来说，如果负载的功率因数较低，要产生相同输出功率，所需要的输入电流就会增大。当输入电流增大时，电网的能量损失就会增加，而且输电线路及相关电力设备的容量也要随之增加。

例如，某开关电源的输出规格为 48V/50A，则其输出功率为 48×50＝2400W。若电源的总体效率按 80%计算，则输入有功功率 $P=2400/0.8=3000$W。如果该电源的功率因数 PF＝1，按照式(10-1-5) 计算，其视在功率 S 是 3000V·A。若输入电压为 220V，则输入电流有效值为 $I=3000/220=13.6$A；如果其功率因数 PF＝0.6，则视在功率 $S=3000/$

$0.6=5000\text{V}\cdot\text{A}$，相同情况下的输入电流有效值为 $I=5000/220=22.7\text{A}$。前者可以按照 15A 的电流容量为开关电源选择空气开关、电源插座及电源线的截面积等，后者就要按照 25A 的容量去选择了。但对输出功率而言，两者同为 2400W。因此，低功率因数主要影响电网及相关电力设备的利用率。电力公司（供电局）为了减小因此产生的设备投入及线路损失的成本，一般会对功率因数较低的工商业用户以较高的电费费率来计算电费。

此外，畸变的电流波形含有许多高次谐波分量，会产生很大的电磁干扰，还会造成电网电压波形的失真，可能会影响其周边其他电器设备的正常运行。在三相四线制的电力系统中，畸变的电流波形使其中性线电流不再为零，可能会有中性线负载过大的问题。当电流谐波分量较高时，还可能会引起过电压和过电流保护等继电保护装置的误动作。谐波分量产生的电磁干扰还会对通信设备及通信质量产生影响。

对开关电源本身而言，在相同的输出功率情况下，功率因数越低，其输入电流的有效值就越大，该电流会造成输入整流桥的损耗增加，影响电源本身的效率。畸变的输入电流峰值很大，会对滤波电容产生很大的冲击，增加其等效串联（ESR）的损耗，降低其使用寿命。

此外，为了减小畸变电流中的高次谐波对电网中其他电器设备的电磁干扰，满足电磁兼容性（EMC）的要求，还需要在开关电源的输入端增加电磁干扰（EMI）滤波器，这也增加了开关电源的成本和设计难度。

（5）功率因数的校正

功率因数校正（Power Factor Correction，PFC）是通过降低视在功率 S 的方法，使视在功率 S 与有功功率 P 的数值接近，让负载的功率因数值接近于1，以便减小负载的电流有效值，提高相关供电设备的利用率。良好的功率因数值还能减少供电系统中的电压损失，使负载电压更稳定，从而改善供电线路的质量。对于电感性负载（如传统日光灯）的功率因数校正，可采用在电源端并联补偿电容器的方法，这也是大家所熟知的方法，本书不做讨论。

在开关电源电路中，功率因数校正就是设法使电源的输入电流波形变为正弦波，并且与输入电压相位保持一致，以便减小或者消除因电流波形畸变对电网、周边电器设备及开关电源本身的影响。为了提升功率因数，欧盟对开关电源的谐波电流有明确的限制标准。若要符合现行欧盟标准 EN61000-3-2，所有输出功率大于 75W 的开关电源至少要具有被动功率因数校正（Passive PFC）机能。而由美国能源署出台的"80PLUS"开关电源认证中，要求功率因数必须到达 0.9 以上的水平。

开关电源的功率因数校正分为有源和无源两种方法。无源 PFC 电路结构简单，采用无源分立元件组成，成本低廉，但校正的效果较差，校正后的功率因数一般仅为 $0.7\sim0.9$，难以满足各种认证标准（如"80PLUS"）的要求。有源 PFC 电路则采用专用的 PFC 控制芯片，电路复杂，成本较高，但校正的效果很好，其校正后的功率因数能达到 $0.95\sim0.99$，能够满足所有认证标准的要求。有源 PFC 电路是目前功率因数校正的发展方向，并已开始广泛的应用。

10.2　无源功率因数校正电路

无源功率因数校正也被称为"被动 PFC（Passive PFC）"，主要用于对功率因数要求不太高的场所。常见的无源 PFC 电路有串联工频电感器和"填谷式"两种，其共同的特点是结构简单，易于实现。

(1) 串联工频电感器的 PFC 电路

串联工频电感器的 PFC 电路也被称为"电感补偿式"PFC 电路,其电路原理及相关波形如图 10-2-1 所示。

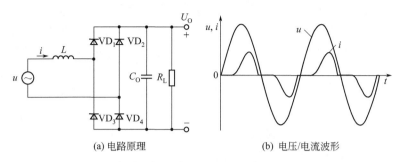

(a) 电路原理   (b) 电压/电流波形

图 10-2-1   串联工频电感器的 PFC 电路及电压/电流波形

其中,图(a)是电路原理。可以看出,在开关电源的整流桥之前串联一只工频电感器 L,就起到了功率因数校正的作用。图(b)为交流输入电压和电流的波形。该电路的工作原理是电感 L 和滤波电容 C_O 组成了简单的 LC 滤波器。对比图 10-1-3(b)中的电流波形就可以看出,L 与 C_O 的组合使用增加了整流二极管的导通角,同时也降低了整流二极管的峰值电流,使电流波形的谐波成分明显降低,从而提高了功率因数。

串联工频电感器虽然能够提高功率因数,但因工频电感器体积较大,并且笨重和昂贵,其自身的损耗也降低了电源的效率,而且功率因数通常只能达到 0.7~0.8。为了保证功率因数的补偿效果,当输入交流电压在较宽范围变化时,还需要使用额外的继电器来选择适当的电感器抽头,以便得到不同的电感量。可见,这种解决方案并不理想。

(2)"填谷式"PFC 电路

"填谷式(Valley Fill)"PFC 电路是一种新型无源功率因数校正电路,它是通过填平谷点,把输入电流从尖峰脉冲变为接近于正弦波的波形,可将功率因数提高到 0.9 左右,能显著降低总谐波失真。与传统的电感式无源功率因数校正电路相比,其优势是摆脱了体积庞大而沉重的工频电感器,电路也很简单,最重要的是 PFC 效果显著。"填谷式"PFC 电路原理及电压/电流波形如图 10-2-2 所示。

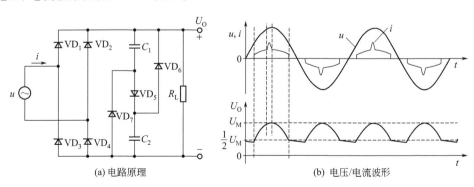

(a) 电路原理   (b) 电压/电流波形

图 10-2-2   "填谷式"PFC 电路及电压/电流波形

其中,图(a)是电路原理。图(b)为交流输入电压/电流和直流输出电压的波形。由图(a)可以看出,该 PFC 电路由三只二极管(VD$_5$~VD$_7$)和两只容量相同的电容(C_1 和 C_2)组成。其工作原理如下:

当电路处于正常工作（非初次上电）状态时，由于电容 C_1 和 C_2 容量相同，其直流电压均为 $U_M/2$。当交流输入电压 u 的正半周按正弦规律由 0 变化到 $U_M/2$ 之前，整流二极管（$VD_1 \sim VD_4$）均不导通，由图（b）可以看出，此时交流输入电流为 0。当交流电压 u 上升到 $U_M/2$ 之后，VD_1 和 VD_4 导通，开始产生按正弦规律变化的交流电流 i 为负载 R_L 供电。同时，输出电压 U_O 也开始按正弦规律上升。当 u 上升到接近 U_M 的时候，二极管 VD_5 导通，产生额外的尖峰电流为 C_1 和 C_2 充电。充电过程维持到 u 达到 U_M 的时刻。因 $C_1 = C_2$，故 C_1 和 C_2 上的电压相同，均为 $U_M/2$。然后，随着 u 的下降，二极管 VD_5 截止，输入电流 i 和输出电压 U_O 也按正弦规律下降。当交流电压 u 下降到 $U_M/2$ 之后，VD_1 和 VD_4 截止，输入电流 i 变为 0。此时，二极管 VD_6 和 VD_7 导通，电容 C_1 通过二极管 VD_7 和负载 R_L 放电；电容 C_2 通过二极管 VD_6 和负载 R_L 放电。相当于 C_1 和 C_2 并联为负载 R_L 供电。随着 C_1 和 C_2 的放电，当其电压略低于 $U_M/2$ 时，交流输入电压 u 的负半周又按正弦规律由 0 变化到 $U_M/2$。此时，整流二极管 VD_2 和 VD_3 导通，出现与正半周类似的过程。

从图 10-2-2（b）可以看出，采用"填谷式"PFC 电路取代单只电容滤波，整流二极管导通角将增大到 120°（从 30°～150°），交流输入电流波形也会变得平滑一些。PI（Power Integrations）公司的"使用填谷式电流修整电路的低成本可调光 LED 镇流器"文档（di171CN）中提到，"填谷式"PFC 电路的功率因数可达到 0.92 以上。

由于"填谷式"PFC 电路的直流输出电压 U_O 的纹波很大，为 $U_M/2$，供电质量较差。其电流谐波成分仍然较高，无法达到欧盟标准 EN61000-3-2 中对 D 类电器谐波电流的要求。因此，该电路只能用于对谐波电流要求不高的低功率（小于 15W）照明应用，对于其他应用领域，采用 BoostPFC 配置的有源 PFC 架构才是最佳选择。

10.3　有源功率因数校正电路

有源功率因数校正也被称为"主动 PFC（ActivePFC）"，主要用于对功率因数要求较高及功率较大的场所。有源 PFC 电路相当复杂，但其功率因数校正效果也非常显著，可达 0.95～0.99，输入电流总谐波失真（THD）能够小于 5%。随着半导体技术的发展，各大半导体公司推出了众多的有源 PFC 专用控制芯片，为该技术的应用奠定了基础。有源 PFC 电路越来越多地被用于荧光灯和高压钠灯的电子镇流器、LED 照明电源、高端 AC-DC 适配器/充电器和彩电、台式 PC 及各种服务器的开关电源前端，以便符合 IEC1000-3-2、EN61000-3-2 和"80PLUS"等标准的要求。

有源 PFC 技术可以采用多种拓扑结构，按其电感电流的控制方式来分，主要有电流断续模式（DCM）、电流连续模式（CCM）和介于二者之间的电流临界模式（CRM）。每种模式都有其自身的优点，下面将分别介绍其工作原理及应用领域。

（1）有源 PFC 电路的拓扑结构

有源 PFC 电路的拓扑结构主要有升压式变换器（Boost converter）、降压式变换器（Buck converter）和升降压式变换器（Buck-boost converter）三种。其中，采用升压式变换器结构的 PFC 电路占主导地位，通常称之为 BoostPFC 电路。本书以 BoostPFC 电路为例，讨论有源 PFC 电路的拓扑结构、工作原理及应用实例。

有源 PFC 电路的拓扑结构如图 10-3-1 所示。其中，升压电感 L、功率开关管 VT、升压二极管 VD 和输出电容 C_O 组成了典型的升压式变换器。交流电压 u 经过整流桥 BR 整流，C_{IN} 滤波变为直流电压 U_{IN}。同一般的整流滤波电路不同，这里的输入滤波电容 C_{IN} 容量很小（一般为 $1\mu F$ 左右），仅对高频电流有滤波效果，对工频电流几乎没有滤波作用。因此，直流电压 U_{IN} 的波形为图中所示的全波整流后的脉动直流。输出电压 U_O 经 R_5、R_6 分压取样，形成直流反馈电压 U_{dc}，该电压加到误差放大器 E/A 的反相输入端，与同相输入端的基准电压 U_{REF} 比较，进行误差放大，以便稳定输出电压。为了满足宽电压范围的应用，输出电压 U_O 要略高于最大交流输入时的峰值电压。例如，电网电压为 270V 时，峰值电压可达 382V。因此，PFC 电路的输出电压一般选取 390～400V。

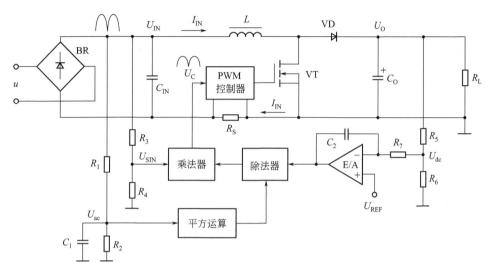

图 10-3-1　有源 PFC 电路的拓扑结构

　　输入直流电压 U_{IN} 经 R_3、R_4 分压取样，形成正弦全波整流波形的基准电压 U_{SIN}。该电压经过乘法器产生控制电压 U_C 加到 PWM 控制器的输入端，U_C 的波形与输入直流电压 U_{IN} 完全相同。输入电流 I_{IN} 流过电流取样电阻 R_S 产生电流取样信号，该信号与控制电压 U_C 比较，实时改变 PWM 控制器的输出信号占空比，其目的是让输入电流 I_{IN} 的平均值按控制电压 U_C 的形状变化。也就是说让输入电流波形完全按照输入电压波形的正弦规律变化，即实现电压和电流的同波形、同频率及同相位，以便实现功率因数校正。对输入电流 I_{IN} 的控制方式将在后面详细介绍。

　　输入直流电压 U_{IN} 经 R_1、R_2 分压取样，再经 C_1 滤波，得到与输入交流电压成正比关系的 U_{ac}，该电压经平方运算加到除法器中，用于调整稳压控制环路的增益，以便在 90V～260V 的输入电压范围内，均能保证控制环路稳定及最佳的 PFC 效果。

　　某开关电源在输出功率相同时，功率因数校正前后的输入电压及电流波形对比如图 10-3-2 所示。其中，图(a) 是功率因数校正前的电压及电流波形。图(b) 为功率因数校正后的电压及电流波形。由图(a) 可以看出，功率因数校正前的电流波形为很窄的脉冲形状，其电流峰值达 4.2A，该电流仅在正弦电压波形峰值时间出现，其他时间电流为零。由图(b) 可以看出，功率因数校正后的电流波形几乎为标准的正弦形状，并且与电压波形相位相同，其电流峰值也减小到 2.8A。通过图 10-3-2 所示的波形对比，可以看出：在输出功率相同的情况下，功率因数校正后的输入电流的峰值明显降低，说明其有效值变小，使视在功率下降，从而提高了功率因数值。

　　由此可见，有源 PFC 电路的校正效果非常显著，校正后的电压及电流波形几乎与纯电阻负载相同,其功率因数可达 0.99 以上,能够完全满足欧盟、IEC、美国能源署等各种相关标准的要求,也是当今 PFC 电路的最佳选择。

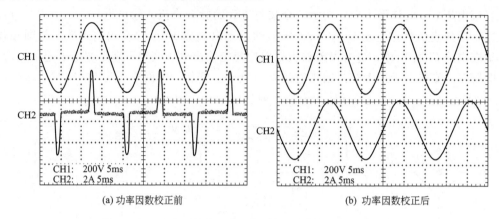

(a) 功率因数校正前   (b) 功率因数校正后

图 10-3-2　功率因数校正前后的输入电压及电流波形对比图

（2）电流断续模式（DCM）的 PFC 电路

电流断续模式,也称断续导电模式（Discontinuous Conduction Mode,DCM）,主要用于功率小于 100W 的场合,其电感的电流波形如图 10-3-3 所示。可以看出,工作于 DCM 的 PFC 电路的电感电流是不连续的,其电感电流在每个开关周期结束之前均下降到零,但电感的平均电流呈现正弦波的形状。多数固定开关频率的 PFC 控制器 IC 都可以工作在 DCM,但这些控制器还可以工作在其他模式。例如：NCP1650 和 NCP1653 还可以工作在 CCM; NCP1601 和 NCP1605 还可以工作在 CRM。

由于 DCM 的 PFC 电路的功率开关管是在零电流时开通的,因此具有较低的开通损耗。另外,DCM 需要的升压电感量较小,可用外形尺寸较小的电感器。但是,工作在 DCM 的 PFC 电路具有很大的峰值电流,相对于其他模式,其输入电流畸变更大,功率因数较低,电磁干扰较大。为了达到更好的峰值电流滤波效果,将需要一个体积更大的滤波器。

纯粹的 DCM 电路近几年已经很少使用了,现在 DCM 只是出现在电感电流的某些阶段。例如：由 NCP1601 或 NCP1605 构成的 PFC 电路,其电感电流在正弦周期内的跳变波形如图 10-3-4 所示。可以看出,电感的平均电流呈现正弦波（半波）的形状。在正弦波的过零点附近,电感电流是不连续的,即工作于 DCM;在正弦波的峰值点附近,电感电流处于临界状态,即工作于 CRM。

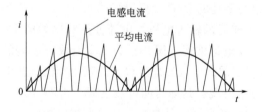

图 10-3-3　DCM 的电感电流波形

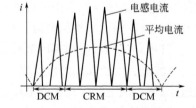

图 10-3-4　DCM 与 CRM 在正弦周期内的跳变波形

（3）电流临界模式（CRM）的 PFC 电路

电流临界模式,也称临界导电模式（Critical Conduction Mode,简称 CRM 或 CrCM）,是在 DCM 的基础上改进而来的,是近几年非常流行的 PFC 解决方案之一。TI（Texas Instruments）公司和 ST（STMicroelectronics）公司将这种模式叫做过渡模式（Transition Mode，简称 TM）。飞兆（Fairchild，旧称仙童）半导体公司还将这种模式叫做分界模式（Boundary Conduction Mode，简称 BCM）。CRM 的 PFC 电路基本原理如图 10-3-5 所示。

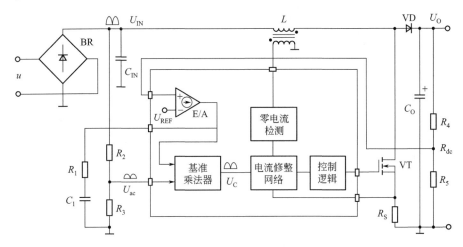

图 10-3-5　CRM 的 PFC 电路基本原理

其中，升压电感 L、功率开关管 VT、升压二极管 VD 和电容 C_O 组成了典型的升压式变换器。交流电压 u 经过整流桥 BR 整流、C_{IN} 滤波变为全波整流后的正弦脉动直流电压 U_{IN}（C_{IN} 容量很小，对工频电流几乎没有滤波作用）。U_{IN} 经 R_2、R_3 分压取样，形成正弦全波整流波形的基准电压 U_{ac}，该电压作为电流波形的基准信号。输出电压 U_O 经 R_4、R_5 分压取样，形成直流反馈电压 U_{dc}，该电压加到误差放大器 E/A 的同相输入端，与反相输入端的基准电压 U_{REF} 比较，进行误差放大。R_1 和 C_1 为误差放大器 E/A 的环路补偿网络。E/A 的输出通过基准乘法器将基准电压 U_{ac} 变为大小可变的控制电压 U_C，以便稳定输出电

压。取样电阻 R_S 对电感电流进行检测，并与控制电压 U_C 比较，通过电流修整网络和控制逻辑实时改变功率开关管 VT 工作频率，使电感的平均电流呈正弦全波整流形状。与图 10-3-1 所示的电路不同，这里的升压电感增加了一个辅助绕组（如图中所示），用于检测电感的电流，配合控制电路（通常在控制 IC 内部）中的零电流检测电路，实现 CRM 的控制方式。

CRM 的电感电流波形如图 10-3-6 所示，图中示出了控制电压 U_C、电感电流、平均电流和功率开关管 VT 的工作波形。控制电压 U_C 与正弦全波整流波形相同（图中仅画出了半波），其幅度会随

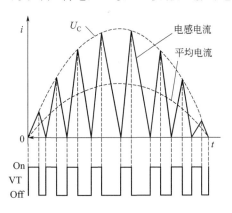

图 10-3-6　CRM 的电感电流波形

着 PFC 电路的负载大小改变。当功率开关管 VT 开通时，电感电流开始上升，此时的电感电流由取样电阻 R_S 检测。当电感峰值电流达到控制电压 U_C 的时候，VT 关断。VT 关断后电感电流通过升压二极管 VD 流向输出电容 C_O 和负载，并开始下降，此时的电感电流由辅助绕组检测。当电感电流下降到零的时刻，辅助绕组的感应电压变为零，零电流检测电路发出控制信号，使功率开关管 VT 再次开通。由于控制电压 U_C 是按正弦波形变化的，因此在

半个正弦周期中电感峰值电流也按正弦波形变化，电感电流的平均值也呈现正弦全波整流形状，从而实现 PFC。可见，CRM 的开关频率必须是可变的。

CRM 的 PFC 电路具有 DCM 的全部优点，电路功率因数可达 0.99 以上，其功率范围多在 50～500W 之间，涵盖了小到节能灯、LED 照明，大到平板电视机、PC 机电源的大多数应用领域。此类 PFC 控制电路 IC 型号众多，常见的有 L6561/L6562、MC34262/MC33262、NCP1607、FAN7930C、FAN6961、UC3852、UCC38050 和 UCC38051 等。这些控制器多数只有 8 个引脚，外围电路简单并且价格低廉，因此，应用非常广泛。

（4）电流连续模式（CCM）的 PFC 电路

电流连续模式，也称连续导电模式（Continuous Conduction Mode，简称 CCM），是传统的 PFC 电路工作模式之一，该模式具有最小的峰值和有效值（均方根）电流。与 CRM 的 PFC 电路对比，CCM 的峰值电流可以降低 50%，有效值电流可以降低 25%。这在很大程度上减小了功率开关管和升压二极管的电流应力。有效值电流的降低还可以减小升压电感器的导线直径和磁心尺寸。因此，CCM 的 PFC 电路非常适合大功率的应用场合，其输出功率可达 500W～3kW。此外，由于通过升压电感器的电流是连续的，一般采用固定的开关频率，使得升压电感器和 EMI 滤波器的设计更加容易。

CCM 的电感电流波形如图 10-3-7 所示，图中给出了半个正弦周期电感瞬时电流、平均电流和功率开关管 VT 的工作波形。控制电路根据输入正弦波电压的大小，实时调整功率开关管 VT 的占空比，让电感电流按照图中的锯齿形状变化，使其平均电流为正弦波形状。在输入正弦波电压零点附近，VT 的占空比接近 100%，而在正弦波电压的峰值点具有最小的占空比，此时电感电流的纹波也是最大的。

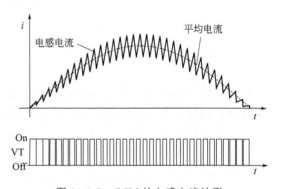

图 10-3-7　CCM 的电感电流波形

可以看出，CCM 的电感电流随着正弦波形的平均电流按一定幅度上下变化，除了正弦波电压零点以外，其他部分的电感电流不会降低到零，也就是说，电感电流是连续脉动变化的。因此，这种控制模式被称为电流连续模式，即 CCM。

传统控制算法的 CCM 功率因数控制器 IC 大多采用 16 及更多引脚的封装，外围电路也非常复杂，给应用带来了许多不便。代表性产品有 UC3854、ML4821、L4981 和 NCP1650 等。近年来，新的电流预测控制方法优化了 PFC 控制 IC 的电路结构，减少了控制 IC 的引脚和外围元件的数量，使 CCM 的 PFC 电路也变得非常简单。这类 PFC 控制 IC 只有 8 个引脚，代表性产品有 NCP1653、NCP1654、UCC28019、IR1150、ICE2PCS01 和 ICE2PCS02 等。

与 CRM 和 DCM 相比，工作在 CCM 下的 PFC 电路具有更低的波形畸变，其 THD 可降至 5% 以下。因此，设计良好的 CCM 电路功率因数可达 0.995 以上，几乎为 1。

（5）交错模式的 PFC 电路

交错模式（Interleaved Mode）是近几年问世的，适用于 100～1000W 的中等功率 PFC 电路。该模式采用了相位差为 180° 的双 MOSFET 驱动器，因此被称为交错模式。交错模式 PFC 控制器有 UCC28061、UCC28063、UCC28070、FAN9611、FAN9612 和 NCP1631 等。

这些控制电路适用于大屏幕液晶电视机、等离子电视机、高效率的 PC 和服务器电源、网络和通信电源以及微型太阳能逆变器等。

交错模式 PFC 电路的拓扑结构如图 10-3-8 所示。可以看出，该电路由两组 Boost 型 PFC 电路并联组成。L_1、VT_1 和 VD_1 构成一组；L_2、VT_2 和 VD_2 构成另一组。PFC 控制器输出两路相位差为 $180°$ 的驱动信号 DRV_1 和 DRV_2，分别驱动功率开关管 VT_1 和 VT_2。两组电路的输入端并联到输入电容 C_{IN} 上；输出端并联到输出电容 C_O 上。

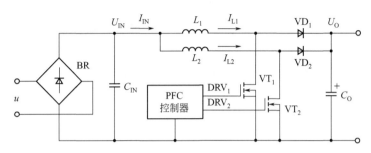

图 10-3-8　交错模式 PFC 电路的拓扑结构

交错模式的 PFC 电路通常采用 CRM 控制方式，该模式有以下优点：①使用两个较小功率的 PFC 电路并联代替一个较大功率 PFC 电路，减小了设计难度，同时扩展了 CRM 的功率范围；②使用较小的组件可以获得更好的散热分布；③不需要低反向恢复时间 (t_{rr}) 的二极管，有利于降低成本；④采用相位差为 $180°$ 驱动信号，显著减小了电流纹波。交错模式 PFC 电路的电感电流波形如图 10-3-9 所示。

图中，I_{L1} 和 I_{L2} 分别为两组升压电感的电流波形，I_{IN} 为两组电感电流 I_{L1} 和 I_{L2} 叠加后的波形。在 t_0 时刻，功率开关管 VT_1 导通，升压电感 L_1 电流 I_{L1} 开始上升。t_1 时刻，I_{L1} 达到峰值，随后 VT_1 关断，I_{L1} 开始下降，并在 t_4 时刻下降到零，随后功率开关管 VT_1 再次导通，进入下一个循环周期。在与 t_0 时刻相差 $180°$ 的 t_2 时刻，功率开关管 VT_2 导通，升压电感 L_2 电流 I_{L2} 开始上升。t_3 时刻，I_{L2} 达到峰值，随后 VT_2 关断，I_{L2} 开始下降，并在 t_6 时刻下降到零，随后功率开关管 VT_2 再次导通，进入下一个循环周期。可以看出，I_{L1} 和 I_{L2} 分别为 CRM 的电流波形，具有较大的纹波。I_{L1} 和 I_{L2} 叠加后的电流 I_{IN} 纹波明显降低。

（6）单级 PFC 电路

典型的带有 PFC 电路的开关电源是由两级功率变换器组成的。开关电源的功率变换器结构如图 10-3-10 所示。图（a）是传统开关电源的结构，图中没有 PFC 电路，只有一级 DC/DC 功率变换器。图（b）是带 PFC 电路的开关电源典型结构。在传统开关电源的整流和滤波器与 DC/DC 变换器之间增加了一级 PFC 预调节器，此类开关电源就有了 PFC 预调节器和 DC/DC 变换器两个功率变换级。图（c）给出了单级 PFC 电路的结构。此类开关电源一般采用反激式功率变换器，将 PFC 功能集成到一个 PWM 控制器中，从而减少了功率变换器的级数。

单级（Single Stage）PFC 电路是近几年问世的，主要应用于 $50 \sim 150W$ 中等功率的 LED 照明电源和笔记本电源适配器等领域。单级 PFC 简化了电路结构，减小了电源体积，并在一定程度上降低了电源的成本。常见的单级 PFC 控制器有 NCL30000、NCL30001、NCP1651、NCP1652、UCC28810 和 UCC28811 等。

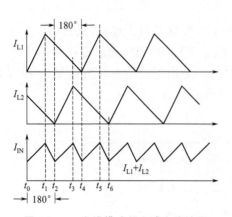

图 10-3-9　交错模式的电感电流波形

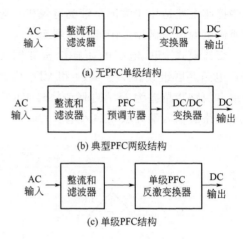

图 10-3-10　开关电源的功率变换器结构

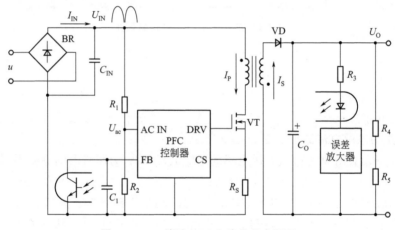

图 10-3-11　单级 PFC 电路的基本原理

　　单级 PFC 电路的基本原理如图 10-3-11 所示，电路采用了典型的反激式拓扑结构。和一般的反激式变换器不同，这里的输入电容 C_{IN} 容量很小，对工频电流几乎没有滤波作用，因此，U_{IN} 的电压为正弦全波整流波形。U_{IN} 经 R_1、R_2 分压产生与 U_{IN} 的同相位的 U_{ac}，作为功率开关管 VT 电流波形的基准信号。R_S 为 VT 漏极电流（即变压器初级电流 I_P）的取样电阻，该电阻产生的压降与 PFC 控制器 IC 内部生成的控制电压 U_C 比较，来控制 VT 的关断。变压器次级一侧的误差放大器将输出电压 U_O 的误差信号通过光耦合器传输到 PFC 控制器的 FB 引脚，用于控制功率开关管 VT 的电流大小，以便稳定输出电压。

　　单级 PFC 电路的相关电流波形如图 10-3-12 所示，图中给出了工作在 CRM 状态下的电流波形。U_C 为初级绕组电流 I_P 的控制电压，该电压与 U_{IN} 的波形与相位完全相同。当功率开关管 VT 开通时，初级绕组电流 I_P 线性上升。I_P 流过 R_S

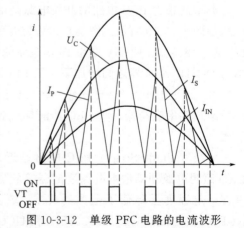

图 10-3-12　单级 PFC 电路的电流波形

产生电流取样电压送到 PFC 控制器的 CS 引脚，当电流取样电压上升到 U_C 时，VT 关断。此时，I_P 突然降为零，同时次级整流二极管 VD 导通，产生次级电流 I_S。当 I_S 下降到零的时刻，VT 再次开通，进入下一个周期。由于 U_C 是按正弦规律变化的，因此 I_P 的峰值也按正弦规律变化。I_P 经过输入电容 C_{IN} 滤波后，在输入端形成了按正弦规律变化的平均电流 I_{IN}，从而实现了功率因数校正。根据反激式变换器的基本原理，次级电流 I_S 的峰值也是按正弦规律变化的，其平均电流也为电网频率 2 倍的全波整流波形。因此，单级 PFC 电路的输出电容 C_O 的容量要足够大，以便减小输出电压 U_O 的纹波。

10.4　L6562 型 PFC 控制电路

L6562 是电流模式 PFC 控制器芯片，该芯片工作在过渡模式（Transition Mode，TM），也称临界导电模式（Critical Conduction Mode，CRM）。L6562 是 L6561 和 L6560 的改良版本，其引脚排列及主要功能与前期产品相同，通常可以直接代换 L6561 和 L6560。此外，还有 L6562 的改良版本 L6562A。L6562A 依然兼容 L6562 的引脚，仅在内部电路功能和性能上有所调整。关于 L6562A 和 L6562 的不同点将在本节最后说明。

L6562 含有特殊电路的高线性度乘法器，能够降低 AC 输入电流的失真度，在宽输入电压范围及较宽负载范围内均能获得很低的 THD 值。该芯片符合 IEC61000-3-2 的相关技术要求，适用于输出功率 300W 以下的开关电源，可广泛应用平板电视机、桌面 PC 机、液晶显示器和 LED 照明等多种电气设备的开关电源中。L6562 的主要特点如下。

① 采用 BCD（Bipolar-CMOS-DMOS）工艺制造。

② 过度模式（TM）控制的 PFC 预调节器。

③ 最低失真度（THD）的专用乘法器设计。

④ 高精度可调节的过压保护电路。

⑤ 超低启动电流（≤70μA），低静态电流（≤4mA）。

⑥ 扩展了芯片电源电压范围。

⑦ 内置了电流检测噪声滤波器。

⑧ 具有待机（Disable）功能。

⑨ 内部参考电压 1% 误差（25℃时）。

⑩ 采用 -600/+800mA 的图腾柱式栅极驱动器，并具有欠压保护及电压钳位功能。

（1）L6562 的引脚定义与功能

L6562 采用 DIP-8 和 SO-8 两种封装形式，其外形和引脚排列如图 10-4-1 所示。

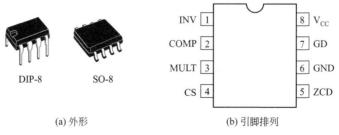

(a) 外形　　　　　　　　(b) 引脚排列

图 10-4-1　L6562 的外形和引脚排列

L6562 的引脚定义与功能如下。

1 脚（INV）：误差放大器的反相输入端。PFC 预调节器的输出电压通过一个电阻分压器反馈到该引脚。

2 脚（COMP）：误差放大器的输出端。该引脚与 INV（1 脚）之间连接补偿网络，以便实现电压控制环路的稳定，并使 PFC 预调节器保持高功率因数和低 THD 值。

3 脚（MULT）：乘法器的主输入端。该引脚通过一个电阻分压器连接到主电源整流桥的输出端，用于提供电流环路的正弦参考电压。

4 脚（CS）：PWM 比较器的输入端，也称电流检测端。通过串联一只电阻来检测功率开关管（通常是 MOSFET）的电流，电阻上产生的电压施加到该引脚，与乘法器产生的内部正弦形参考电压进行比较，来控制功率开关管的关断。

5 脚（ZCD）：零电流检测端。通过升压电感的辅助绕组来检测电感退磁状态，使 PFC 电路工作在过渡模式（TM，也称为临界模式，即 CRM）。该引脚一个负电压边沿，将触发功率开关管的导通。该引脚是双功能引脚，该引脚接地时，可使 L6562 进入待机（Disable）状态。

6 脚（GND）：接地端。芯片信号地和栅极驱动电流返回的公共接地端。

7 脚（GD）：栅极驱动器输出端。该引脚具有图腾柱输出级，可直接驱动功率 MOSFET 和 IGBT，具有峰值为 600mA 的源电流和 800mA 的灌电流能力。该引脚的高电平电压被钳位在 12V 左右，可避免电源电压（V_{CC}）较高时，栅极驱动电压超过功率开关管所允许的栅极电压范围。

8 脚（V_{CC}）：电源端。芯片供电和栅极驱动器的公共电源端。该电压应限制在 22V，以便为电源电压的变化提供更多的空间。

（2）L6562 的内部结构与工作原理

L6562 的内部结构如图 10-4-2 所示。从图中可以看出，L6562 由误差放大器、乘法器和 THD 优化电路、电压调节器、过压检测电路、PWM 比较器、欠压检测器、RS 触发器、驱

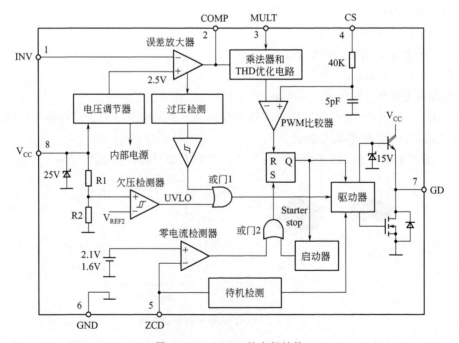

图 10-4-2　L6562 的内部结构

动器、零电流检测器、启动器、待机检测电路及逻辑门等功能模块组成。

误差放大器将 PFC 电路的输出电压经过分压器分压后与内部 2.5V 基准电压进行比较放大，产生误差电压。该误差电压进入乘法器和 THD 优化电路，与 3 脚（MULT）输入的正弦波（全波整流形状）进行乘法运算，从而输出一个幅度可变的正弦形波形，并将此波形送入 PWM 比较器，通过改变 PWM 脉冲宽度实现输出电压的稳定。

乘法器和 THD 优化电路输出按正弦波规律变化的波形，该波形与来自电流检测端 CS（4 脚）的电压通过 PWM 比较器进行比较，控制主电路功率开关管的关断，使功率开关管的电流也按照正弦波规律变化，从而实现功率因数的校正。电流检测端 CS（4 脚）的内部集成 RC 滤波元件，用于消除电流检测端的噪声干扰，保证电路稳定工作。

电压调节器将输入到芯片 8 脚的电源电压（V_{CC}）进行稳压，一方面形成内部电源，为芯片内部电路供电；另一方面，产生 2.5V 的基准电压（V_{REF}），为误差放大器提供基准。芯片内部还集成了一只 25V 的稳压管，可将 8 脚的电压限制在 25V 以内，避免芯片因过压而损坏。

过压检测电路对来自误差放大器反相输入端（1 脚）的电压进行监测，该电压是 PFC 电路的输出电压经电阻分压后产生，与 PFC 电路的输出电压成正比。当检测到输出电压超过设定值的时候，过压检测电路输出关断信号，通过或门 1 将驱动器关闭，从而实现过压保护。

欠压检测器用于监测芯片电源电压，当检测到电源（8 脚）电压低于 9.5V 时，欠压检测器输出关断信号，通过或门 1 将驱动器关闭，从而实现欠压保护。

RS 触发器用于控制外部功率开关管的导通与关断。当零电流检测器检测到升压电感电流为零的时候，通过或门 2 将 RS 触发器置位，其 Q 端输出为高电平，使驱动器输出高电压，将外部功率开关管开通。当外部功率开关管的电流（已经过外部电阻转换为电压值）达到 PWM 比较器反相输入端电压的时候，PWM 比较器翻转，将 RS 触发器复位，其 Q 端输出为低电平，使驱动器输出低电压，将外部功率开关管关断。

启动器用于控制电路的启动，当 RS 触发器输出 Q 端为高电平时，将停止启动器工作。当 Q 端为低电平时，启动器工作，打开或门 2，允许零电流检测器将 RS 触发器置位。驱动器用于输出信号的电流放大，产生足够大的电流驱动外部功率开关管。

待机检测电路用于监测零电流检测端（ZCD，5 脚）的电压，当 5 脚电压低于 0.15V 时，待机检测器输出待机信号，将驱动器关闭，使 L6562 进入待机状态。

（3）L6562 的内部电源与欠压保护电路

L6562 的内部电源与欠压保护电路如图 10-4-3 所示。来自芯片电源 V_{CC} 引脚的电压通过一个线性电压调节器产生内部电源（7V）用来给芯片内部电路供电，输出驱动级则由 V_{CC} 引脚直接供电。此外，内部带隙基准电路（REF）产生精准的参考电压（2.5V±1%）施加到误差放大器，以便使控制环路得到稳定的调节效果。从图 10-4-3 中还可以看到，欠压比较器输出通过反相器驱动 MOS 管 VT 将 R3 短路，从而形成具有迟滞（回差）特性的比较器。欠压比较器动作之后，只有当输入电压足够高时，芯片才能重新工作，这样可以保证芯片工作在可靠的电源电压条件下。L6562 的典型启动/欠压保护阈值为 12V/9.5V。

（4）L6562 的误差放大器和过压检测电路

L6562 的误差放大器和过压检测电路如图 10-4-4 所示。误差放大器（E/A）的反向输入端，通过外部的分压电路连接到输出电压上，升压后的直流电压 Vo 经过电阻分压与内部的

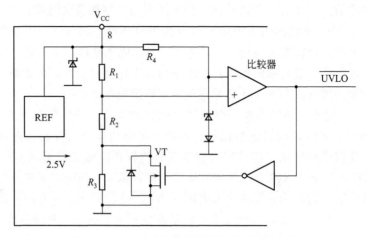

图 10-4-3　L6562 的内部电源与欠压保护电路

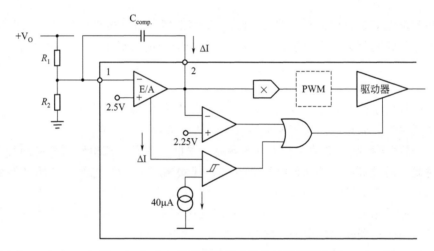

图 10-4-4　L6562 的误差放大器和过压检测电路

参考电压（2.5V）进行比较，以此来调节内部控制器，使输出电压保持稳定。通常在误差放大器的输出端和反向输入端之间并联一个反馈电容 C_{comp} 用来做频率补偿。

误差放大器的带宽必须非常低，因为误差放大器的输出周期必须始终大于电网频率的半个周期，只有这样才能获得高功率因数。对于 50Hz 的电网频率，误差放大器的截止频率应该低于 100Hz（电网频率周期的一半）。

误差放大器的动态输出范围被钳位在 2～5.8V 之间，钳位的目的是使误差放大器能在过电压低压饱和状态和过电流高压饱和状态中快速恢复。

L6562 拥有两级过电压保护（OVP）功能，通过连接到误差放大器的输出引脚来实现。一旦出现过电压，误差放大器的输出会趋向于低电压饱和状态，但是误差放大器的响应速度非常慢，因此要花比较长的时间才进入饱和状态；另一方面，一旦出现过电压又必须立刻校正过来。因此必须要有一个快速的过压检测器。

在稳定状态下，通过 R_1 的电流和通过 R_2 的电流是相等的，因为补偿电容不能流过直流电流，同时差分放大器的反向输入端也呈现高阻状态。其电流大小为：

$$I_{R_1,R_2} = \frac{U_O - 2.5}{R_1} = \frac{2.5}{R_2}$$

当输出电压 U_O 突然升高时（由于负载突变），通过 R_1 的电流也增大，但是通过 R_2 的电流不会变大，因为 R_2 上的电压在内部固定为 2.5V，不是因为 E/A 响应慢。增大的电流通过反馈电容 Ccomp 流入到差分放大器的低阻抗输出端，增大的电流将被检测到。在这种情况下，两种步骤将发生。

当增大的电流达到 $37\mu A$ 时，乘法器的输出电压将减少，导致从电源输入的能量也减少。以此来减小输出电压的上升速率。在某些情况下，这种"软制动"功能可以避免输出电压过度偏离设定值。

尽管有软制动的存在，有时输出电压也会过度的增加，一旦流入差分放大器的电流达到 $40\mu A$，"紧急制动"将发生。乘法器的输出将被拉低到地电平，于是输出驱动关断，外部 MOSFET 功率管也关断。同时内部启动电路也关闭。由于电流比较器有迟滞（回差）功能，直到输入误差比较器的电流小于 $10\mu A$ 时，电压拉低才能结束，输出状态重新激活。

L6562 的过压保护特性如图 10-4-5 所示。在动态过压保护（DYNAMICOVP）时，由于存在软制动和紧急制动，他们能处理大多数负载变动引起的电压波动，但是不能提供完善的保护。事实上，"软制动"和"紧急制动"容易受到输出电压变化的影响（称为动态变化），并不能使输出电压稳定，例如发在负载断开的状况。

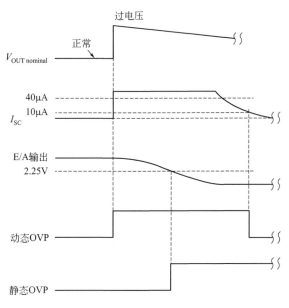

图 10-4-5　L6562 的过压保护特性

前文提到误差放大器在饱和时可以触发静态过压保护（STATIC OVP），如果过压时间过长以致误差放大器的输出电压（E/A OUTPUT）小于 2.25V（误差放大器的线性动态为 2.5V），保护功能将被触发。并且关断输出，使外部 MOSFET 功率管停止工作，同时关断一些内部电路，使静态工作电流减小到 1.4mA。当误差放大器的输出电压回到它的线性区域时，芯片又被重新激活。

（5）L6562 的零电流检测和触发模块

L6562 的零电流检测和触发模块如图 10-4-6 所示。当通过升压电感的电压反向时，零电流检测（ZCD）模块开通外部 MOSFET 功率管，并且要在通过升压电感的电流变为零后才开通 MOSFET。只有当这两个条件都满足时，PFC 电路才会工作在过渡（TM）模式。

当升压电感的电流变化时，过零检测信号可以通过升压电感上一个辅助绕组获得。如图 10-4-6 所示，当外部 MOSFET 功率管关断时，其辅助绕组的同名端会感应出正极性电压，该电压经过电阻 R 连接到 L6562 的零电流检测（ZCD）引脚。当升压电感的电流下降到零的时候，感应电压也随之降低为零。L6562 内部比较器检测到 ZCD 引脚电压小于 1.6V 时，便认为升压电感的电流已下降到零，比较器输出高电平，经过或门置位 RS 触发器，从而使外部 MOSFET 功率管开通。

当然，在启动阶段，过零点检测还没有信号，需要一个辅助电路来开通外部 MOSFET 功率管。内部启动（STARTER）电路用来实现这个功能，内部启动模块就会产生一系列的

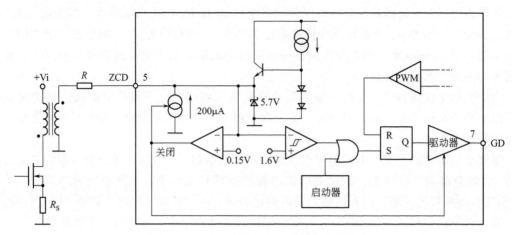

图 10-4-6　L6562 的零电流检测和触发模块

脉冲波形，用来驱动 MOSFET 的门极，MOSFET 管工作起来后就会产生信号给 ZCD 电路。启动器重复启动时间大于 $70\mu s$（大约 14kHz），最大的启动频率在设计时需要考虑到。

L6562 的零电流检测（ZCD）引脚还具有使能作用。如果这个引脚上的电压低于 150mV 芯片将被关断（DISABLE）。同时，芯片的损耗也将降低。为了使芯片重新工作，这个引脚上的电压必须上升到 300mV 以上。

（6）L6562A 的乘法器模块

L6562 的乘法器模块如图 10-4-7 所示。乘法器有两个输入端：第一个输入端的信号来自 R_1 和 R_2 分压后的即时线路电压（桥式整流后的脉动直流电压 U_I）；第二个输入端的信号来自误差放大器（E/A）的输出端。

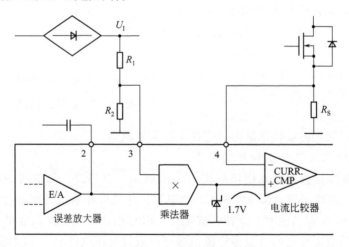

图 10-4-7　L6562 的乘法器模块

如果误差放大器的输出电压持续恒定（持续时间超过电网频率的半波时间），乘法器输出波形的就是整流后的正弦半波形状，与电网频率及电压波形相同。乘法器输出的信号将被作为电流比较器的参考（基准）信号，电流比较器的输出用来控制外部 MOSFET 功率管每个开关周期的峰值电流，使 MOSFET 功率管的峰值电流包络线与电网电压波形相同。

（7）L6562 的电流比较器和 PWM 锁存器

L6562 的电流比较器和 PWM 锁存器如图 10-4-8 所示。电流比较器通过一个串联在外部

MOSFET 功率管源极的电流检测电阻 R_S 获取一个电压信号，通过和乘法器的输出信号进行比较，来控制外部 MOSFET 功率管的关断电流。当 R_S 上电压信号幅度达到乘法器的输出信号幅度时，PWM 锁存器复位，外部 MOSFET 功率管关断。为了避免 MOSFET 功率管的噪声电流对 PWM 锁存器关断功能影响，通常要在 R_S 电压取样信号上增加一个 RC 低通滤波器。

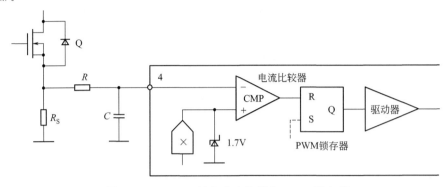

图 10-4-8　L6562 的电流比较器和 PWM 锁存器

乘法器的输出电压被钳位在 1.7V（典型值），这意味着电流检测电阻 R_S 上的最大电压值将被限制在 1.7V。这样可以有效限制外部 MOSFET 功率管的最大电流，从而起到过流保护作用。

在误差放大器、乘法器、电流比较器和 PWM 锁存器等共同作用下，可使升压电感的电流波形包络线，按照电网电压波形呈正弦波形状变化，从而达到校正功率因数的作用。其升压电感的电流波形参见前文的图 10-3-6 所示。

（8）L6562A 与 L6562 的区别

L6562A 是 L6562 的改良版本，其引脚排列依然与 L6562 兼容，但内部电路功能和性能上有所调整。L6562A 的内部结构如图 10-4-9 所示。从图中可以看出，L6562A 由待机检测

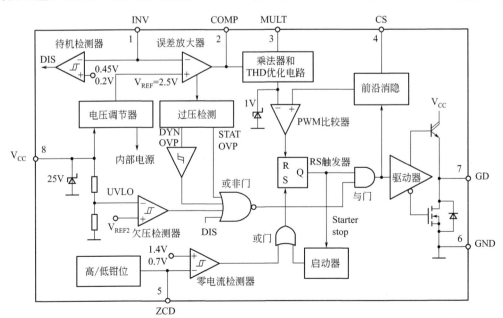

图 10-4-9　L6562A 的内部结构

器、误差放大器、乘法器和 THD 优化电路、电压调节器、过压检测电路、PWM 比较器、前沿消隐电路、欠压检测器、RS 触发器、驱动器、零电流检测器、启动器及逻辑门等功能模块组成。

对比图 10-4-2 可以看出，L6562A 和 L6562 的内部结构基本相同，只是在逻辑关系及功能模块的示意上更为详细。L6562A 和 L6562 主要区别有以下几个方面。

① L6562A 待机检测电路连接到了误差放大器的反相输入端 INV（1 脚），其使能控制由 L6562A 的 1 脚完成。该引脚电压低于 0.2V 时，芯片进入待机状态；重新开始工作的电压为 0.45V。L6562 的相同功能设置在芯片的 5 脚（ZCD）。

② L6562A 的乘法器输出钳位电压调整为 1.08V（典型值）。L6562 的乘法器输出钳位电压为 1.7V（典型值）。相同阻值的电流取样电阻 R_S，会造成最大限流值不同。

③ L6562A 的动态过压保护（DYNAMICOVP）触发电流阈值为 27μA。L6562 的触发电流阈值为 40μA。

④ L6562A 的参考（基准）电压精度为 1.8%（全温度范围）。L6562 的参考电压精度为 2.4%（全温度范围）。

其他参数只是微小的改变，对实际应用影响不大。更为详细的参数说明请参考厂家的数据手册。

10.5　80W 宽电压 PFC 电路设计

为了提高功率因数，减少电能的损失，相关标准要求大功率开关电源必须具有功率因数校正（PFC）功能。本节以 80W 宽电压范围的 PFC 电路设计为例，详细介绍 PFC 电路的电路设计与相关参数计算方法。

（1）设计要求分析

本实例 PFC 电路采用宽电压输入设计，其输入电压范围为 85～265V，输出功率为 80W。主电路采用最为流行的升压式拓扑结构。升压式拓扑有以下优点：

① 所需的元件最少，因此这种方式成本较低；

② 由于升压电感位于整流桥和开关之间，引起的电流 di/dt 比较低，可以使输入产生的噪声最小化，可以适当减少输入 EMI 滤波元件数量；

③ 功率开关管的源极接地，便于驱动电路设计。

升压拓扑结构要求输出的直流电压要高于输入的最大峰值电压，对于宽电压输入范围，输出直流电压的典型值是 400V。

因为电路输出功率较小，适合采用临界模式（TM）PFC 控制器，这类控制器需要很少的外围器件，因此其造价更为便宜。

（2）控制芯片选择与电路原理图设计

本实例 PFC 电路采用临界模式（TM）PFC 控制器芯片 L6562。该芯片只有 8 个引脚，外围电路简单，能够减少电路板的面积，降低设计调试的复杂程度。该芯片适用于 300W 以下的功率因数校正电路。关于 L6562 的引脚功能及工作原理，请参见本书前文内容。

80W 宽电压范围 PFC 电路原理如图 10-5-1 所示。AC 输入电压经过保险丝 FUSE 施加到整流桥 BR$_1$ 上。C_1 为输入电容，用于滤除 PFC 电路的开关频率纹波。升压电感 L、功率开关管 VT、升压二极管 D$_1$ 和输出电容 C_6 组成升压式变换器。R_7 为栅极驱动电阻。R_9、

R_{10} 为电流检测电阻，用于检测 PFC 电路的输入电流。R_9 和 R_{10} 并联，可以降低每只电阻上承受的功率消耗。NTC 为负温度系数热敏电阻，用来减小 PFC 电路的冲击电流。

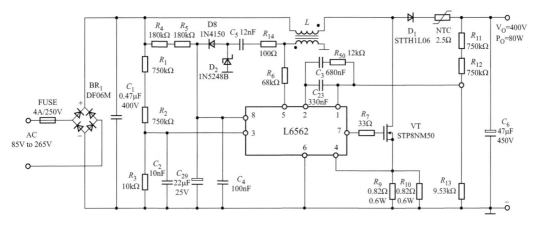

图 10-5-1　80W 宽电压 PFC 电路原理图

R_1、R_2、R_3 和 C_2 组成分压滤波网络，用于检测 AC 输入电压其作用是提供电流环路的正弦参考电压。使 PFC 电路的输入电流波形与 AC 输入电压波形相同。R_1 与 R_2 串联工作，可以降低每只电阻上承受的电压值。R_4 和 R_5 为启动电阻，为 L6562 提供启动电源。R_4 和 R_5 串联工作，也是为了降低每只电阻上承受的电压值。C_{29} 和 C_4 为芯片电源滤波电容。在升压电感 L 上附加一个辅助绕组，用于检测电感中的电流变化，当电感中的电流下降到零的时候，感应电动势消失，该信号经 R_6 连接到 L6562 芯片的 3 脚，以便实现零电流检测。

辅助绕组的输出还连接到 D_2、D_8 和 C_5 组成的倍压整流电路，为 L6562 芯片提供电源，R_{14} 为限流电阻。R_{50}、C_3 和 C_{23} 为电压环路的补偿网络。R_{11}、R_{12} 和 R_{13} 组成输出电压反馈网络，用于稳定输出电压。R_{11} 和 R_{12} 串联工作，用于降低每只电阻所承受的电压值。该 PFC 电路的输出额定电压为 400V。

（3）输入电流计算与整流桥的选择

PFC 电路的输入电流值是整流桥的选择依据。PFC 电路的输入电流有效值与输出功率的关系为

$$I_{\mathrm{IN\_RMS(max)}} = \frac{P_{\mathrm{OUT(max)}}}{\eta U_{\mathrm{IN(min)}} PF} \tag{10-5-1}$$

式中，$I_{\mathrm{IN\_RMS(max)}}$ 为最大输入电流有效值，$P_{\mathrm{OUT(max)}}$ 为最大输出功率，η 为 PFC 电路的效率，$U_{\mathrm{IN(min)}}$ 为 AC 输入电压的最小值（按有效值计算），PF 为校正后的功率因数值。本实例 PFC 电路的输出功率为 80W，为了满足 85～265V 的宽电压输入范围的要求，最小 AC 输入电压按 85V 计算，电路效率按 90% 计算，校正后的功率因数值按 0.95 计算，最大输入电流有效值为

$$I_{\mathrm{IN\_RMS(max)}} = \frac{P_{\mathrm{OUT(max)}}}{\eta U_{\mathrm{IN(min)}} PF} = \frac{80}{0.9 \times 85 \times 0.95} = 1.1\mathrm{A}$$

本实例中整流桥 BR_1 的参数选择为 1A/600V，其型号为 DF06M。

（4）输入电容和输出电容的计算

输入电容的容量大小直接影响输入电流上的高频（PFC 电路的开关频率）纹波幅度，

输入高频滤波电容（C_{IN}）可以减弱由电感高频高纹波电流产生的噪声。最恶劣的情况发生在输入电压最小时。最大的高频电压纹波通常是最小输入电压的 $1\%\sim10\%$。可以利用这个系数（r）来计算 C_{IN} 的大小，r 的取值范围是 $0.01\sim0.1$（$1\%\sim10\%$）。这样，输入电容 C_{IN} 的容量计算公式为

$$C_{IN}=\frac{I_{rms}}{2\pi f_{SW}rU_{irms(min)}} \tag{10-5-2}$$

式中，I_{rms} 为输入电流有效值，f_{SW} 为 PFC 电路的开关频率，$U_{irms(min)}$ 为输入电压最小值。

C_{IN} 取较大的值有助于减弱噪声，改善 EMI 特性，但是会使功率因数和电流谐波变差，尤其在高输入电压和轻载时。另一方面，较小的 C_{IN} 值，有助于提高功率因数和减小输入电流畸变，但是需要更大的 EMI 滤波器，会增加输入整流桥前面电路的功率损耗。这就要求工程师选取合适的值，以适合不同的需求。

本实例中，I_{rms} 为 1.1A，f_{SW} 为 40kHz，r 取值 0.1，$U_{irms(min)}$ 为 85V。输入电容 C_1 的容量为

$$C_{IN}=\frac{1.1}{2\pi\times40000\times0.1\times85}=0.515\times10^{-6}$$

本实例输入电容 C_1 实际取值为 $0.47\mu F$。

输出电容（C_O）的选择要根据输出电压的大小，最大允许过电压值的大小，输出功率和期望的电压纹波率来选择。整流后的电压纹波大小与电容的等效串联阻抗（ESR）和电容的峰值电流有关。如果忽略 ESR 的影响（使用低 ESR 值的电容器），输出电容（C_O）可由下式计算

$$C_O\geqslant\frac{P_O}{4\pi fU_O\Delta U_O} \tag{10-5-3}$$

式中，P_O 为输出功率，f 为电网频率，U_O 为输出电压，ΔU_O 为输出电压的纹波值。通常 ΔU_O 取值为输出电压的 $1\%\sim5\%$。

本实例中，P_O 为 80W，f 为 50Hz，U_O 为 400V，ΔU_O 为 8V（U_O 的 2%），则有

$$C_O\geqslant\frac{80}{4\pi\times50\times400\times8}=39.8\times10^{-6}$$

本实例输出电容 C_6 实际取值为 $47\mu F$。

（5）升压电感计算与升压二极管的选择

设计升压电感需考虑以下几个参数，可以使用不同的方法来设计。首先，电感值必须先确定，以便使 L6562 的最小工作频率大于其内部启动器的最大工作频率。确保 L6562 运行在一个正确的临界模式下。绝对最小开关频率 $f_{sw(min)}$ 发生在输入交流电压最大或最小时，因此电感值可通过下式计算得出：

$$L=\frac{U_{irms}^2(U_O-\sqrt{2}\cdot U_{irms})}{2f_{sw(min)}P_1U_O} \tag{10-5-4}$$

式中，U_{irms} 为输入交流电压值，U_O 为输出电压，P_1 为 PFC 电路的输入功率。

式中的 U_{irms} 可以取电网电压的最小值或最大值，选取不同输入电压计算得出的电感值中较小的一个电感值 L，作为升压电感的最终参数。建议最小开关频率 $f_{sw(min)}$ 取 15kHz 以上（启动器重复启动频率大约 14kHz），为了避免出现音频噪声，可以取值 20kHz 以上。

若按照 U_{irms} 取电网电压的最小值 85V 计算，$f_{\text{sw(min)}}$ 取 40kHz，则有

$$L=\frac{85^2\times(400-\sqrt{2}\times 85)}{2\times 40000\times 88\times 400}=0.718\times 10^{-3}$$

若按照 U_{irms} 取电网电压的最大值 265V 计算，$f_{\text{sw(min)}}$ 取 40kHz，则有

$$L=\frac{265^2\times(400-\sqrt{2}\times 265)}{2\times 40000\times 88\times 400}=0.63\times 10^{-3}$$

选取不同输入电压计算得出的较小的一个电感值 L，本实例取值 0.63mH。

升压二极管的电流可以按照输入电流有效值来选择，本实例中，最大输入电流有效值为 1.1A，实际选取了 1A/600V 的超快恢复二极管，其型号为 STTH1L06。

（6）功率开关管的选择

选择功率开关管（MOSFET）的主要参考依据是导通电阻 $R_{\text{DS(ON)}}$，可根据输出电流来选择型号。MOSFET 管承受的最大电压值为输出电压 U_O，其耐压值选择为输出电压加上最大允许正向过压和一定的安全余量。由于本例 PFC 电路工作在临界模式，其功率开关管的峰值电流约为其有效值的 3 倍。考虑到足够的安全余量和需要较低的导通损耗，本实例选用 STP8NM50 型功率 MOSFET。该 MOSFET 的耐压值（$V_{\text{(BR)DSS}}$）为 500V，$R_{\text{DS(ON)}}$ 为 0.8Ω（25℃时）。

（7）电流取样电阻的计算与选择

L6562 可以检测到流过电感的瞬间电流大小，通过一个外部检测电阻 R_S 转换成电压值。一旦这个值达到了乘法器输出极限值，PWM 输出锁存器将复位，MOS 管关断。MOS 管将一直保持为关断状态，直到 ZCD 信号把 PWM 锁存器再次触发。电流检测电阻 R_S 的大小可通过下式计算：

$$R_\text{S}\leqslant\frac{1.8}{I_{\text{SPK}}} \tag{10-5-5}$$

式中，I_{SPK} 为功率开关管（MOSFET）的最大峰值电流。本实例 R_S 的取值为 0.41Ω（R9 和 R10 的并联值），可以推算出功率开关管的最大峰值电流约为 4.39A。

（8）输出电压设定值计算

输出电压设定值的计算公式为

$$U_{\text{OUT}}=V_{\text{REF}}\left(1+\frac{R_{\text{FB1}}}{R_{\text{FB2}}}\right) \tag{10-5-6}$$

式中，U_{OUT} 为输出电压设定值，V_{REF} 为芯片内部 2.5V 基准电压。本实例中，R_{FB1} 为 R_{11} 和 R_{12} 串联，其阻值为 $2\times 750=1500\text{k}\Omega$，$R_{\text{FB2}}$ 为 R_{13}，其阻值为 9.53kΩ，实际输出电压 U_{OUT} 设定值为

$$U_{\text{OUT}}=V_{\text{REF}}\left(1+\frac{R_{\text{FB1}}}{R_{\text{FB2}}}\right)=2.5\left(1+\frac{1500}{9.53}\right)=396\text{V}$$

参 考 文 献

[1] 马洪涛，沙占友，周芬萍. 开关电源制作与调试 [M]. 北京：中国电力出版社，2010.

[2] 马洪涛，周芬萍，沙占友，睢丙东. 开关电源制作与调试. 第 2 版. [M]. 北京：中国电力出版社，2014.

[3] 沙占友，王彦朋，马洪涛等. 开关电源优化设计. 第 2 版. [M]. 中国电力出版社，2012.

[4] 马洪涛 等. Test Method Research of Magnetic Saturation Current of High-frequency Transformer [J]. CMTMA，2009.

[5] 沙占友. 马洪涛. 基于填谷电路的恒流式 LED 高压驱动电源的设计 [J]. 电源技术应用，2009 (8).

[6] 赵修科. 开关电源中磁性元器件 [M]. 电源技术网 (www. power-bbs. com)，2007.

[7] 沙占友，马洪涛等. 特种集成电源设计与应用 [M]. 中国电力出版社，2006.

[8] 沙占友，马洪涛等. 开关稳压器应用技巧 [M]. 中国电力出版社，2009.

[9] 沙占友，马洪涛，王彦朋. 单片开关电源的波形测试及分析 [J]. 电源技术应用，2007 (6).

[10] 沙占友，王彦朋，马洪涛. 开关电源优化设计 [M]. 中国电力出版社，2009.

[11] 沙占友，王彦朋，马洪涛. 开关电源设计入门与实例解析 [M]. 中国电力出版社，2009.

[12] 沙占友，马洪涛. 准谐振式软开关变换器的设计 [J]. 电源技术应用，2008 (2).

[13] 沙占友，马洪涛. 特种单片开关电源模块的电路设计 [J]. 电源技术应用，2005 (1).

[14] Designing Multiple Output Flyback Power Supplies with TOPSwitch. Power Integrations，Inc.

[15] Power Factor Correction (PFC) Handbook (Rev. 3). www. onsemi. com，2007.